中国平湖糟蛋文化志

平湖市非物质文化遗产保护管理中心 编

黎庆慧 主编 尤明泰 执行主编

中国记忆文库

总顾问 陈圣来
总主编 方立平 强荧

上海三联书店

序

2016年恰逢公司60周年华诞，为了表达纪念，特纂此书，用以对关心、支持平湖糟蛋绵绵不息的人们，展示糟蛋文化历经290多年来的风雨沧桑。

工业革命的日新月异，人们崇拜速度，使手工业中许多的传统技能就要永远失传了，颂扬"工匠精神"就是感知这种执着精湛的传统技能，使人们领略到"匠心"成为"奢侈品牌"的个中滋味！

在平湖糟蛋积淀的传统文化中，蕴涵了丰富的人文和历史。其人物、事件以及轶闻、趣事等交织着悲、欢、离、合、喜、怒、哀、乐。编汇成志，是从文化的视角去梳理历史，以文载史，以史传文，详今明古，更是为了慎终追远，把穿越了时空的厚重又拉回到你的眼前。

1963年"公私合营"起企业建起了二级财务核算账册，到2010年止，共有四千余本账册，清晰地记录了企业发展的轨迹，为志书提供了翔实的史料。

本志既广泛录用正史、旧志和众多的文献资料，又重视征集、核实各种口碑资料；既运用现存的档案、报刊文摘资料，又潜心采访，挖掘一些鲜为人知的独家资料。在编纂中，做到统贯古今，既注意整体力求作宏观的叙述，使人了解全貌，又重视微观记述，对重要事物详其始末，不厌其细；既浓笔叙述特产本体，又适当地涉及企业面貌，力求交叉而不重复，相关而不枝蔓，将各方面资料有机地融为一体。

不积跬步，无以成其特色文化。从农耕文化到非遗文化，文人墨客留下的大量墨迹，起到"画龙点睛"之神，为此志书专设"丛录"予以收录，秀外慧中。

把一个地方传统土特产编汇成志，是对象征民族文明与智慧的非物质文化遗产阐释，传承文脉就是守护"乡愁"，留住我们的民族之"根"！

凡　　例

一、每个地域都有其独特的文化特色，其中土特产是历史和自然给予一个城市的遗留和馈赠，其生命力在于流行地区民众的广泛认同，久而久之就成为该城市的文化符号。《平湖糟蛋志》遵循客观事实，系统地记述平湖糟蛋发展的历史轨迹和现状，反映糟蛋史的“工匠精神”，传统文化和非物质文化遗产的特色。

二、本志记述以今之行政区域入载，所述地名、机构名称，一律按当时所称，旧地名酌注今名。

三、本志叙事，详今明古，上溯糟蛋起源，下限到2010年，个别事物略有延伸，贴近记叙。

四、本志文体为语体文，以志为主，记、传并用，内插图。

五、本志中的科研项目，获得荣誉，知识产权等重要活动，均标明出处，便于日后查考。

六、本志资料来源：史志、古籍、档案、图书、文件，部分来自当事人口述、自历等，一般不注出处。某些说法不一的史料，数说并存。

目 录

第三编 获得荣誉

第四编 科学管理 研究

第五编　知识产权

第六编　非遗名录　品牌文化

第七编　建国后生产企业概况

第八编 从 录

概　述

平湖软壳糟蛋是我国著名“中华老字号”产品。历史悠久，声誉高，技术性强，风味独特，营养丰富，是民众喜爱的冷食佳品。

糟蛋制作选用优质糯米、鸭蛋，经糯米酿制成酒酿糟渍而成。糟蛋糟制中在乙醇、有机酸等作用下蛋壳脱落，蛋膜完整。因此成熟后的糟蛋，质腴而柔软，个大而丰实，蛋白似玉脂，蛋黄呈橘红色，有浓郁的醇香、脂香、味鲜而微甘，余味清香而隽永，使品尝者赞不绝口。所以平湖软壳糟蛋不仅是一种具有独特风味的地方特产，而且也是一种色、香、味、形及营养俱佳的我国杰出的民族独有食品。

成熟后的糟蛋，质腴而柔软、个大而丰实，蛋白似玉脂，蛋黄呈淡橘红色，有浓郁的醇香、脂香，味鲜而微甘，沙香可口、回味无穷

一

平湖糟蛋始于何时、创于何人？据《嘉兴市志》(1996 年版)载：“平湖县所产软壳糟蛋相传创制于清乾隆时，曾入京得金牌。据调查：清中叶徽商程源裕首先经营，近现代由徽商徐源源糟坊经营。清宣统元年(1909)，在南洋劝业会上获金牌，后又在英国伦敦博览会、南京品物会、巴拿马万国博览会上展出，获巴拿马万国博览会奖牌。”1999 年 12 月，平湖糟蛋被国内贸易部评定为“中华老字号”。

二

平湖糟蛋创于清、发于民、盛于今。经过近三个世纪的风雨沧桑而经久不衰，取决于产品本身特色。我国著名营养学专家于若木教授曾于九十年代视察平湖时，对平湖糟蛋作了精辟论述:"鸭蛋在酒糟作用下分解为多种氨基酸,并产生出鲜味,此鲜味与醇香、脂香融合为一种复杂的鲜美滋味。所以糟蛋食之是回味无穷的享受,又具营养滋补之功效。"

平湖糟蛋不仅具有浓郁的醇香、脂香之美味,更在于具有三大营养特征:一是使蛋白质酶解成更易消化吸收的多肽和氨基酸;二是含有极其丰富的钙、维生素 B2 等营养素的生物利用率更高;三是含有更多的糖、生物类黄酮等增进免疫、抗氧化物质或是抗癌因子。所以平湖糟蛋被人们称之为"美味的食品、营养的食品"。

三

平湖糟蛋经过代代传承,始终以"质量为本、诚信经营"为圭臬,抓好关键三点:原料、质量、工艺。

原料关,生产糟蛋采用高邮湖鸭子的鸭蛋为原料。高邮鸭是我国江淮地区良种,系全国三大名鸭之一。高邮湖是全国六大淡水湖之一,河沟港汊,湖泊荡滩,无处不在的优质水面资源,为鸭子提供了丰富的鱼、虾、螺蛳、蚬蚌和水生植物。

质量关,徐源源生产糟蛋由于风味独特深受百姓喜欢,他就特别注重加工质量,为确保蛋体大小,当初选料时用特制铁丝圈来测量,如蛋漏过铁丝圈,就弃之不用。

晚清时期,开设在东大街的泰兴源油酒作坊曾试着用鸡蛋为原料制作糟蛋,虽获成功,但因破碎较多,个头小,质感差而不被市场接受,很快淘汰。

受徐源源糟坊影响,其他作坊生产糟蛋也都认真把关质量,并对原辅料进行详细记录。例:同治十年(1871)开设在平湖城西大街酱园弄的徐鼎丰酱园在民国二十五年,账册上对采购的糯米、鸭蛋都有产地、数量、价格、户主等详细记载。

工艺关,糟蛋制作几个关键控制点:选蛋、击蛋、发酵。

1. 选蛋。要求新鲜(产蛋一星期内)、干燥(蛋壳上污沾少)、匀称(每 500 克在 7.5 只左右)、天然(饲料中禁止添加激素、色素)。对鲜鸭蛋的品质鉴别按看、摸、照的方法进行,其中以照验为主。检验时在灯光透视下气室高度<9 mm,整个蛋内物呈微红色,蛋黄不见或略见暗影。如将蛋移动时,蛋黄也随之缓缓移动,就需剔除。

2. 击蛋。为使成熟后的糟蛋蛋壳脱落,在加工过程中对每只鲜蛋中间部两面用竹片击打。起因是前期私人小作坊在加工糟蛋时,由于不慎误将裂纹蛋混入其中一起糟渍,后来发现这些裂纹蛋较之完整蛋成熟得透,同时蛋壳大部分脱落,蛋体略有增大,且味道较浓,这正好符合制作糟蛋的要求。从此就设法在糟渍前先破蛋壳。起初采用在落甏时将蛋在甏壁上轻轻一叩,使蛋壳破裂后糟渍。这样做法蛋膜破损多,损失大而放弃。后改为利用蛋大头一端有气室(俗称空头),将两蛋大头相碰,使蛋壳破裂而蛋膜依旧完整。此法虽然减少破损,提高成品率,但蛋壳破裂范围小,而且局限于一端,产生糟渍不匀,脱壳不良,不能完全符合软壳糟蛋的要求。经过不断摸索和改进,才逐渐发展到竹片击打法,使蛋壳大部分脱落成软壳糟蛋。

3. 发酵。酒糟质量直接影响糟蛋的品质。操作时将蒸熟的米饭每 75 公斤一缸，加适量酒药进行拌匀，并搭成喇叭形圆窝，盖上缸盖。出酒时间根据温度，一般在 24—30 小时内。当酒液有 4—5 成时，去除缸盖，将潭中的酒液每天多次用勺不断回浇在糟面上，使酒酿充分酶解糖化发酵与蛋白质分解，经过 7 天左右时间的发酵成熟。从鲜蛋“落”到酒糟中到糟蛋糟渍成熟，要经过 6 个月左右时间，蛋壳自行脱落，蛋白已凝结成乳白色胶冻状，蛋黄起沙，呈橘黄色，标志糟蛋全部成熟。

四

平湖人喜欢把糟蛋作为平湖的名片之一，借用学者的话说，平湖以糟蛋为代表的饮食文化，是活着的历史文脉，是行走着的生命之旅，也是平湖人精神文化生活的奢侈和骄傲。

纵观历史，我们不难发现，平湖的繁荣和平湖糟蛋的兴盛是相携并进的。农耕文化时期，东湖两岸经济文化逐渐发展，到清代中叶时，县城当湖的繁华景象志书上用“廛栉比，人肩摩”来形容。清代中后期的平湖糟蛋制作有据可查的就有二十多家，品质数徐源源家最好。随着平湖沿海重镇——乍浦海港码头的迅速发展，到清嘉庆年间，乍浦海港码头已成为船舶云集、商贾辐辏的商品互市交易地，平湖糟蛋通过乍浦海港码头走向世界，由此获得平湖糟蛋名闻天下的荣耀。

清代，平湖糟蛋被列为贡品后，引发人们的格外关注与兴致。在《平湖糟蛋的史实和趣闻》(作者蒋苍苍)中写道：因为平湖糟蛋是以嘉兴府的名义送省府的，所以省府的人称平湖糟蛋为嘉兴糟蛋。此事记在于定一(1875—1932)写的《知非集》中。此书有“饮食笑柄”一节，其中说道：“杨昌浚任浙江巡抚时，食嘉兴糟蛋，甫至口，大嚼，蛋黄淋漓，沾唇而下，白须髯间，污及补服。举坐解颐，杨亦不禁大笑。”这个浙江巡抚杨昌浚(1826—1897)，是湖南省湘乡县人，湘军将领，曾率军攻破据守杭州的太平军。在轰动朝野的“杨乃武与小白菜”案中，杨昌浚轻信下级，无视舆论，一意袒护州县官员，极力维持原判，结果案情真相大白后，浙江官场发生大地震，包括杨昌浚在内的二十多名官员被革职，因军功而任职的浙江湘系官吏从此衰落。在那次宴席上，杨昌浚应该是第一次吃平湖糟蛋，所以一口咬下，蛋黄一路流下来，玷污了有补子的官服，一桌人开颜而笑，杨亦大笑。

对糟蛋独有钟情的平湖晚清诗人何之鼎“买醉城西结伴行，源源佳酿远驰名。剖来糟蛋好颜色，携到京华美味评”的经典诗句得到民众的广泛认同和传颂。上海百岁诗翁吴祖刚，在 101 岁时还创作了《老怀四叠》，在中华诗词界引来公众唱和，上海诗词学会会长褚水敖先生在拜访老人家时说：“您无愧是盛世人瑞，您的创作和健康，是当今中华诗词复兴的一个吉兆。”2002 年吴老为平湖糟蛋手书了“异物出平湖，芳香散九衢。腴同西子酪，洁比杜娘肤。索酒尝鲜后，加餐醒醉余。珍馐聊屈指，栏入郇公厨。”此诗句惟妙惟肖地描绘出平湖糟蛋深厚的文化内涵。而且他还注释了与平湖糟蛋的渊源：“余弱冠在故都，侍先君饮膳。有平湖糟蛋一盆，惊为异味，至今七十余年，又得重尝，恍惚如在梦中。”

中国非物质文化遗产名录——平湖钹子书，有关平湖糟蛋的唱词有这么二段："平湖人的心功真是巧，酒酿糟蛋滋味呱呱叫，皇帝伯伯吃得连声赞，吃了半天生的熟的还不知晓。""金平湖的糟蛋真是美，晶莹剔透像宝贝，像宝贝，山珍海味也不可比，你尝一尝滋味，定赞佩，定赞佩！"平湖糟蛋经过文人的尽情泼墨，挥洒抒意，使糟蛋文化得到极大的舒展，文化底蕴更显醇香弥久。

五

享年91岁的中央领导人陈云"饮食有节，起居有时"，每天都要坚持吃上12粒花生，这个好习惯是其妻子、著名营养专家于若木坚持"五果为助"的结果。1997年11月于若木在平湖指导学生营养午餐科学发展时，谈到陈云和她都十分喜欢品尝平湖糟蛋。

1988年12月，中国（北京）举办首届食品博览会，平湖糟蛋参加展览并获金奖，日本前首相田中角荣得知后派专人来北京购买50瓶（每瓶6只）糟蛋。

1994年10月，平湖市人民政府在北京京西宾馆召开经济发展恳谈会暨驻京联络处成立大会。大会有幸邀请到全国人大副委员长王光英先生，他对平湖籍人士的第一句话是：我认识平湖是从糟蛋开始的。原来早年王光英先生在香港时，经常吃到由乍浦港出口至香港的平湖糟蛋，也由此了解被称为"金平湖"的地方。

王光英先生

1996年仲夏，全国政协常委（前商业部长）胡平考察平湖经济发展时对平湖糟蛋啧啧称奇，拍案叫绝，欣然提笔写下"天下第一蛋"这五个大字。

程十发（1921.4—2007.7）上海金山枫泾镇人。名潼，斋名曾用步鲸楼、不教一日闲过斋、后称澄书屋、修竹远山楼。1952年入上海美术出版社，并长期担任上海画院院长，是一位成就斐然、中外盛誉的艺术家。20世纪50年代以来，以连环画、插图影响画坛。此后，艺术视野不断拓展，"取古今中外，法而化之"，在人物花鸟方面独树一帜。代表作有：

《列宁在一九一八》《画皮》《孔乙己》《儒林外史》等。

2000年深秋，平湖筹建当代著名山水画大家吴一峰先生的艺术馆竣工即将开馆，平湖市有关方面领导通过程十发学生苏国超(1945—2011，字甫元，四川资阳人，国家一级美术师，著名画家)请程老题写“吴一峰艺术馆”。2003年6月，当得知程老与学生苏国超在上海举办“桃李情·程十发师生艺术画展”时，平湖有关领导带着糟蛋前往参加开幕式。随后苏先生领着他们走向程老轮椅旁，首先是再三感谢程老为吴一峰艺术馆的题名，然后递上精致礼盒的平湖糟蛋。隔日当程老揭开瓷瓶糟蛋的瓶盖，一股醇香满室馨，赞不绝口，他的学生受老师的感染，还特地为程老拍摄了“程十发品尝平湖糟蛋”的珍贵照片。

由程十发学生苏国超特地为程老拍摄的“程十发品尝平湖糟蛋”照片

孙璞(1927—2011)，字仰中，号牧心，笔名木心，桐乡乌镇人，毕业于上海美术专科学校。1982年定居纽约。每每忆起江南，家乡的那些美食就会浮现在他脑海，也会出现在他的作品里。他最喜食的是姑苏酱鸭、平湖糟蛋、撕蒸笋、豆干沫子拌马兰头。他在其中的一首《少年朝食》诗中是这么赞美的：“清早阳光/照明高墙一角/喜鹊咯咯叫/天井花坛葱茏/丫鬟悄声报用膳/紫檀圆桌四碟端陈/姑苏酱鸭/平湖糟蛋/撕蒸笋/豆干末子拌马兰头/莹白的暖暖香粳米粥/没有比粥更温柔的了/东坡、剑南皆嗜粥/念予毕生流离红尘/就找不到一个似粥温柔的人/吁，予仍频忆江南古镇/梁昭明太子读书于我家后园/窗前的银杏树是六朝之前的/昔南塘春半、风和马嘶/日常无事蝴蝶飞/而今孑身永寄异国/诗书礼乐一忘如洗/犹记四季应时的早餐/若《文选》王褒之赋曰/良醰醰而有味/美粥岂易得　煮粥犹填词/稀则欠故实　稠则乏精致/精明李清照　少游受平嗤/我谓秦七粥　稀稠亦由之。”

黄伯惠(1894～?)，江苏嘉定(今属上海市)人。是上海报业名人，新编的《上海市志》“人物传”有他的小传。黄伯惠多财善贾。早年游学美、德、日、英诸国，考察印刷工艺，对印刷、摄影、制版业务颇为精通。民国十年(1921)从美国回国。民国十三年(1924)以4万巨款从狄楚青手里购买上海《时报》全部产业，向国外订购新式印报机，采用印写版印刷图片。民国十六年(1927年)夏在中国第一次使用三色套印报纸，使《时报》印刷质量居国内领先地位。海内外知名的文史掌故大家郑逸梅(1895～1992)，擅长写人物传记，在他的《艺林散叶》第3795条写道：黄伯惠某次客松江高君藩之自怡园，晨起啜粥，主人供粥肴四碟，一为糟蛋，伯惠引为美味，一碟尽，再进之，又尽，共尽七碟之多。

作家野莽，1953年出生湖北十堰竹溪县人，中国作家协会会员。从20世纪八十年代初开始发表作品，迄今著有文学作品 500 多万字，其中长篇小说《纸厦》《禁宫画像》等六部，《野人国》《世上只有我背时》等大量中短篇小说集，多篇小说被翻译成英、法、日、俄等多种文字。2004 年 7 月，平湖中学鲁莽老师因工作关系，带着平湖糟蛋前往京城去拜访野莽先生，并特意在礼品糟蛋中附上晚清诗人咏平湖糟蛋的诗。品过糟蛋后，野莽先生的回复竟是："糟蛋的味道独特，劲道很厉害，一个糟蛋的当量相当于一杯白酒，你刘姐（野莽夫人）吃了一个，竟至微醺。"又说："此物只有宫中有，民间哪得几回闻？"也许是吃了糟蛋嘴软的缘故，野莽先生为平湖中学校刊《家园》如约履稿，而且不是一篇是两篇，还慷慨题词："我爱《家园》。"《家园》主编金中老师戏言："小小校刊能约来名家专稿，平湖糟蛋功不可没。"

美籍华人 NBA 球员林书豪，出生在美国加洲旧金山湾区帕罗奥多，哈佛大学毕业后加入 NBA，曾分别加盟金洲勇士队和休斯敦火箭队。进入纽约尼克斯队后受到万众瞩目，并获得 NBA 东部周最佳球员，引起全美的极大关注并随之引发一股"Linsanity"（林来疯）。林书豪的外婆陈意子是浙江平湖新仓人，尽管早年移民海外，但十几年来一直为家乡的学子捐资助学。为了却已故双亲陈惟俭、沈雪如关心家乡发展的夙愿，在平湖中学设立了"陈惟俭沈雪如奖学金"，先后资助了几百名学生。2011 年 5 月 28 日林书豪第一次和全家人从美国回平湖祭祀。毕竟血浓于水，林书豪一到平湖便对家乡产生了浓厚的兴趣，直呼比外婆描述的更加美，他对平湖的饮食非常喜欢，尤其是对平湖糟蛋"一见钟情，爱不释口"。

大　事　记

清

雍正元年(1723年),海盐丰山(现秦山镇)徐源源举家迁至平湖当湖镇,在西门外开设糟坊。

雍正二年(1724年),秋七月十八日,大雨,湖海并溢(浙江通志)徐源源糟坊受淹。

同治十年(1871年),海盐武原镇徐甲福在平湖城内酱园弄开设"徐鼎丰"酱园。

光绪元年(1875年),徐源源糟坊年产酒200缸,获政府资金2000元。

光绪十一年(1885年),老鼎丰在县城的东门外横街设"东鼎丰"分号。

光绪十二年(1886年),老鼎丰在县城的西大街设"西鼎丰"分号。

宣统二年(1910),徐源源糟蛋获"南洋劝业会"金牌奖。

中华民国

民国四年(1915年),平湖糟蛋获"农商部国货展览会"一等奖章。

民国四年(1915年),平湖糟蛋获"美国巴拿马万国博览会"奖章。

民国十二年(1923年),老鼎丰酱园注册"金鼎"商标。

民国十七年(1928年),老鼎丰酱园"金鼎"商标改为红"福"商标。

民国二十一年(1932年),老徐鼎丰酱园在《平湖通览》书刊中刊登红"福"牌糟蛋广告。

民国二十四年(1935年),糟蛋出口30000万只。

民国二十五年(1936年),老徐鼎丰酱园在《嘉兴汇览》书刊中刊登红"福"牌糟蛋广告。

民国二十六年(1937年),11月18日,日军侵入县城,平湖沦陷。

民国二十七年(1938年),侵占平湖的日军,在平湖大肆烧杀抢掠,4月25日又开始焚烧当湖西门外至花家弄民房,徐源源糟坊在这次大火中被焚毁。

民国三十四年(1945年),8月15日,日本宣布无条件投降,9月6日,平湖县城张灯结彩庆祝抗日战争胜利。

民国三十四年(1945年),11月20日,县城新东门老万源腌畚号在平湖《新光日报》创刊号刊登糟蛋广告。

民国三十五年(1946 年),老鼎丰、东鼎丰、西鼎丰三家兼营糟蛋的酱园 80 多位员工不堪物价上涨,罢工 6 天要求资方增加工资。

中华人民共和国

1951 年

由老万源、同兴、成兴源、新万祥、泰兴源等十余家从事腌鲜行业(腌腊与蛋品加工)的商号实行“私私合营”,组建“腌鲜业同业公会”,简称“合众”,归口县工商联(筹)管辖。

1952 年

7 月,建国后在平湖县第一次夏季物资交流会上,糟蛋成交量 4000 只。

1953 年

10 月,由湖州食品经营处派驻平湖食品小组成立。

1954 年

8 月,由湖州食品经营处派驻平湖食品小组改称为“浙江省食品公司嘉兴支公司平湖经营处”。

1955 年

10 月,浙江省食品公司嘉兴支公司平湖经营处改称为中国食品公司浙江省平湖县公司。

12 月,全县实行全行业公私合营,“腌鲜业同业公会”,改为“公私合营”企业,归口县人民政府工商科管理。

1956 年

1 月,公私合营腌腊与蛋品加工企业生产场所设在食品公司南门仓库 3 号仓间内。

1957 年

8 月,公私合营腌腊与蛋品加工企业搬迁至城关镇宝塔桥西埯。(归属平湖县文化用品公司,1957 年 5 月公司撤销,县政府将其划入商业局,作为商业办厂工业用房)

1958 年

1 月,商业体制实行政企合一,食品公司并入商业局食品股。

4 月,商业局食品股撤销,建立商业局食品采购批发供应站。

5 月,公私合营腌腊与蛋品加工企业在孟秀浜(后改称虹桥路)东侧建立占地 7.78 亩新厂,改称为“平湖腌腊与蛋品加工厂”。

1961 年

9 月,国合分开,商业局食品采购批发供应站撤销,恢复建立中国食品公司浙江省平湖县公司。

1963 年

1 月,全县各公私合营企业全部与归口国营公司合并,公私合营平湖腌腊与蛋品加工厂与食品公司合并，改称为“平湖县食品公司副食品加工厂”。

1965 年

5 月，浙江农业大学出版《浙江农史研究集刊》创刊号，刊登了由熊同和、高锡永两教授撰写的《平湖糟蛋加工技术史》论文。

1966 年

10 月，厂内增设有线广播二只，每只月收费 1.60 元、人民日报一份，年 18 元、浙江日报一份，年 14.40 元、红旗杂志一份，年 2.80 元。

1969 年

3 月，平湖县食品公司革命委员会成立。

1971 年

12 月，经食品公司革命委员会批准同意，厂内销帐一批宕帐多年的商品，该批商品是在文革中被某个群众组织拿走的。计灭火机四只，96.00 元、盘秤壹把 2.68 元、硝酸钾 155 斤，174.72 元；53 加仑铁桶 17 只，584.29 元；二级彩蛋 600 只，67.80 元；三级咸蛋 1500 只，141.00 元；风(火)腿 1 只/7.5 斤，8.01 元，共计金额：1074.50 元。

1978 年

11 月，平湖糟蛋首次通过第三方(外贸公司)出口，数量 1 万只。

1979 年

11 月，糟蛋通过第三方(外贸公司)出口，数量 1 万只。

1981 年

7 月，平湖糟蛋获商业部“优质产品”证书。

7 月 19 日，熬油车间油桶发生爆炸，造成许勇强、全妹妹两职工不同程度烫伤，其中全妹妹双下肢大面积烧伤，送上海中山医院进行植皮手术，治愈后经有关部门鉴定，评判为八级工伤。

10 月，平湖糟蛋获浙江省“优质产品”证书。

12 月，蛋制品车间主任谢力耕参加商业部科技机械局在辽宁大连召开的全面质量管理座谈会，会期三周。

1982 年

5 月，平湖糟蛋获“浙江省商业系统最佳产品”称号。

11 月，糟蛋通过第三方(外贸公司)出口，数量 0.6 万只。

1983 年

11 月，糟蛋通过第三方(外贸公司)出口，数量 0.6 万只。

1984 年

10 月，平湖糟蛋被浙江计经委、浙江日报社评为“一九八四年度浙江最佳日用品”。

11 月，首次注册糟蛋“龙”牌商标。

12 月 1 日，肉制品车间职工潘惠英在香肠制作过程中，右手指不慎卷入机械设备，导致右手四指截断，其中 2—5 指手指掌关节处完全离断伤，在上海华山医院做右手第 2—5

节平面截指手术，治愈后经有关部门鉴定，评判为六级工伤。

1985 年

8 月，平湖糟蛋生产第一个地方标准，由浙江省商业厅提出，浙江省食品公司起草，经浙江省标准管理局批准实施。

12 月，平湖糟蛋获浙江省“优质产品”证书。

1986 年

9 月，《平湖糟蛋常年生产工艺研究》通过省级鉴定，并被浙江省人民政府评为“八六年度浙江省科学技术进步三等奖”。

11 月，糟蛋通过第三方(外贸公司)出口，数量 1.91 万只。

1987 年

11 月，平湖糟蛋获浙江省商业厅商办工业名、特、优新产品“玉兔奖”。

12 月，城关镇大南门平湖糟蛋及蛋制品专营门市部开业。

1988 年

10 月，平湖糟蛋获商业部“优质产品”证书。

11 月，糟蛋通过第三方(外贸公司)出口，数量 1.92 万只。

12 月，平湖糟蛋获中国首届食品博览会“金奖”。

1989 年

3 月，《浙江商业经济》第三期糟蛋广告费 1200 元。

6 月，《金平湖画册》糟蛋广告费 2400 元。

11 月，《嘉兴日报》糟蛋广告费 500 元。

11 月，糟蛋通过第三方(外贸公司)出口，数量 0.57 万只。

12 月，平湖糟蛋获浙江省“优质产品”证书。

12 月，城关镇水洞埭平湖糟蛋专营门市部开业。

1990 年

4 月，城关镇三号桥菜场内平湖糟蛋专营门市部开业。

1991 年

7 月，平湖撤县设市，企业更名为“平湖市食品公司副食品厂”。

10 月，平湖糟蛋获浙江省计经委“浙江精品”证书。

10 月 8 日，厂长谢力耕、供销科长查忠玲参加中国畜产品协会肉禽蛋加工委员会在贵州贵阳市召开的全国第三次禽蛋加工工作会议。

1992 年

7 月，由浙江省商业厅提出，浙江省食品公司负责起草的浙江省糟蛋生产地方标准，经浙江省标准管理局批准，第一次作重大修改。

12 月，食品公司设立“蛋品公司”与副食品厂联合运营。

1994 年

5 月，平湖市食品工贸公司(食品公司分支机构)与平湖副食品厂合并运营。

8 月,城关镇解放中路利市来门市部开业。

10 月,《平湖糟蛋长年生产工艺》被平湖市保密局列为国家商业机密。

10 月 18 日,平湖市发展经济恳谈会暨驻京联络处成立大会在北京京西宾馆召开,时任全国人大副委员长王光英在接见平湖政府要员时说道:“我早期在香港经常吃平湖糟蛋,通过糟蛋了解平湖”。

12 月,城关镇城南东路利源来门市部开业。

1995 年

1 月,中共平湖市委书记朱干生来工厂视察,指出:要弘扬平湖传统地方产品的名牌特色,让“龙”牌糟蛋在现代市场上大显身手。建议:(1)建立蛋鸭基地,选用优质鸭蛋。(2)选点种植优质糯米。(3)确立科研项目。“龙牌”糟蛋要在“精”“稀”“贵”三字上做文章,下苦功夫、重振雄风,为振兴平湖经济作出应有的贡献。

2 月,平湖市政府分管科技副市长王光明来工厂调研,指出:科技是第一生产力,要实现科技兴厂。

3 月,全国著名营养学家于若木为平湖糟蛋题词:“昔日皇家贡品,今天百姓佳肴”。

6 月,平湖市人民政府王新民市长来公司视察,指出:糟蛋的发扬光大,不仅仅是企业的事,也是公司、局、市政府的事,在技术、资金、出口、税收方面要引起足够重视,大力扶持。嘉兴的商检、海关,由平湖市政府帮助协调。

10 月,《平湖糟蛋多种口味》科研项目通过县级鉴定。

11 月,城关镇解放东路食品大商场开业。

1996 年

8 月,全国政协常委(原商业部长)胡平来平考察,为平湖糟蛋题词:“天下第一蛋”。

10 月,《提高糟蛋正品率》科研项目通过县级鉴定。

1997 年

2 月,平湖市人民政府授予平湖“龙”牌糟蛋为“1996 年度平湖市名牌产品”称号。

5 月,食品公司副食品厂与食品公司产权分离,更名为平湖副食品厂,为商业局直属单位,企业主要领导兼任商业集团总公司食品工业科副科长。(2000 年 5 月撤销)

6 月,与高达贸易(香港)公司实行浙港合资。

10 月,《延长糟蛋保质期》科研项目通过县级鉴定。

10 月,“龙”牌糟蛋荣获“1998 嘉兴优质农产品展示会暨农业科技交流会名牌产品”称号。

11 月,城关镇解放路改造,食品大商场门市部、利市来门市部歇业。

11 月,于若木参加在平湖召开的《国家大豆行动计划平湖现场会》,会议期间平湖市副市长冯美仙与厂负责人特地到于若木休息下榻处看望并汇报平湖糟蛋产销情况。

1998 年

1 月,城关镇人民中路平湖糟蛋专营门市部开业。

1999 年

5 月,副食品厂被嘉兴市旅游局列为旅游商品定点生产企业。

8月，受12号台风“潭美”影响，平湖遭遇特大水灾，由于企业在抗洪救灾中成绩显著，主要领导被市人民政府评为抗洪抢险先进个人。

12月，平湖糟蛋被国内贸易部认证为“中华老字号”企业。

2001年

1月，东湖开发，企业由虹桥路搬迁至平湖经济开发区（乍王公路16K—3）。

6月，受2号台风“飞燕”影响，厂房内部电梯机房进水，受损2万余元。

9月，“龙”牌糟蛋荣获“嘉兴市农业博览会名牌产品”称号。

2002年

1月，经浙江省旅游局、浙江省经贸委批准，平湖市副食品厂为浙江省旅游商品定点生产企业。

4月，第四届“南湖之春”教学展示活动在嘉兴市科技馆隆重举行，平湖实验小学张华老师的作文指导课《“天下第一蛋”平湖糟蛋》获高分通过，此后被省教育厅列为省级《师资培训教育课例》。

5月，经平湖市人民政府批准，企业由国有体制改为股份有限公司，注册成立了平湖市龙牌糟蛋食品有限公司。

2003年

11月，“龙”牌糟蛋获浙江省农业博览会“金奖”。

2004年

3月，按照国家《标准化法》的规定，企业第一次起草、发布糟蛋生产企业标准，经平湖市质量技术监督局批准后同年3月30日实施。

7月，平湖电视台拍摄的电视专题片《糟蛋传奇》获中国广播电视学会对外宣传“彩桥奖”二等奖。

8月，平湖糟蛋被嘉兴市名牌评审委员会认定为“嘉兴名牌”产品。

9月，平湖糟蛋被浙江省名牌评审委员会认定为“浙江名牌”产品。

9月，平湖电视台拍摄的电视专题片《糟蛋传奇》在中国黄河电视台SCOLA频道播出。

11月，“龙”牌糟蛋获浙江省农业博览会“金奖”。

12月，平湖电视台拍摄的电视专题片《糟蛋传奇》经中国黄河电视台选送，在美国SCOLA卫星电视网播出。

2005年

1月，嘉兴电视台著名栏目组“新闻日记”来公司拍摄，报道了平湖糟蛋风雨沧桑历程。

7月，上海新少年记者培训学校50余名小记者到公司采风。

8月，受9号台风“麦莎”影响，企业包装材料、商品等受损2万余元。

11月，“龙”牌糟蛋获浙江省农业博览会“金奖”。

11月，“龙”牌糟蛋被平湖市旅游局评为“平湖市首届旅游商品（设计）大奖赛”金奖。

2006 年

2 月，公司被平湖市旅游局、平湖市旅游行业协会评为“2005 年度旅游行业先进集体”。

6 月，当湖街道新华路南市桥平湖糟蛋专营门市部开业。

7 月，向国家知识产权局申报平湖糟蛋塑料瓶等 7 项外包装(外观)设计专利权。

8 月，平湖糟蛋“龙”牌商标被嘉兴市工商行政管理局认定为“嘉兴市著名商标”。

11 月，平湖市人民政府副市长潘川弟、平湖市旅游局局长王国友来公司调研。

11 月，“龙”牌糟蛋获浙江省农业博览会“金奖”。

11 月，“龙”牌糟蛋获“嘉兴市名特优新农产品展销会金奖产品”称号。

2007 年

2 月，中共平湖市委书记孙贤龙在浙江省老字号协会《关于拟建平湖・中国糟蛋文化馆(厅)》的函件上，转批给旅游局：“要重视此事，请旅游局研究提出意见”。

4 月，“龙”牌糟蛋荣获“平湖市特色农产品十大商标品牌”称号。

6 月，平湖糟蛋塑料瓶包装等 7 项外盒外观设计获国家知识产权局授予专利权。

7 月，浙江工商大学“‘手拉手’社会实践服务团”学生来公司实践”。

12 月，“龙”牌糟蛋获浙江省农业博览会“金奖”。

2008 年

1 月，“龙”牌糟蛋获“嘉兴市农产品展销会优质产品奖”金奖。

6 月，《平湖糟蛋制作工艺》被列为嘉兴市非物质文化遗产名录。

7 月，上海大润发总部周向华等三人来公司考察、商议合作事项。

8 月，为迎接上海世博会，平湖市文化馆邀请中国社会音乐研究会名誉副会长候小声、上海群艺馆副研究员张阿君，来平湖辅导实验小学少儿舞蹈“天下第一蛋”。

11 月，在浙江省人民大会堂，“龙”牌糟蛋被省人民政府授予首批“浙江省老字号”称号。

12 月，平湖市人大当湖街道第三小组约见企业，调研平湖糟蛋产销状况，并把建立“平湖・中国糟蛋文化馆”的可行性报告作为小组集体议案上报市人大，被市人大列为 2009 年重要议案。

12 月，在平湖广播电视演播厅“纪念改革开放三十周年”文艺晚会上，平湖实验小学少儿舞蹈《天下第一蛋》首次演出。

2009 年

2 月，《平湖糟蛋制作工艺》被列为平湖市第二批非物质文化遗产名录。

3 月，嘉兴市出入境检验局检务处徐向群处长来公司调研平湖糟蛋原产地申报事项。

4 月，在平湖市图书馆底楼会议室，公司特邀参加“关于要求建立平湖・中国糟蛋文化馆”的政协重点提案座谈会。

5 月，少儿舞蹈《天下第一蛋》在“上海之春”国际音乐节—少儿音乐舞蹈精品专场演出。

7 月，浙江工业大学生物与环境学院暑期社会实践队 10 名学生来公司采风。

8月，浙江电视台新农村(7台)“翠花牵线”来公司拍摄“平湖糟蛋”专题片。

12月，“龙”牌糟蛋获浙江省农业博览会“金奖”。

2010年

4月，嘉兴南湖记者蔡琦来公司采访并发表了“平湖糟蛋尴尬站在上海世博会门前”的评论文章。

5月，少儿舞蹈“天下第一蛋”在上海世博会期间，参加“上海之春国际音乐艺术节”演出。

6月，在“平湖市非物质文化遗产文艺展暨平湖民俗风情馆、金龙门农耕文化展示中心揭牌仪式”活动上，公司被平湖市人民政府授予“平湖糟蛋制作工艺传承基地”。

12月，小儿舞蹈《天下第一蛋》在平湖市“第十一届中小学校园文化艺术节”中，以96.68的高分获金奖。

12月，《平湖糟蛋制作工艺》中的击蛋技艺，在平湖市总工会、平湖市文体局、平湖市旅游局联合举办的“金象杯”旅游才艺大赛中首次公开表演展示。

第　一　编

糟蛋起源
史实记载

《辞海》对糟蛋词条解释:蛋的腌制品,将禽蛋用酒糟、盐及醋腌4—5个月即成。蛋壳经剥蚀而成软薄膜,蛋白似乳白胶冻,蛋黄柔软,呈橘红色或黄色。香浓可口,不用烹饪即可食。

《辞海》没把糟蛋定性"平湖糟蛋",说明系多家生产。

经"科普中国"科学百科词条编写与应用工作项目审核的百度词条定义:糟蛋是新鲜鸭蛋(或鸡蛋)用优质糯米糟制而成,是中国别具一格的特色传统美食,以浙江平湖糟蛋、陕州糟蛋和四川宜宾糟蛋最为著名。因为经过糟渍后,蛋壳脱落,只有一层薄膜包住蛋体,其蛋白呈乳白色,蛋黄为橘红色,味道鲜美,只要用筷或叉轻轻拨破软壳就可食用。

《百度词条》中对糟蛋的具体描述,完全与平湖软壳糟蛋的显著特征相吻合。

第一章　源　　流

平湖历史悠久、土地肥沃、物产丰富，有“金平湖”之美称。据清彭润章所修纂《平湖县志》称：“邑为海疆沃壤，陆资稻麦，水饶鱼盐，足称盛矣。”

平湖发达的农耕文化促进了商贸经济的繁荣，有些土特产乃脱颖而出，今日的平湖糟蛋已成为我国饮食文化中的一朵奇葩。

平湖软壳糟蛋是当今人类史上最优质的蛋类制品，三百年辉煌历史深深地烙上“名闻中外”的印记。当下平湖软壳糟蛋不仅仅是一个商品名称，还深含浓厚的国人匠心和华夏大地的美食文化。

第一节　糟蛋起源

平湖糟蛋的创制，始于何时、创于何人，在清·民志书中没有确切的史实记载。意欲具体落实到一个历史起点，恐有悖事实真相。历史学家认为任何事物的发生都是时间的函数，唯按历史发展的时间顺序来求证历史事实，方可还原历史真相。

在嘉兴府有关记载糟蛋的最早文献是清乾隆三十四年(1769)，由嘉兴项映薇编写《古禾杂识》载：“糟鹅蛋出之酝酿，席间未下箸，无不垂涎。”

嘉兴旧称嘉禾，故名古禾。项映薇，号朱树。浙江嘉兴人，诸生。与钱麂山、祝西涧诸先生游(跟着粮艘北行一路以教导学生为生，此后以教师终其一生)。乾隆五十四年(1789)卒，年六十。《古禾杂识》是一本记载嘉兴地区风俗、物产、轶闻掌故的文献书籍。

其次是清嘉庆六年(1801)司能任所撰《嘉兴县志》内有糟鹅蛋之记载：“糟鹅蛋：鲍轸糟鹅蛋诗：‘阳羡笼中化，香糟温酿成。渔于鱼乍压，俊比蟹微生。混沌含真味，胚胎享盛名。不图重下箸，但食倍关情。’”

鲍轸(山西应县才子)，在嘉兴古典诗词中留有不少佳作。他在这首赞美“糟鹅蛋”的诗歌中，清楚描写了其酿造方法、选料、口感、名声以及抒情言志表达出由衷的赞佩和我最喜欢的鲜明态度。说明在嘉庆六年前的嘉兴府“糟鹅蛋”已成名产。

那么，嘉兴府的“糟鹅蛋”又创于何时、何人？

据嘉兴市博物馆介绍，“糟鹅蛋”由嘉兴新塍富商高景涵开设的高公兴酱园所制。说到高景涵开酱园，还有个典故：

清乾隆三十一年(1766)，高景涵到扬州访友，当时的扬州是清朝盐商的聚集地，繁华热闹，胜似京城。扬州朋友陪同高先生游玩一番后在“太白”酒楼设宴招待，入席后先上了四小碟精致的酱菜。朋友见高先生一脸茫然马上介绍说：“我们扬州‘三和四美’酱菜最有名气，嫩、爽、脆、鲜是它的特点，不信你尝！”高景涵品尝后果然入口脆爽，回味鲜美，连声夸道：“好酱菜！好酱菜！”宴毕高先生提出，能否带他到“三和四美”酱园去见识见识，恰巧有一位宴中人是酱园老板的亲戚，就自告奋勇带高景涵参观，在参观中高景涵心想如此好吃的酱菜何不我也在新塍开一家酱园。

高公兴酱园位于新塍镇西南大街233号，占地面积达106321平方米，北临新塍市河，有500多间房子，设有厂房、营业门店、仓库账房、收发验货等各经营场地。当年高公兴酱园主要生产黄酒、酱油、豆酱、米醋、腐乳等产品。

由于高公兴酱园经营得当，到清末民初之际，高氏又在新塍增设高公顺酱园，在嘉兴北丽桥开设高公升酱园，形成了高公兴、高公顺、高公升酱园三足鼎立局面。

有关高公兴酱园制作“糟鹅蛋”有个传说：

高公兴每年生产黄酒所用糯米超过18万斤，产生了大量的酒糟，高景涵就发动员工讨论如何利用酒糟来谋求利益最大化？员工们在议论中纷纷提到可以试用酒糟来泡制“糟蛋”。但此时邻县平湖的“软壳糟蛋”应市多年，早有名气，若步人后尘不合高景涵心思，不料此时有个酿酒师傅李阿兴讲：“我爹也是个酿酒师傅，他曾经做出过硬壳糟鹅蛋，我小时候吃过，味道鲜美，我回趟家问清楚后帮东家试试看。”高景涵一听觉得有门儿，承诺李阿兴若试制成功，奖励给他50个大洋。

谁知李阿兴回家对父亲一说，他父亲面露难色地回道，“你小时候吃的硬壳糟鹅蛋是我无意中偶然碰巧弄出来的，我没有什么‘秘方’。”儿子一听傻了眼，连忙对父亲讲：“那你总有点记忆怎么把这种‘硬壳糟蛋’做出来的！”他父亲仔细回忆当初弄糟鹅蛋时的情景，倒把他想出个究竟来了。于是父子二人急忙乘船赶回酱园，高老板要求他父子俩用各种办法试制，哪怕是一年、二年。

结果李阿兴父子没有辜负高老板的期望，在年底试制成硬壳“糟鹅蛋”。

高公兴创制的硬壳“糟鹅蛋”以质地细糯、香醇美味、久贮不败而远近闻名。常年的糟蛋产量可达十多万只，主要经销嘉兴、湖州等地。

从嘉兴高公兴酱园创制“糟鹅蛋”的传说中，平湖“软壳糟蛋”的创制要早于“糟鹅蛋”，但只是囿于传说。

据1996年印本《嘉兴市志》记载：“平湖所产软壳糟蛋相传创制于清乾隆时，曾入京得金牌。据调查：清中叶徽商程源裕首先经营，近现代由徐源源糟坊经营。”

徽商与平湖有何渊源？

明天启《平湖县志》在描述当时平湖商业繁荣之景象中提到：“徽商麇至，贯镪纷贸，出纳雄盛。”昔日平湖的经济繁荣吸引徽商群集而至，而且贸易额巨大。

徽商即徽州商人，以吃苦耐劳善经商而著称，因而能够在张弛万变、风云诡谲的商界权衡利弊，积极寻找商机。当年徽商程源裕来平湖开设酒坊，以经营酒药及酒类为主，得益于平湖从南宋始兴起的发达酒业和徽商帮的从善经营。据《宋史·地理志》载：“平湖在南宋宁宗时(1195)设当湖酒库,后又设泖口酒务、广陈酒务。”当初南宋实行酒类专卖政策,酒库是官府控制下酿造酒和批发酒的市场,是官府酒课的主要来源,在国家财政中占重要地位。官办的酒库不仅是酿造的地方,而且也是批发机构,各种类型的酒楼食肆都赶到这里来批发。而酒务则由监官管理,只能到酒库批发后销售。因酒库的设立,使当湖的“酒甏弄”(现西通新华南路,东接永凝桥)名声大噪。

徽商程源裕经营糟蛋(发明),初衷是利用酒坊现存的酒糟尝试着用鸭蛋制作糟蛋是否好吃及能否久藏。因将鱼、笋、蟹、肉类等经过糟渍而成为食品在我国有悠久历史,称得上中华美食中的老字号。吃糟是先秦遗风,最早载于两千多年前的《楚辞》,南宋以后吃糟之风大兴,都城临安有卖糟鲍鱼、糟羊蹄、糟蟹、糟猪头肉。到元、明、清时,除市上供应糟制品外,已发展到家庭自制,清代康熙年间的曹雪芹笔下《红楼梦》里就提到了糟鹅掌、糟鹌鹑之类精致糟味,袁枚在《随园食单》中也有自制糟肉、糟鸡、糟鲞的记载。古人曾夸张地形容:“入口之物,皆可糟之。”

将原本生涩、腥味的生鸭蛋,糟制成质腴而柔软、个大而丰实的软壳糟蛋,其结果胜出程氏尝试用鸭蛋制作糟蛋的初衷。

近现代由徐源源糟坊经营。徐源源是何方人士?

据1997年印本平湖《城关镇志》记载:徐源源祖上海盐丰山人(现海盐秦山镇),在清雍正年间(1723～1735)迁至平湖,在当湖镇西城门外独资开设徐源源糟坊。

当湖镇西城门外地处嘉兴塘北岸,东起西孟家桥,西至白马堰。明嘉靖三十二年(1553)平湖筑城,这里为西门外要冲之地,倭寇平息后得以发展,成为农产品交易集散地,并逐步形成一条商业街。在街的周围建有花街弄、牛贺弄等一大片古弄狭巷,成为当湖镇的一处闹市区。

徐源源糟坊地理位置优越,产品适销对路,质量又好,在当地口碑和经营皆佳。

徽商程源裕与徐源源又是何种因果关系?

据1965年浙江农业大学出版的《农史研究集刊》创刊号,由熊同和、高锡永俩教授撰写的《平湖糟蛋加工技术史》中道出:“程氏制作糟蛋的初衷和制作糟蛋的秘法由于婚嫁关系而传于徐源源。”该记载说明了同为外来客商,又同为业内人,因姻亲之故在经营中技术互通,可谓门当户对。

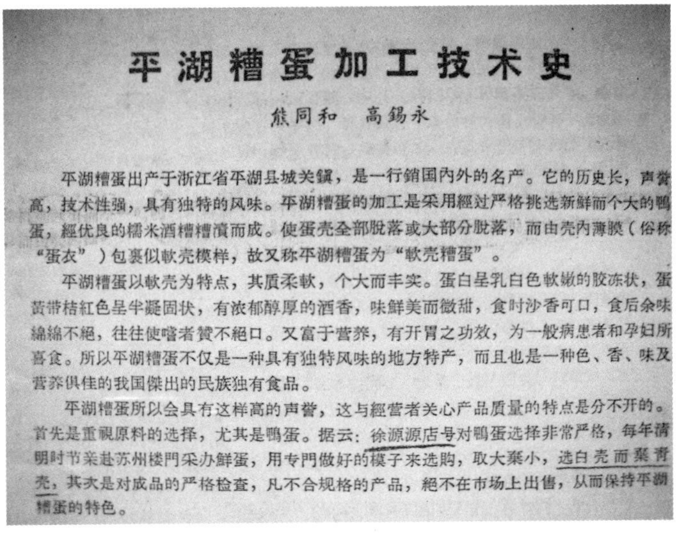
平湖糟蛋加工技术史

熊同和　高锡永

平湖糟蛋出产于浙江省平湖县城关镇,是一行銷国内外的名产。它的历史长,声誉高,技术性强,具有独特的风味。平湖糟蛋的加工是采用經过严格挑选新鲜而个大的鴨蛋,經优良的糯米酒槽糟漬而成。使蛋壳全部脫落或大部分脫落,而由壳内薄膜(俗称“蛋衣”)包裹似軟壳模样,故又称平湖糟蛋为“軟壳糟蛋”。

平湖糟蛋以軟壳为特点,其質柔軟,个大而丰实。蛋白呈乳白色軟嫩的胶冻状,蛋黄带桔紅色呈半凝固状,有浓郁醇厚的酒香,味鮮美而微甜,食时沙香可口,食后余味綿綿不絕,往往使嚐者贊不絕口。又富于营养,有开胃之功效,为一般病患者和孕妇所喜食。所以平湖糟蛋不仅是一种具有独特风味的地方特产,而且也是一种色、香、味及营养俱佳的我国傑出的民族独有食品。

平湖糟蛋所以会具有这样高的声誉,这与經营者关心产品质量的特点是分不开的。首先是重視原料的选择,尤其是鴨蛋。据云:徐源源店号对鴨蛋选择非常严格,每年清明时节亲赴苏州楼門采办鮮蛋,用专門做好的模子来选购,取大棄小,选白壳而棄青壳,其次是对成品的严格检查,凡不合规格的产品,絕不在市场上出售,从而保持平湖糟蛋的特色。

熊同和、高锡永俩教授撰写的《平湖糟蛋加工技术史》

在华夏文明中有个显

生于民国13年(1924)的周济老先生是原副食品厂的职工(会计),他在2014年回忆道,20世纪初,平湖生产糟蛋的店号不下十家,但由于技术各异,质量差别很大,独有徐源源糟蛋以牌子老、技术高、品质好而著称

著的文化现象,是一处风景、一种风俗;一种特产、一个传说。源于民族文化的情感,内中折射着民族悠久的历史和对自然万物的诠释。在张扬中掺和着人们的情感,在乐道中又蕴涵着事物的真谛。1993年印本的《平湖县志》附录二(轶事·传说)中,辑录"糟蛋由来"的传说:清雍正年间,县城西门外孟家桥堍,有一家酿造白干、土黄酒的小作坊,名"徐源源"。据传,有一年黄梅季节遇上潮汛,一批制酒用的糯米全被浸泡在水里,因接触酒渣而发酵。大水过后,老板打算把这批米淘净蒸酒,发现内有10多个鸭蛋(发水时,家养鸭子在这里生下),敲开后,见蛋白和蛋黄凝在一起,又软又嫩,酒香扑鼻,味道可口。徐老板心计一动,就试用酿酒原糟制作糟蛋,不断改善配方,徐源源糟蛋越做越精,成了平湖名特产。

这是平湖流传最广的有关糟蛋起源的民间传说,但内中又是时间不详,用清雍正年间"有一年"来界定发大水的年份。代代相传的口碑可有依据?

光绪十二年刻本《平湖县志》25卷(外志·祥异)对雍正二年作如下记述:

雍正二年(1724)秋七月十八日,大雨,湖海并溢(浙江通志),徐源源糟坊受淹。

寥寥数语,但时间、地点、人物、作坊、受灾原因详尽清楚,而且省志中也有记载,完全与传说中清雍正年间有一年黄梅季节遇上潮汛的民间传说相吻合。

遭受百年难遇的灾害,海宁、象山、宁波等地海水破堤、大浪滔天,致使杭嘉湖平原数十县粮田淹渍而成斥卤之地。清政府对这次的浙江潮灾赈济据1934年《浙江通志》(二)记载:

雍正二年九月二十二日钦奉上谕,浙江沿海被灾小民艰食,着湖广买米十万石,江西买米六万石,送交浙江巡抚平粜。

综合以上史料推测,平湖糟蛋起源的时间,在清中叶雍正二年(1724)或更早。

第二节 史实记载

"糟蛋、糟鱼、糟蟹、糟笋,各种糟品以徐源源制者最佳,其糟蛋驰名尤远,宣统元年在南洋劝业会奖给金牌"。

1926年印本《平湖县续志》

平湖糟蛋，誉满中外，是浙江独具风味的传统名产。

在封建时代，平湖糟蛋是名贵礼品，所以又称官礼糟蛋。曾被列为贡品，得到过乾隆皇帝“御赐”金牌一块。近百年来，平湖糟蛋先后在南洋劝业会、英国伦敦国际博览会、南京品物会上展销，受到中外人士的好评，获得国际博览会奖牌一块。新中国成立后，在一九五七年举行的全国再制蛋技术交流会上，平湖糟蛋又因品质特别优异，受到各地代表的称赞。

一般的禽蛋都是硬壳的，平湖糟蛋却以软壳见长，又名软壳糟蛋。因为鸭蛋经过糟渍以后，蛋壳已经完全脱落或大部分脱落，壳内只有一层薄膜包住蛋体了。它的蛋白呈乳白色，蛋黄为橘红色，味道鲜美，芳香而微甜，无论用来佐餐或下酒，都是不可多得的佳肴。人们只要用筷子或叉轻轻拨破软壳就可取食了。有人把它蒸来吃，那就失去了糟蛋的独特风味。

平湖糟蛋据说已有两百多年历史，到20世纪初，由徐源源酒坊独家经营。那时由于平湖和上海之间已有轮船定期往返，所以糟蛋生意兴隆。一个糟蛋售价相当于三个彩蛋，引起了一些商人的羡慕，开始与徐源源酒坊竞争。到了二十年代，制作平湖糟蛋的作坊发展到近十家，年产量达三十多万只。不过，平湖糟蛋历来以徐源源酒坊生产的为上品。它不只是牌子老，而且质量好。产量占全县总产量的百分之五十以上。

1983年印本《浙江特产风味指南》

平湖糟蛋又名软壳糟蛋，是采用新鲜鸭蛋做原料，经清洗裂壳后，浸入优质糯米酒槽中酿制而成，其蛋质细嫩，醇香可口，有开胃，解腻，促进血液循环等多种功能。

相传在清雍正年间，平湖当湖镇西门外有家名为“徐源源”的酒坊，先开始制作糟蛋。由于糟蛋香气芬芳，风味独特，到乾隆年间，平湖糟蛋已被列为进贡佳品。后来，平湖糟蛋又被送到南京品物会，南洋劝业会，英国伦敦博览会上展销，并荣获巴拿马展览会奖牌。

旧时，由于技术保密，经营分散，设备简陋，平湖糟蛋的生产规模极小，年产量一般在5万只左右。新中国成立以来，确定由县食品公司统一生产、经销，平湖糟蛋的产量成倍增长。最近几年，年产量在四十万只左右，产品畅销于京、津、沪、宁、杭、苏等地，并远销港澳等地和东南亚各国。1981年和1984年曾连续两次获商业部优质产品证书。

1984年印本《浙江土特产简志》

平湖糟蛋，浙江平湖传统名产。相传已有200多年历史，清代光绪年间列为贡品。个大质优的苏北高邮鸭蛋，洗净，将外壳敲裂，插入铺好酒糟的甏内，撒上盐，层层装好，密封，经4—5个月即成。蛋形完整，蛋壳基本脱掉，蛋膜包裹蛋体，蛋白呈乳白色，胶冻如玉，蛋黄半凝固，呈橘红色，酒香浓厚，营养丰富，久食不腻。食前不可加热，以免失去原有风味。

1991年印本《中国饮食大辞典》

糟蛋，浙江民间佐餐，下酒的小菜。因以浙江平湖所制作的最为著名，故全称平湖糟蛋。蛋壳略有裂痕的鸭蛋，插入铺有特制酒糟的甏中，糟渍4—5个月而成。渍成后因蛋壳完全脱落或部分脱落，壳内有薄膜包住蛋体，蛋白呈乳白色，为软嫩胶冻状，蛋黄带橘红色，成半凝固状态。食用时不用蒸煮，只用筷轻轻拨破软壳即可。特点是质地鲜嫩，糟香味醇厚。

糟蛋已有200多年的历史，清光绪年间参加南京品物会展出受好评，从此列为贡品。那时主要生产店家徐源源酒坊制作的糟蛋都是选用苏北高邮鸭蛋，个大质好，每千克不超过13—14个，称为"魁蛋"，并从配料，落坛，封口等各道工序上采取了一系列保证质量的措施，形成了独特的风味。

1995年印本《中国烹饪百科全书》

糟蛋有软壳和硬壳之分。硬壳糟蛋，主产地为嘉兴新塍，最初采用鹅蛋加工。清乾隆年间《古禾杂说》载，"糟鹅蛋出之酝酿，席间未下箸，无不垂涎。"清乾隆后，改以鸭蛋腌制，比鹅蛋佳胜。硬壳糟蛋用米酒糟腌制封藏陶坛中，期约6月，即可取食。嘉兴硬壳糟蛋味香而鲜，曾行销湖州一带。60年代后已停产。

平湖县所产软壳糟蛋相传创制于清乾隆时，曾入京得金牌。据调查：清中叶徽商程源裕首先经营，近现代由徽商徐源源糟坊经营。清宣统元年(1909)，在南洋劝业会上获金牌，后又在英国伦敦博览会、南京品物会、巴拿马万国博览会上展出，获巴拿马万国博览会奖牌。

新中国成立后，平湖糟蛋保持传统的制作工艺，并有所发展。1957年9月，在全国再制蛋交流会上，以色、香、味俱佳获好评。1981～1989年，先后6次被评为部优、省优产品。1984年被消费者评为最佳食品，1986年获浙江省新优名特产品"金鹰奖"，1988年获首届中国食品博览会"金奖"。

软壳糟蛋制作周期略长，工艺要求高。其特色，蛋壳柔软，蛋膜不破。蛋白呈乳白色软胶体，清澈透明，蛋黄为橘红色半凝固状，醇香可口，回味悠长。鸭蛋经腌制成糟蛋后，氨基酸与可溶性糖增多，蛋白质变性、凝固、产生芳香味的脂类物质，含有18种氨基酸。每百克可食部分含蛋白质15.8克、钙25.8克、磷11.1克、铁0.31克、维生素A234个国际单位。

制作软壳糟蛋的原料是鸭蛋、酒酿、细盐。鸭蛋须经严格挑选，清除蛋面污垢，晒干水渍浓缩蛋白，再将蛋壳逐个轻击成细碎纹，但蛋内膜不破。然后把蛋的大头朝上插入铺好酒酿的坛内，一层酒酿，一层蛋，撒盐，密封，约经5个月成熟。每年清明前后加工，一年加工一次，到中秋节前后应市。民国时期，一般年份产量万枚上下。民国21年(1932)，最高达4万枚，销上海等地3万枚。1956～1985年，年均产量约10万枚，产品由省统一计划调拨。1986年改为全年多次投料加工，产量跃升，当年就达34.7万枚，出口1.9万枚。1989年再创高产，猛增到100万枚。

糟蛋宜冷食，不可烹饪，男女老幼咸宜，病人、孕妇食用尤佳，有开胃生津，增强食欲之功。

1996年印本《嘉兴市志》

平湖市食品公司副食品厂(平湖糟蛋)平湖糟蛋已有250多年历史,清代列为贡品,获乾隆皇帝京牌嘉奖。多次在国内外展出,荣获“巴拿马万国博览会奖牌”。建国后糟蛋由平湖副食品厂加工和经销。1981～1992年,连续三次荣获部优、三次省优产品证书。1988年在首届食品博览会上荣获金奖。产品畅销京、津、沪、宁、杭等地,并远销港澳及东南亚。

平湖糟蛋是鲜鸭蛋经裂壳后用优质糯米糟渍而成的再制蛋,蛋壳柔软,蛋形饱满丰富,肉质细嫩,醇香可口,回味悠久。本产品营养丰富,含有人体新陈代谢所必需的18种氨基酸,能促进生长发育,维持旺盛的生命力。

1997年印本《中国名特优产品图集》

平湖糟蛋,又名软壳糟蛋,是浙江独具风味的传统名产。据记载,平湖腌制糟蛋已有二百多年历史。

平湖糟蛋的特点是蛋壳柔软,蛋质细嫩,蛋色晶莹,醇香可口,回味悠长,以色、香、味、形俱佳而闻名于世。

平湖糟蛋的腌制方法是很讲究的,腌制的时间必须是在春季。首先是选蛋,选用的都是新鲜无损的鸭蛋,在份量、大小、外形等方面对蛋的要求十分严格。选好后用清水将蛋洗净,然后再放在太阳下晒。待蛋壳干燥后,就拿薄竹片轻轻敲蛋壳使其出现裂纹(不要击碎蛋膜)。腌制用的酒糟必须自行制造。

近年来不断改进加工技术,使产品质量和产量不断提高,也曾多次获奖。

糟蛋香浓味醇,营养丰富。具有开胃,助消化,促进血液循环等功能,用于佐餐,或者下酒都很适宜。食用时不必烹调,也不用加入调料,只要将糟蛋轻轻取出,放在碗碟内,用小刀轻轻破蛋膜,取少量慢慢食之,回味无穷。

1999年印本《中国名特产风味大全》

平湖糟蛋。产于浙江平湖。质地柔软,蛋白呈乳白色,胶冻状,蛋黄呈橘红色,半凝固状,沙甜鲜美,浓郁醇和。

1999年印本《中国食经》

平湖糟蛋,产于浙江平湖,又称“官礼”糟蛋,据传已有200多年生产历史,清代曾列为贡品,以软壳、嫩甜、饱满、色、香、味俱佳,驰名中外。

糟蛋选择用苏北高邮新鲜鸭蛋为原料,经严格挑选,清洗,入坛前蛋坛要严格消毒,每坛盛蛋100个。入坛前,要先把蛋壳打碎,但不能伤蛋膜,一层蛋,一层糟(选用上等糯米,用酒药发酵),加适量咸盐,并严密封口(两层棉纸,一层油纸,用猪血封口),选通风,无日晒处存放。清明至谷雨制作，深秋开坛上市。

2012 年印本《中国食材辞典》

平湖的软壳糟蛋用新鲜优质鸭蛋糟制而成，已有 260 多年历史。糟蛋柔软晶莹，醇厚芬芳，营养丰富，是佐餐的冷食佳肴。清末民初曾在南洋劝业会、英国伦敦博览会、南京品物会上展出，并获巴拿马博览会颁发的奖牌。新中国成立后，在同类产品评比中名列前茅，连获部级优质产品奖、首届中国食品博览会金奖。在 1988 年首届中国食品博览会期间，日本前首相田中角荣曾派专人购买了 50 罐平湖糟蛋。2002 年，经省旅游局与省经济贸易委员会审核，平湖市副食品厂列为第三批省级旅游商品定点生产企业。

2012 年印本《平湖市志》

有关文献资料

附：国内生产糟蛋概况

在中国历史上，被称为“糟蛋”的有以下几种：

一、陕州糟蛋

民国初年山西临猗县富商张诗秀来到陕州城做生意，他聘请浙江绍兴酿酒师傅在陕州城内开设“祥太东”酱园制作陕州糟蛋。陕州糟蛋用鸡蛋和黄酒糟加工酿制而成。

特点：具有浓烈的酒香，味道醇香，蛋心呈红黄色细腻糊状，无硬心，有蛋香、脂香、酒香等多种香味，风味独特。

历程：1940 年 10 月 10 日，国民政府陕州专署举办的农工产品展销会上，陕州糟蛋被评为佳品，荣获奖状，从此驰名秦、豫、晋等地。

外观：硬壳，蛋壳呈黄酒色。

包装：竹篓。

历史：民国初年(1912 年)至五十年代末。

陕州糟蛋

二、四川宜宾糟蛋

四川宜宾糟蛋为清同治年间(1860)郊区菜坝乡张竹君所创制,宜宾糟蛋是将鸭蛋浸泡于配制作料的醪糟甜酒汁中一至三年而成。其制作工艺要经过3个阶段和10道工序。

特点:蛋质细嫩柔和,蛋黄殷红,蛋白橙黄,醇香清幽,油沙可口,食味鲜香,余味绵长。

历程:宜宾糟蛋曾远销上海、南京、港澳、南洋等地。新中国成立后生产的“金鸭”牌叙府糟蛋,1982年获四川省“优质产品”称号,1982年和1984年两度评为商业部“优质产品”,1985年,曾组织4万只糟蛋销往国外。

外观:陈年宜宾糟蛋呈浓郁酱色,蛋膜有硬度感。

包装:用防水纸将蛋单个包裹,小纸盒包装,每盒二只。

历史:清同治年间(1860)至2010年。

宜宾糟蛋

三、浙江嘉兴新塍糟蛋

嘉兴新塍硬壳糟蛋。起初用鹅蛋通过米酒糟腌制封藏陶坛中，期约 6 个月成熟。后改鸭蛋腌制，比鹅蛋佳胜。清末民初，新塍“高公兴”酱坊师傅开始用木榨分离糯米糟添加生清酒，花椒，食盐等香料混匀糟制硬壳鸭蛋。

特点：蛋白呈乳白色、质稠（如糊状）、蛋黄橘红色、气味芳香、醇和细腻、味鲜香。

历程：清朝贡品，在嘉兴、湖州等地有较高知名度。

外观：硬壳，蛋壳色泽深。

包装：陶坛容器。

历史：约清乾隆中期至六十年代初。

第二章　历年产销　产品包装

第一节　历年产销

平湖乃鱼米之乡，河流纵横橹声欸乃，以盛产大米、棉花等农产品著称，经济发达。尤为当湖镇（始清代中叶），更是经济繁盛商贾云集。天时地利使徐源源糟坊生意兴隆，经营的糟蛋一段时间后颇著声誉，获利可观。当时尚系独家秘制，不肯外传。但当初从事酿造、腌腊行业的诸多小作坊，也先后摹仿试制生产。其中海盐武原镇望族徐氏开业于清同治10年（1871）的平湖徐鼎丰（后称老鼎丰）酱园，试制糟蛋成功后，生产的数量仅次于徐源源，质量亦好。随着老鼎丰酱园的扩张经营，不但在当湖镇又增设二家分号，形成三足鼎立，还在光绪十一年（1885），在上海永康路46～48号设分店，后又在奉贤、天津、青岛等地开设酱园，均告成功。所以平湖软壳糟蛋清、民国时期在国内具有一定知名度，与老鼎丰的经营之道密切关联。

平湖历史上销售糟蛋使用商标除徐源源外就数老鼎丰。据平湖档案馆保存的从清光绪年间至民国的193本各类账本中显示，早在民国三年（1914）老鼎丰就使用了上海朱锦堂印刷的精美瓶贴。民国十三年（1924）7月开始注册使用“金鼎”商标，并配上“赐顾诸君，请认明金鼎商标，庶不致误”字样。到民国十七年（1928）起，“金鼎”改为红“福”注册商标，图案为“福”字，外加圆形框，考虑到国内外展销展评之需，在圆形的标识上还注上英文TBADE・MARK（交易标识）。

糟蛋制作除糟坊、酿造业外，在平湖历史上还有两大行业，油酒业、腌鲜业。这两大行业都是民众日常生活必需品，故业此者较多，以当地人为主。民国时期开设经营门店时间较长、经济实力雄厚、制作糟蛋有一定数量的油酒业有泰兴源酒店，地点：县城大街，资本额2 500万元；鼎和油酒店，地点：县城南廊下，资本额2 400万元。

腌鲜业为本县常兴之业。专营咸肉、火腿及其他腌腊制品和禽蛋加工（咸蛋、皮蛋、糟蛋），颇具规模的有刘永兴、三兴新、老万源、成兴源等县城的二十余家，均开设于横街、南廊下、东大街、白地、西大街、西门外。

众多制作商经销糟蛋，都统称“平湖糟蛋”。清代衙署无商业专门管理机构，所以清代中叶后的产量无从查考。民初时期糟蛋的生产量在10万～15万只之间徘徊，到了民国十六年至二十五年（1927～1936），进入糟蛋生产的昌盛时期，年产量高达30万～35万只。民国二十四年（1935），仅徐源源一家就产糟蛋15万只。

平湖晚清诗人何之鼎(1840～1909)，字咏华，号丙楼，他在《青琅玕诗钞》中这样描述当年平湖糟蛋的产销："买醉结伴城西行，源源佳酿远驰名，剖来糟蛋好颜色，携到京华美味评。"此诗句不但指明徐源源糟蛋品质名驰京华，而且首句的"买醉结伴城西行"，一是道出了徐源源糟坊的位置；二是徐源源产的糟蛋在城内繁华商贸地均无代理商，买糟蛋要到西门外徐氏糟坊；三是生意颇为兴隆，民众普遍喜爱，故结伴前往。

抗战爆发平湖沦陷后，徐源源酒坊被焚毁，后西迁至徐婆桥堍营业，几年后又毁于兵燹，致使糟蛋产量大减。抗战胜利后才得以逐步恢复。至解放前夕，生产糟蛋的店号仍有十数家，但加工数量都甚微，有的只有数千只，而且品质落差大，当时徐源源糟坊仍以牌子老，技术高，品质好而著称。

清代开设部分兼制糟蛋店号分布情况表

行业	商号名称	地　址	掌　柜	开设时间	资　金	歇业时间	资料来源
糟坊	徐源源	西孟家桥	徐××	雍正年间(1723～1734)		1952	
酱园	徐鼎丰	酱园弄	徐甲福	同治十年(1871年)	45000元	建国后	民国22年统计
酱园	俞鼎新	西大街	黄有章	同治九年(1870年)	20000元	建国后	民国22年统计
酱园	东鼎丰	横　街	平颂声	光绪十一年(1885年)	20000元	建国后	民国22年统计
酱园	西鼎丰	西大街	徐恕云	光绪十二年(1886年)	30000元	建国后	民国22年统计
酱园	黄祥和	南廊下	黄履光	光绪八年(1882年)	10000元	建国后	民国22年统计
酱园	东鼎新	西大街(县前西)	徐恕云	光绪十二年(1886年)	15000元		民国22年统计
酱园	鼎新协(泰)	后　街	张知良	光绪十九年(1893年)	20000元	民国26年	民国22年统计

注：1. 掌柜人名字按资料登记时记载为据，并非指创始人。
2. 资金计数单位，按登记时记载币值，非开业币值。
3. 上述清代老店，仅凭现有资料，无资料无证。
4. 其中部分商店建国后改名，原商号不存在。

1997年印本《城关镇志》

民国时期部分制作糟蛋店号分布表

行业	商号名称	开设地点	行业	商号名称	开设地点
油酒	中兴糟坊	西廊下	腌鲜	刘永兴	横　街
油酒	泰兴源	东大街	腌鲜	三兴新	西大街
油酒	泳生糟坊	安吉浜	腌鲜	老万源	新东门内
糖果	天　禄	东大街	腌鲜	成兴源	白　地
饭菜	义昌润	老东门外	腌鲜	同　兴	后　街

1990年印本《平湖县商业志》

城关镇私营商业社会主义改造情况表(1956年至1957年)

改造时间	行　业	户　数				人　数			资本家企业			改造形式	归口单位
		合计	其　中			合计	其中		户数	人数	职工		
			店商	固摊	流摊		职工	摊贩					
56年一季度	腌鲜(鱼肉)	8	3	4	1	91	35	5	2	84	34	行业性公私合营	食品公司
56年二季度	油酒酱园	31	12	15	4	120	64	24	4	68	60	坐商公私合营,摊贩合作商店	土产公司
56年二季度	饮食(酒菜)	27	27			92	39		8	47	34	公私合营	公共饮食公司

注:平湖糟蛋制作基本包含在这三个行业内(笔者)

1997年印本《城关镇志》

五十年代初期,是“私私联合期”,产量一般在5万只左右,几乎全在本地出售。1952年平湖举行建国后首次夏季物资交流会,五天时间(7月12日—16日)本地销售糟蛋4000只。

交流会销售成交数量表

手工业品						食　品		
名　称	单位	数量	名称	单位	数量	名称	单位	数量
童　袜	打	4200	食锅	套	200	西瓜	只	
热水瓶竹壳	打	3600	糟蛋	只	4000	母姜	担	1000
$9\frac{1}{2}$青砖	块	800000			鲜姜	担	30000	
卫　生　香	合	1000						
纽　扣	罗	30						

1990年印本《平湖县商业志》

1956年“公私合营”后,产量速提至15万至30万只。当时糟蛋作为计划商品,不但调销京、津、沪,而且国家为支持重工业发展,把糟蛋作为优质营养产品而调配到东北的沈阳、鞍山等重工业城市。

六十年代初,三年自然灾害,粮食奇缺,糟蛋产量一度跌入低谷,年产仅5万余只(1961年),仅剩苏州信托贸易公司、上海禽蛋公司、无锡江阴南北货商店、海盐沈荡供销社等数家代理商销售。三年自然灾害后,产量一直停留在10万只左右。

文革十年,糟蛋按计划生产,每年指标10万只,本地销售尚不足三分之一,其他按计划调拨至上海、苏州、宁波、杭州、北京等地。

糟蛋生产数量递增,基于国家粮食政策的调整。1983年粮食政策宽松,生产数量突破20万只,1985年国家粮食政策退出派购改为与农民定购,糟蛋生产数量跃上30万只。1987年上升到50万只,1988年达到65.60万只。产量上去后,企业在扩大营销过程中结交的一批知名经销商，其中不乏“中华老字号”著称的商场(店)，至今双方仍保持紧密合作。

九十年代以后糟蛋生产量长期稳定在50万只左右。1995年开始根据市场的需求配上高档型、中档型、普通型的各类包装，所以产量不增，附加值提高。在改进包装进程中，有个现象异常地突出，除嘉兴市外，三十多年来，全国各地经销商只接纳一个普通型包装(白色塑料瓶)，其余一概拒之，消费者将其他糟蛋包装视为冒牌产品。

跨入新世纪后，企业改制为股份有限公司，产量保持在45万至55万只之间，十余年来，客商稳定，质量稳定。

附表：1. 糟蛋历年加工、销售、价格表

2. 糟蛋经销商择要名单

糟蛋历年加工、销售、价格表

年　份	加　工 (万只)	销　售 (万只)	零售价 (只/元)	年　份	加　工 (万只)	销　售 (万只)	零售 (只/元)
1949	7.00			1969	12.02	11.55	0.18
1950	2.00			1970	11.17	10.91	0.18
1951	3.00			1971	12.82	11.29	0.18
1952	3.00			1972	11.70	10.81	0.18
1953	7.00			1973	11.33	10.86	0.18
1954	4.00			1974	11.04	11.52	0.18
1955	4.00			1975	12.22	11.25	0.18
1956	8.40			1976	7.95	7.54	0.18
1957	30.60			1977	5.39	5.74	0.18
1958	15.00			1978	12.49	12.29	0.18
1959	10.40			1979	12.62	11.82	0.22
1960	30.00			1980	17.69	12.41	0.22
1961	5.54			1981	13.02	15.22	0.22
1962	24.55			1982	16.21	15.63	0.22
1963	12.00	11.83	0.18	1983	22.77	22.07	0.23
1964	10.26	11.90	0.18	1984	27.84	26.48	0.23
1965	8.45	7.97	0.18	1985	33.34	31.85	0.25
1966	16.25	14.98	0.18	1986	34.69	33.31	0.25
1967	10.77	9.52	0.18	1987	56.63	50.13	0.35
1968	11.28	12.21	0.18	1988	65.60	55.22	0.42
1989	52.65	46.12	0.65	2000	40.50	32.36	1.80
1990	48.55	45.36	0.65	2001	45.00	42.02	1.80
1991	42.62	37.71	0.65	2002	57.00	56.78	1.90
1992	71.00	53.32	0.78	2003	53.00	45.57	2.00
1993	62.60	61.42	1.05	2004	48.16	45.36	2.00
1994	53.65	32.27	2.00	2005	51.00	45.47	2.20
1995	56.23	54.93	2.00	2006	52.00	50.10	2.30
1996	64.00	43.80	2.20	2007	53.00	52.06	2.30
1997	48.00	46.90	2.30	2008	57.00	55.49	3.00
1998	52.00	48.50	2.30	2009	50.00	48.64	3.00
1999	46.63	40.72	1.60	2010	72.00	66.32	4.00

糟蛋经销商择要名单

2008年9月26日

序号	名　称	地　址	电　话	备 注
1	北京稻香村食品集团	东直门内北小街草园胡同19号	010-64014912	老字号企业
2	苏州市观前土特产商店有限公司	观前街96号	0512-67299291	苏州著名老店
3	上海第一食品股份有限公司	南京东路720号	021-633222777-640	
4	上海邵万生南货店	南京东路414号	021-63223907	老字号企业
5	上海邵万生糟醉厂	乔家路74号	021-58135151	老字号企业
6	上海德胜副食品有限公司	阳翔路69号	021-63763885	
7	上海全国土特产食品(集团)有限公司	淮海中路491号	021-53833623	老字号企业
8	上海星海食品商城	四川北路1979—1985号	021-65402829	
9	上海环球超市管理有限公司	双阳路508号	021-65022087	
10	上海品惠商贸有限公司	浦东严家桥路108号	021-68732411	
11	上海枫泾高速公路服务区	沪杭高速枫泾服务区	021-57354395	
12	杭州采之斋食品有限公司	延安路217号	0571-87910080-201	老字号企业
13	杭州万有全火腿店	中山中路132号	0571-87025997	
14	嘉兴肉类食品有限公司	嘉兴吉杨路12号楼	0573-2075066	
15	嘉兴文虎超市	禾兴路565号	0573-2096286	
16	嘉兴蔬菜公司绿色超市	斜西街282号	0573-2072850	
17	嘉兴正泰食品有限公司	城北路石旧巷15号	0573-2225887	
18	嘉善食品有限公司商场	中山路8号	0573-4038208	
19	海宁市华联购物中心	硖石镇工人路58号	0573-7048277	
20	海宁市食品股份有限公司	硖石镇工人路75号	0573-7022454	

第二节　糟蛋出口

平湖沿海重镇乍浦，早在宋淳祐六年(1246)起，始于西沙湾之莱茾港开港与外通商，经过百年后至元代元贞年间(1341～1368)港务渐盛。明代由于倭患不息，港务不振，实际上已成为军港，泊有纲船、水艍船、南舟曾船等。到了清代顺治十八年(1661)，颁布了更为严格的“迁海令”，禁止出海贸捕，“寸板不许入海”，并强令沿海居民内迁，使乍浦港遂成死港。到了康熙二十二年(1863)郑成功降清，翌年颁发“展海令”，并把乍浦港列为东南15口岸之一，从此乍浦港逐渐恢复生机。据史料载：国内的船只系浙东、闽、粤、台等，国外的有咬磂吧(印尼雅加达)船，广南(越南南部)船，暹罗(泰国)船，东京(越南河内)船等，在乍浦港互市交易后商贸于东南亚一带。

晚清至民国，徐源源牌子响，产量高，因此在乍浦港糟蛋出口比重最大。商标是一个手持龙头拐杖的老寿星，此商标形象至今在东南亚等地仍有一定影响力。

通过船只出口的糟蛋，经整理合格后350只为一甏，并灌入原糟、甏口用牛皮纸二张刷上猪血封口，甏颈部用绳扎紧。甏体用草绳紧密捆扎。封口纸上贴上商标，标明数量，封甏日期，然后整体装入竹筐。历史上糟蛋通过乍浦港出口的国家为日本最多，所以日本的畜产品加工书籍上也有糟蛋记载，注明系中国浙江平湖所产。

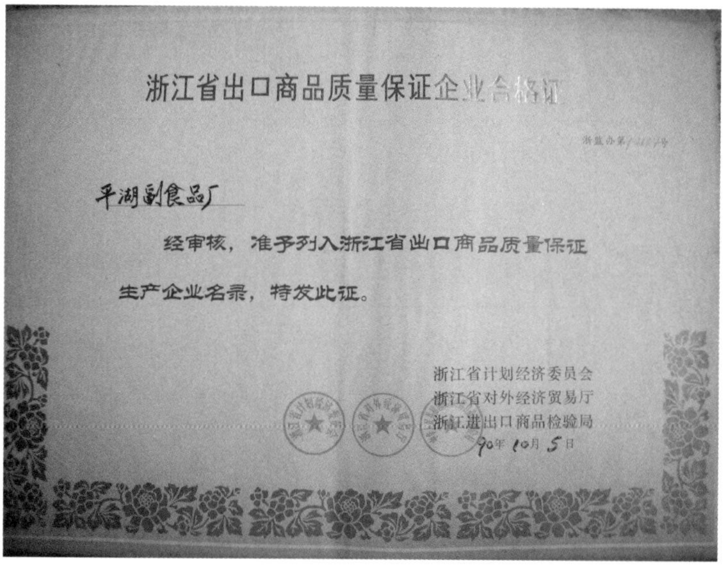
浙江省出口商品质量保证企业合格证

平湖副食品厂

经审核，准予列入浙江省出口商品质量保证生产企业名录，特发此证。

浙江省计划经济委员会
浙江省对外经济贸易厅
浙江进出口商品检验局
90年10月5日

出口产品保证企业合格证书

解放初期至1956年，由于处在公私合营改造期内，糟蛋生产数量极少，仅供应当地门市。1957年(公私合营第二年)，产量达到30万只，比上年增加四倍，当年的出口量4万多只。在后来的几年中，年平均出口在2万只左右。三年自然灾害至文化大革命爆发前，出口断断续续，即使出口量也极其微小，仅数千只之多。文化大革命开始后，出口完全停止。

1978年起，平湖糟蛋恢复出口，并结束了长达100多年制造商通过港口贸易自行出口的历史，改为通过第三方外贸公司出口。1978年到1989年间，平湖糟蛋有七年出口实绩，年出口数量在五六千只至一二万只不等。九十年代初，由于糟蛋属农副产品，且产值低，包装难、运输难、保质期短，审批环节复杂，外贸公司积极性不高而不再组织出口。进入2000年后，更是因为世界性对食品进、出口的普遍严格审核，糟蛋的出口愈加困难，2003年爆发全球性的禽流感后，世界各国对家禽及其蛋制品的进、出口予以全面封闭，故再无出口。

附表1. 民国二十四年(1935)平湖县出口货物表

2. 1974～1989年平湖县外贸主要商品出口量

民国二十四年(1935)平湖县出口货物表

货物名称	单位	价格(元)	数量	数值(万元)	货物销路
米	石	8	100000	80.00	硖石　嘉兴
糯米	石	9	10000	9.00	硖石　嘉兴
麦	石	4～6	5000	2.20	硖石　嘉兴
蚕豆	石	4～5.50	94000	42.30	硖石　嘉兴
黄豆	石	7.50	100000	75.00	硖石　嘉兴
西瓜	担	1～5	300000	30.00	上海
鸡蛋	枚	0.02	300000	0.60	上海
鸭蛋	枚	0.015	4500000	6.75	上海
干茧	担	105	4000	42.00	上海
棉花	包	15	80000	120.00	上海
菜籽	石	7	95000	66.50	上海
草籽	石	7.50～8.50	35000	28.00	诸暨、兴溪等县
盐	担	9.50	10000	9.50	邻县
姜	担	2.50～4	30000	9.00	上海
糟蛋	个	0.12	30000	0.36	各地
袜	打	1	900000	90.00	上海、天津、汉口等
小布		0.5	1200000	60.00	上海及本省各县
合计				671.21	

1992年版《平湖县商业志》

1974～1989年平湖县外贸主要商品出口量表

品名＼年份	单位	1974	1975	1976	1977	1978	1979	1980	1981	1982	1983	1984	1985	1986	1987	1988	1989
活大猪	头										105	369	10622	10020	8831	6401	4360
元青豆	吨	113	33	9										20	114	200	174
中猪	头			726	1263	1510	1881	1913	1985	1747	2554	2688	1860	1950	2425	179	
对虾	吨													16.37	68	84	13.62
鳗苗	公斤						1149	455	227	1221	280	543	457	187	860	313	431
丝毯	m^2		9	391	607	1284	2918	7325	10256	9386	5232	3827	5871	8239	10441	12458	
蜂蜜	吨	180	7	75	19	109	73	84	117	86	15	12	12	63	71		
袜子	打							10000	22900	31300	35000		5000	45000	44000	23000	
手套	打	1529	3991	1565	4269	8943	8122	15050	10049	3568	3990	8013	9577	9875	19742	24514	29248
硫脲	吨							37	50	86	100	167	150	352	280	385	
海蜇皮	吨	42	151	37	28	4		6						19	1		
兔毛	公斤													41758	33592.5		
镀锌铁丝	吨										20	88	978	1829	2451	2610	2408
螺帽	亿件	0.46	1.12	1.88	3	4.2	6.79	9.53	2.57	5.84	10.96	14.31	15.09	31.28	34.86	15.31	23.68
布服装	万件			2.5	0.5	2.6	7.5	6.6	4.3	6.7	7	7.3	2	21.5	17.98	32	33.52
黄豆	吨		20	27		62	92	92			83		12	37	43	22	27
木罗钉	万罗								10	36	46	50	79	112	140	113	
合叶	万对打							1		1	5		15	77	197	166	
野鸭	万只										0.64	1.44	1.23	1.11	1.69	1.57	1.78
棉纱	件			6	8	19	40	72	108	138	83	95	206	342	342	782	653
大米	吨	25904	10737	660		9299	2499	4001	6599	10941	13019	12665	8250	9553	6767	5522	200
糟蛋	万只					1	1			0.6	0.6			1.91		1.92	0.57

2011年版《平湖市外经贸志》

第三节　产品包装

民国时期，平湖糟蛋的制造商们都以散装零售为主，带包装的记载仅有：民国廿五年(1936)，老鼎丰在《嘉兴一瞥》书中所做的广告图示中，平湖糟蛋是用涂黄釉的陶罐包装，每罐陆只，贴上红“福”商标，并说明是“馈赠酬答，唯一佳礼”。

通过乍浦港出口糟蛋，经整理合格后，叁佰伍拾只为壹甏，灌入原糟，甏口用牛皮纸二张刷上猪血封口，甏颈部用草绳扎紧，甏体用草绳紧密捆扎，封口纸上贴上商标，标明数量，封甏日期，然后整体装入竹筐。

新中国成立后使用包装始于 1969 年。当时消费者的要求已不仅仅自己消费，还需要馈赠酬答。那年平湖特产公司“工农仓库”内有一批宜兴生产的黄釉陶瓷罐(二个规格，每罐能装六只糟蛋)存货，其中大口坛陶瓷罐(左图)共 654 只、每只 1 元；中号坛陶瓷罐(右图)共1 830 只，每只 0.70 元。对没配盖的中号黄釉陶瓷罐，用一块染红色的小木板替代，罐体贴上标签，小木板贴上说明书。当年糟蛋出售以食品公司各鲜肉经营门市部为主，进货时糟蛋和黄釉空罐配套，销售时根据顾客要求进行现场装罐，包装款另计。

文革 10 年，由于消费者馈赠酬答甚少，这批的二个包装一直使用至 1978 年初。

1978 年 9 月，特产公司“工农仓库”内当年的库存中还有 600 只大口坛陶瓷罐，以每只 0.10 元的特优价格转让，继续做糟蛋包装容器用。

1982 年 8 月，企业第一次外采包装，至江苏宜兴红旗日用品陶瓷厂购入陶瓷罐 7680 只(下页左上图)，每只 0.45 元。

1984 年企业首次成功注册“龙”牌商标，为规范产品包装。1985 年 5 月，企业与慈溪第八塑料制品厂签订了糟蛋六只装聚乙烯塑料包装桶，首批制作伍万只，叁万余元。这款包装投放市场后经久不衰，至今仍被北京、上海、杭州等地的民众所接受。(下页右上图、下页左下图)

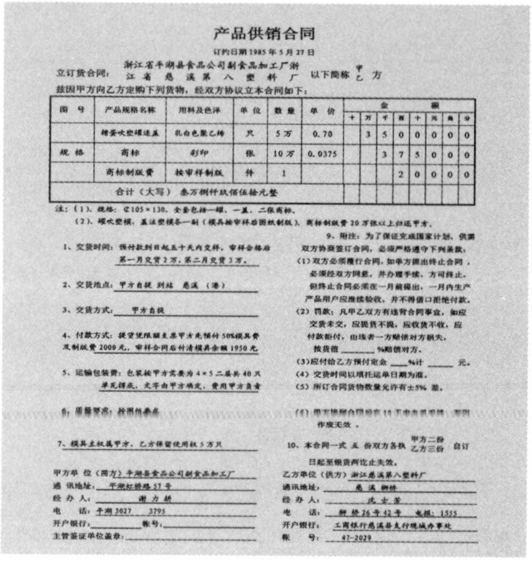

产品供销合同

订约日期1985年5月27日

立订货合同：浙江省平湖县食品公司副食品加工厂 浙江省慈溪第八塑料厂 以下简称甲乙方

兹因甲方向乙方定购下列货物，经双方协议立本合同如下：

图号	产品规格名称	用料及色泽	单位	数量	单价	金额：十	万	千	百	十	元	角	分
	糟蛋吹塑螺旋盖	乳白色聚乙烯	只	5万	0.70		3	5	0	0	0	0	0
规格	商标	彩印	张	10万	0.0375			3	7	5	0	0	0
	商标制版费	按审样制版	件	1					2	0	0	0	0
合计（大写）叁万捌仟玖佰伍拾元整													

注：(1)、规格：Ø105×130，全套包括一罐、一盖、二张商标。

(2)、螺吹塑模、盖注塑模各一副（模具按审样后图纸制版），商标制版费20万张以上归还甲方。

1、交货时间：预付款到日起五十天内交样，审样合格后第一月交货2万，第二月交货3万。

2、交货地点：甲方自提 到站 慈溪（港）

3、交货方式：甲方自提

4、付款方式：提货凭限额支票甲方先预付50%模具费及制版费2000元，审样合同后付清模具余额1950元

5、运输包装费：包装按甲方需要为4×5二层共40只单瓦楞底，文字由甲方确定，费用甲方负责

7、模具主权属甲方，乙方保留使用权5万只

9、附注：为了保证完成国家计划，供需双方协商签订合同，必须严格遵守下列条款：

(1) 双方必须履行合同，如单方提出终止合同，必须经双方同意，并办理手续，方可终止。但终止合同必须在一月前提出，一月内生产产品用户应继续验收，并不得借口拒绝付款。

(2) 罚款：凡甲乙双方有违背合同事宜，如应交货未交，应提货不提，应收货不收，应付款拒付，由违者一方赔偿对方损失，按货值____%赔偿对方。

(3) 应付给乙方预付定金____%计____元。

(4) 交货时间以填托运单日期为准。

(5) 所订合同货物数量允许有±5%差。

作废无效。

10、本合同一式五份双方各执 甲方二份 乙方三份 自订日起至银货两讫止失效。

甲方单位（需方）平湖县食品公司副食品加工厂
通讯地址：平湖红桥路57号
经办人：谢力耕
电话：平湖3027 3795
开户银行：　帐号：
主管鉴证单位盖章：

乙方单位（供方）浙江慈溪第八塑料厂
通讯地址：慈溪 浒山
经办人：沈士芳
电话：浒桥26号42号 电报：1555
开户银行：工商银行慈溪县支行观城办事处
帐号：47-2029

荣誉証書

浙江平湖县食品公司副食品厂 糟蛋聚乙烯食品桶包装，
在全国商业供销系统包装评比中荣获
三等奖

中华人民共和国商业部
一九八七年九月

聚乙烯塑料包装桶在1987年9月，还被商业部在全国商业、供销系统包装评比中评为三等奖。（右下图）

糟蛋礼盒包装始于1995年初，在江苏宜兴红旗日用品陶瓷厂定制黄釉陶瓷罐，罐体纹上双龙戏珠图案，并标注“平湖糟蛋”字样。在礼盒的背景图案上，选用拍摄平湖东湖全貌影像。每盒两罐，每罐伍只装。（下页左上图）

糟蛋瓷瓶包装始于1995年11月，采用广东佛山瓷，佛山瓷胎薄、纯白，瓷瓶图案“双龙戏珠”，文字烫金“平湖糟蛋”（下页右上图）。2000年后改用江西景德镇粉彩瓷，每罐伍只装，两罐为壹盒。（下页左中图）

1997年11月，新增贰只装大众化塑盒包装。（下页右中图）

1998年12月，新增“景泰蓝”包装，每瓶陆只装，每盒壹瓶装。（下页左下图）

1999年8月，新增玻璃瓶包装，每瓶两只装。（下页右下图）

清朝貢品　最佳禮品
龍牌糟

平湖糟蛋

平湖糟蛋

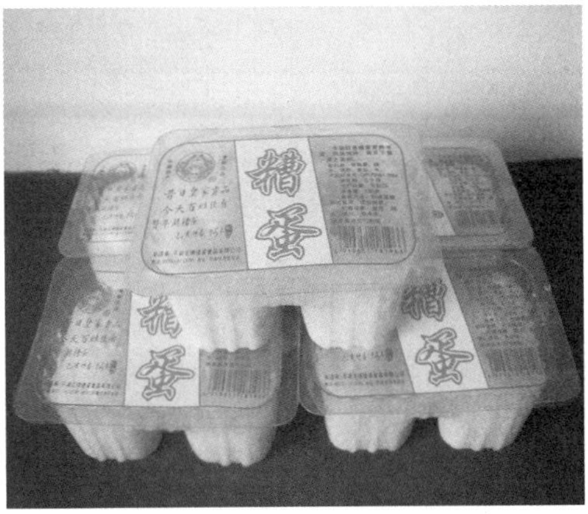
糟蛋

平湖糟蛋

平湖糟蛋

2000 年 2 月，新增休闲式玻璃瓶礼盒包装，每盒叁瓶，每瓶两只装。（左上图）

2000 年 8 月，新增手提礼盒包装，内装肆只玻璃瓶（捌只糟蛋），赠送叁小瓶（每瓶单只装），共 11 只糟蛋。（右上图）

2003 年 9 月，新增密封罐包装糟蛋，产地系广东汕头 PP 材质，乐亿多品牌，该储存罐高度密封，不漏液体，方便携带，每罐捌只装。（左中图）

2005 年 12 月，新增 PET 大、小塑料瓶包装，大罐每瓶捌只装，小罐每瓶肆只装。（右中图、左下图）

2005 年起，在休闲式玻璃瓶包装、手提礼盒包装、瓷瓶包装内，配上 DVD《糟蛋传奇》光盘。（右下图）

附:浙江省鲜蛋收购、奖售政策

浙江省鲜蛋收购、奖售政策

(一) 鲜蛋收购政策

1961年全省向公社、生产队、生产小队和社员分配交售任务,鸡蛋和鸭蛋各2000吨。其中鸭蛋只对公社、生产队集体饲养的群鸭分配交售任务。1961年1月19日,省人委批转商业厅的报告,提出收购鲜蛋全面推行购销合同,国家收购鲜蛋和奖售商品,都要订立购销合同。

1963年鲜蛋收购实行牌价,加奖售收购为主,议价收购为辅。同年7月5日,省人委转发商业厅系统主管商品分级管理办法,确定鲜蛋的年度计划由省人委下达,季度计划由商业厅下达。

1972年鲜蛋列为二类商品,国家收购和调拨计划采取"双线下达",一条线由省革委会将国家计划下达到各级政府,另一条线由商业厅、局逐级下达到基层企业,由基层企业组织公社、生产队交售(不分配到户)。

为保证鲜蛋等农副产品收购任务完成,中共中央(1970)5号文件,省革委会(1973)235号文件、国务院、中央军委(1974)109号文件都规定:严禁机关、团体、部队、企业、事业单位自行到农村和集市采购农副产品。

1978年3月25日,省商业厅、粮食局、外贸局、供销社联合发出通知,提出推广订立购销结合合同的经验。把鲜蛋收购计划逐级下达到公社、大队、生产队,落实到户。并规定基层代购代销商店一律执行"只购不销"原则。

1978年7月28日,省商业厅、供销社联合通知,全省城市和各县食品公司,组织力量在车站、码头、集市、交通要道开展鲜蛋收购工作。凡一次投售量在2.5公斤以上,食品公司可按当地鲜蛋收购价格付给一定的劳务费,其中杭州市、宁波市、温州市最高不超过10%,地辖市不超过6%。各地食品公司可在上述幅度内,按交通条件,分品种(鸡、鸭蛋),分淡旺季自行制订,并报当地商业局批准执行。

1978年10月5日,省商业厅、粮食局通知:根据省政府通知精神,鲜蛋奖售粮取消后,对重点产区的专业养殖户,由食品公司通过合同形式收购鲜蛋,并供应一部分饲料。确定本年度(文到日起至1983年3月底)安排重点产区(23个县)的专业养殖户收购鲜蛋专用配合饲料3000吨。通过合同形式,实行一次性补助,分期分批供应,不发饲料票。粮食部门凭食品公司收购部门凭证,定时定点供应。

1983年起,省商业厅决定,在杭州、宁波、温州、舟山地区的城市周围有计划地组织一批禽蛋专业户和联合体,建立禽蛋基地,并推行鲜蛋订购合同。省商业厅还在1983年以9号文件明确规定:省只对20个重点县下达指令性的鲜蛋上调计划。重点产区完成计划后的鲜蛋,可以购销开放,多渠道经营。对非重点产区,试行购销放开,多渠道经营,省只下达指导性计划。

1984年起,省不再下达收购、上调计划。同时决定每年由省拨出平价饲料,采取派购和换购相结合的办法，支持国营食品公司收购鲜蛋。

1985年，根据国务院和省政府政策，对鲜蛋不再采取派购政策，鲜蛋经营不再受原来分工的限制。省政府继续拨出平价饲料，支持食品公司采取换购的办法，与专业户签订鲜蛋订购合同。

1986年全省鲜蛋收购政策与上年相同，随着粮食的进一步放开，鲜蛋收购逐步形成市场化。

（二）鲜蛋奖售政策

浙江省收购鲜蛋实行奖售政策起始于1961年。

1961年4月6日省商业厅的通知规定：社员投售500克鲜鸡蛋，优待供应食糖250克；或精饲料500克；或食糖125克和精饲料250克，由出售者自由选择。对鲜鸭蛋的奖售办法为：集体单位投售鸭蛋500克，优待供应精饲料250克；社员个人投售鸭蛋500克，优待供应精饲料250克或食糖200克；对群鸭户实行"先发饲料，预购鸭蛋"，预购鸭蛋500克，预发精饲料250克，不预付定金。

5月26日省商业厅通知，在继续实行收蛋优待供应粮、糖的同时，还可以采取收购鲜蛋优待供应卷烟的办法，全省不强求一致。不论集体或个人，凡是卖给国家鲜鸡蛋、鲜鸭蛋，每500克可优待供应卷烟三小包（20支装），在此标准内，也可拆包点个收购，要卷烟的不再供应饲料或食糖，可以由群众自由选择。

10月27日，省商业厅通知，原规定收购500克鲜蛋，奖售卷烟三小包改为两小包，粮、糖标准不变。

11月23日，省商业厅通知：在执行商业厅4月6日、10月27日通知的同时，收购鲜蛋500克，也可奖售白酒250克或黄酒500克。饲料粮、食糖、卷烟、黄白酒，可以由群众自行选择。

1962年1月1日，省商业厅电报：投售鲜鸡蛋500克，奖售饲料粮500克或食糖250克或卷烟两小包；投售鲜鸭蛋500克，奖售饲料粮250克或食糖200克或卷烟两小包。

1月19日，省人委办财字第32号通知，从2月5日起，投售鲜鸡蛋500克，按收购金额发给购货券50%，或者奖售食糖250克和黄酒500克。投售鲜鸭蛋500克，按收购金额发给50%的购货券，或者奖售食糖125克和黄酒250克。

4月21日，省商业厅规定；从5月1日起收购鸡蛋500克，奖售香烟两小包；或者食糖250克；或者黄酒500克，三者选择一种。

5月31日，省商业厅通知：从6月1日起，鲜鸡蛋奖售不变；鲜鸭蛋在实行奖售烟、酒的同时，也可以每500克鲜鸭蛋奖售饲料粮375克，三者任选一种。

1963年3月18日，省人委办财字321号批转商业厅《关于1963年度收购猪羊禽蛋的奖售标准和奖售办法的报告》：从4月1日起，收购鲜蛋（不分鸡、鸭蛋）每500克，奖售食糖125克和香烟一小包。

1964年3月14日，省商业厅通知，从3月20日起每收购500克鲜鸡蛋、鲜鸭蛋，奖售125克食糖，取消香烟奖售。但是，义乌县、瑞安县和温州市3个主要产糖区，可以根据群众需要奖125克糖或一小包香烟。奖烟就不奖糖，奖糖就不奖烟。

4月29日，省商业厅通知：从5月5日起收购鲜鸡蛋500克，奖售食糖125克。原照顾糖产区（义乌县、瑞安、温州市）收购鲜蛋可奖售香烟的规定，在新标准执行日起同时取消，按新规定执行，鹅、鸭蛋一律不奖。

5月20日，省人委通知：从5月25日起，收购鸭蛋恢复奖售，每收购500克鸭蛋，奖售饲料粮500克。

1965年3月5日省人委通知：1965年收购农副产品的奖售范围适当缩小。鸡蛋没有列入奖售范围。收购鸭蛋自4月1日起每500克鸭蛋，奖售饲料粮250克。

1966年6月24日省人委通知：自7月1日起，鸭蛋退出奖售范围。

1978年3月16日省财办8号文件规定，自4月1日起，投售500克鲜蛋，供应原粮500克或猪肉250克。国营农场、畜牧场、养鸡场不实行上述办法。

12月28日，省财办通知：从1970年开始，收购500克鲜蛋奖售白糖150克或猪肉250克或原粮500克。

1980年12月31日省财办规定：自1981年1月1日起，在鲜蛋上市淡季（每年1～4月，9～12月），每收购500克鲜蛋奖售500克原粮，大旺季5～8月不奖粮食，奖售白糖。

1982年4月14日省商业厅通知：每收购500克鲜蛋，奖售原粮500克或猪肉250克，或食糖150克，其中5～8月停止奖售原粮。猪肉（指猪肉凭票供应的地方）和食糖继续由群众自行挑选。

5月29日，省政府通知：从6月1日起，收购鲜蛋不再奖售粮食。食糖和猪肉仍按照省商业厅4月14日通知继续执行。

8月14日，省食品公司、省糖烟酒菜公司发出了联合通知，重申“收购鲜蛋继续奖售食糖或猪肉（指猪肉凭票供应的地区）”。随着食糖和猪肉敞开供应的地区增多，奖售逐步消失。

第 二 编

加工技术

营养成分

徐源源糟坊加工制作的糟蛋，以质量见长。从清代中叶至民国末，始终以牌子老、技术高、品质好而著称。不但获清帝赏识，而且在清末民初的二次国际博览会中均获奖牌。其实，当初的荣誉代表什么，经过岁月的洗礼已不再重要，重要的是在故事的传播中，道出了中国制造"工匠精神"的信仰与理念。"秦朝的砖"、"汉时的瓦"、"宋明的陶瓷"、"清时的茶"……哪一样不是"技艺的心"所承载的制造！

今昔相比，在糟蛋加工技术上有两个改变，其一是八十年代末酿制酒酿的糯米加工工艺，由过去的燃柴灶蒸饭改用锅炉蒸煮，其二是2002年后清洗蛋品由过去的手工改为机械。

第三章 加工技术

第一节 加工原理

糟蛋加工是把鲜鸭蛋置入糯米与酒曲经发酵后的酒糟内，添加食盐经过一段时间的糟渍、腌制而成熟。

渍：浸、沤、沾。“糟渍”顾名思义是把鲜鸭蛋浸泡在酒糟内。我国糟渍食品历史悠久，始于周，兴于宋，盛于清。其独特的风味深受老百姓喜爱，特别是江南地区的人们对其更是青睐有加。

鸭蛋在历时五个多月糟渍过程中，酒糟里的醇类、糖类、有机酸及食盐等物质，逐渐渗入蛋内，发生了一系列复杂的物理和生物化学变化。鲜蛋内的蛋白质由于醇和有机酸的长期作用而逐渐变性、凝固，使蛋白呈乳白色胶冻状，蛋黄呈半凝固状，质地较软，色泽为橘红色，并使整个蛋体获得特有的芳香。

酒糟中含有较多的可溶性糖类(主要是葡萄糖)，它能通过蛋壳蛋膜渗入到蛋内，使糟蛋带有轻微的甜味。

酒糟中部分乙醇转化为乙酸，使蛋壳中的主要成分碳酸钙和磷酸钙生成醋酸钙而逐步溶解，使蛋壳变软，与蛋壳膜逐渐分离，最后蛋壳全部脱落。同时蛋吸收了外面渗入的有机物质而使体积膨胀，重量增加。

糟蛋在发酵和成熟期间，蛋白质发生了水解作用，积累了与风味直接相关的小肽和游离氨基酸，游离氨基酸通过降解反应可成为风味化合物的前体，也是风味化合物蓄积的溶剂。

加入的食盐不仅赋予蛋以咸味，还可使蛋白质和脂肪呈均匀分布的乳状液，通过“盐析”作用油脂与蛋白质分离，使蛋黄脱水、起沙、泛油，也增加了风味和适口性。

第二节 原料选购

平湖糟蛋历经近三个世纪得以延续，究其原因是百年不变的优良品质，而原材料质量是保证最终产品质量的核心。俗话说“秧好一半谷”，徐源源生产糟蛋由于风味独特深受百姓喜欢，他就更加注重原料质量，选用江苏高邮湖鸭子产下的鸭蛋为原料。高邮鸭是我国江淮地区良种，系全国三大名鸭之一。高邮鸭品质优良，体质健壮，潜水深，善觅活食，因雌性羽毛类似麻雀而又以高邮麻鸭著称。高邮湖是全国六大淡水湖之一，河沟港汊，湖泊荡滩，无处不在的优质水面资源，为鸭子提供了丰富的鱼、虾、螺蛳、蚬蚌和水生植物。高邮湖鸭蛋的品质：

青壳、个大、结实，色泽鲜明，附有一层霜状胶质薄膜；

蛋白色纯透明，黏稠；

蛋黄色红居中，轮廓清晰。

为确保蛋体大小，徐源源作坊选料时用特制铁丝圈来测量，如蛋漏过铁丝圈，则弃之不用。

制作糟蛋从清明前后开始，首先将优质糯米漂洗干净，用蒸汽将米饭蒸熟后，迅速用净水（冷）浇淋，降温至适宜酒糟发酵温度，将米饭倾倒在大缸内，用力将米饭和酒药拌匀

发酵后的酒酿酒液满潭

受徐源源糟坊影响，其他作坊生产糟蛋也都认真把关质量，并对原辅料进行详细记录。例：同治十年(1871)开设在平湖城西大街酱园弄的徐鼎丰酱园在民国二十五年，账册上对采购的糯米、鸭蛋都有产地、数量、价格、户主等详细记载。

进入21世纪，人们对产品质量的要求日益提高，企业对原料采购按质量体系标准进行：

1. 向合格供应商采购，供应商各项资质、质量检验合格报告等齐全有效。

2. 原料到货后的检验，包括感官检验和理化及微生物检验。

3. 待检验结果合格后，方可投入生产使用。

4. 在符合食品原料的存储条件下存储，先进先出，发生过期和变质现象禁止使用。

食品原料安全主要涉及药物残留、有害物质残留、微生物污染、毒素等，包括农畜牧业生产及饲料生产过程中所使用的多种化合物，比如过度使用农药和在动物饲料中添加谋利的物质。为食品安全计，人们提倡对食品原料进行“追根溯源”。对新形势下的要求，企业从当地良田区选择种植大户，通过优良种子、农业标准化种植来收购糯米；又定点养鸭专业户，用专业饲料加工厂提供的优质饲料喂养。

例2003年，平湖市钟埭镇种粮大户陆在根、储弟观、俞忠明三人分别种植糯稻谷40亩、30亩、30亩。企业与之签订农副产品定购合同，其中有关质量协议规定如下：

1. 种植糯稻的种子需由平湖市种子公司提供的优良品种。(糯丙 99－14 共 500kg)

2. 种植的方式,需在钟埭镇农业技术推广站的指导下,按当地农业地方标准操作。(DB33/T296-2000)

3. 糯谷出售时,含粳率(粳米含量)不超过 2%。

鲜鸭蛋与桐乡市大麻镇吉新村 5 组姚爱中签订,其中有关质量协议规定如下:

1. 鸭子品种为麻鸭,在饲养中由当地畜牧兽医站做好疫病防治工作。

2. 蛋鸭饲料必须符合国家标准(饲料厂提供第三方质检报告)。

3. 鸭蛋出售须新鲜、干燥、清洁。

第三节　工艺流程

糟蛋的加工,要经过八道工序,图解工艺流程为:

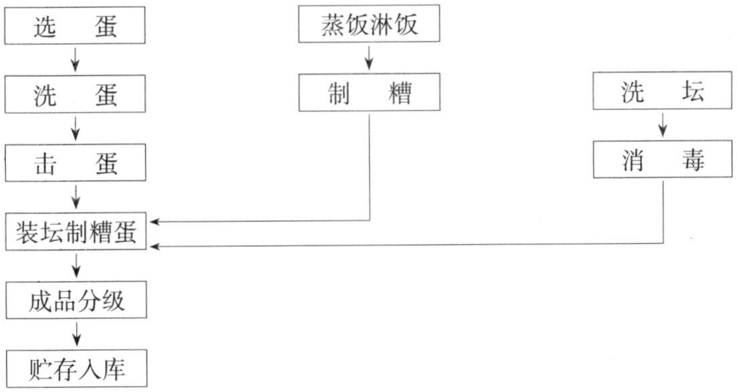

1. 选蛋。挑选清洁、完整、无裂纹、重量均匀的鲜鸭蛋为原料。通过灯光透视气室小(不超过 7～8 毫米),而且不移动,除气室稍发暗外,蛋内完全透光,呈淡橘红或橘红色,蛋壳内无任何斑点,也看不清蛋黄的位置和其暗影。如打开则蛋白浓厚,蛋黄居中,蛋黄膜紧裹,蛋壳内层清洁光滑,蛋白蛋黄均无异味。重量要求每百枚鸭蛋在 6.5～7.0 公斤左右。

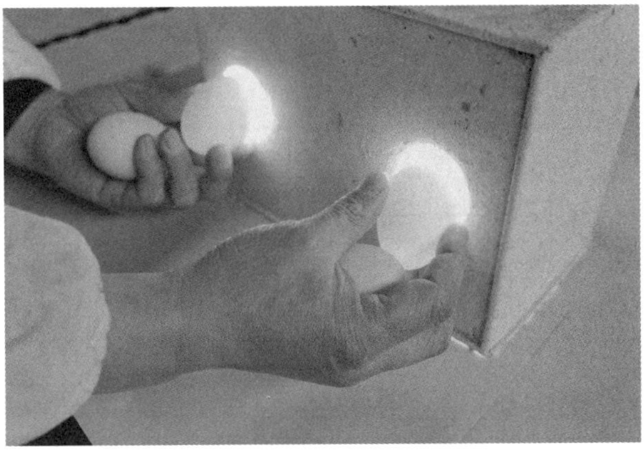
制作糟蛋的鲜鸭蛋,每只都要精心挑选

2. 洗蛋。用机械清洗,不使蛋壳留有污点,清洗后铺在竹匾上置放阳光下紫外线杀菌。蛋面干燥后把蛋壳底面上翻,直至把整个蛋壳的水分晒干。持续阴天可用干毛巾揩干后,铺在竹匾上放通风处晾干,然后室内进行紫外线杀菌(60 分钟)。

将挑选合格的鸭蛋进行机械清洗

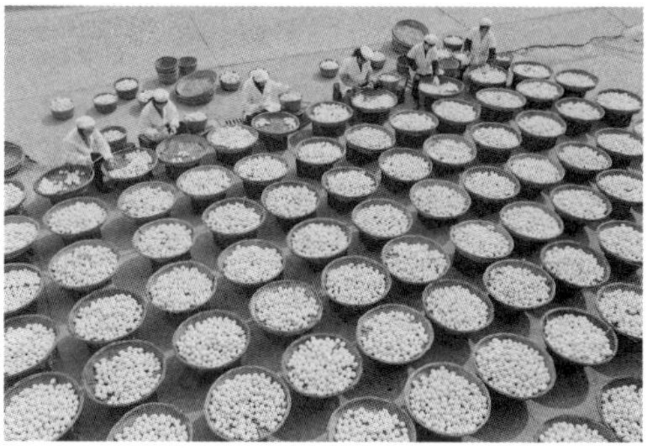

鸭蛋置放阳光下晾晒,紫外线杀菌。平湖糟蛋制作工艺中的击蛋技艺(蛋壳裂似龟纹而蛋膜不破)历经280多年的传承拷贝不走样,今天已列入省级非遗(技艺类)名录

3. 击蛋。击蛋破壳促使糟蛋在成熟过程中蛋壳大部分脱落,在糟渍中使醇、酸、糖等物质易于渗入蛋内,加快成熟。击蛋时用力要适当,恰到好处壳破膜不破。操作者右手持一块小竹片(长约13厘米、宽3厘米、厚0.7厘米),将蛋放在左手掌中,对准蛋的纵侧,轻轻一击使蛋壳产生纵向裂纹,然后将蛋转半周,仍用竹片在纵侧击一下,使纵向裂纹延伸成一线。蛋经敲击后如发现蛋壳裂纹处有白色小点,表明蛋壳内膜已破,应予剔除。

4. 洗坛与消毒。坛是糟蛋发酵成熟的容器,其过程要半年以上,所以对坛要求结实、不破、不漏,无菌。坛用清水反复漂洗后进行高温灭菌(蒸汽),同时检查坛体是否有破漏。蒸汽消毒时,将坛倒置在蒸坛用的带孔眼的木垫上,在坛底涂上石灰水,在蒸汽通过木垫孔入坛内产生高温时,如发现坛壁有气泡或蒸汽透出,甚至极小的毛细孔均可发现,即是需剔除的漏坛。坛底石灰水在高温中逐渐干燥时,如坛底有裂纹,石灰水会清楚显示。高温灭菌结束把坛口朝上,使蒸汽外溢,冷却后叠起,坛与坛之间用三丁纸二张衬垫。最上面的坛,在三丁纸上用方砖压上,保持清洁干燥。

5. 浸米、蒸饭与淋饭。将糯米在容器内淘净,放入缸内加冷水浸泡。浸泡时间以气温12℃浸泡24小时为计算依据,气温每上升2℃,可减少浸泡1小时,气温每下降2℃,需增加浸泡1小时。把浸好的糯米从缸中捞起冲洗干净,倒入蒸桶内(每桶约75公斤),米面铺平。等蒸汽从桶内透过米粒溢出后,再用木盖盖好。约10分钟左右,将木盖拉开,用竹洗帚蘸热水散泼在米饭上,使上层米饭蒸涨均匀,防止上层米饭因水分不足而僵硬。再将木盖盖好蒸15分钟,使饭全部熟透。以上蒸饭过程称为“熟化”,其熟透的程度,一般以出饭率达到150%左右为适中。蒸饭要求达到饭粒松,无白心,熟而不粘。将蒸好饭的蒸桶放于淋饭架上,用冷水浇淋使米饭迅速冷却(称谓淋饭)。一般每桶饭用水75公斤,淋2~3分钟,使饭的温度降低到30℃左右,手摸不烫为宜,以适于酵母菌种的培育和繁殖。

6. 拌酒药制糟。淋水后的饭沥去水分倒入缸内,撒上预先研成细末的酒药。加工糟蛋酿糟选用白绍药和甜药配合使用。

酒药要搅拌均匀，米饭面上拍平、拍紧，中间挖一个直径30厘米的潭，上大下小，潭穴深入缸底，潭底不留米饭。缸体包上稻草保温，缸口用草盖盖好保温，经20～30小时，就可出酒酿液。当潭内酒酿液有3～4厘米深时，应将草盖用竹棒撑起12厘米高，以降低温度，防酒糟热伤、发红、产生苦味。如酒酿液满潭后，每隔6小时必须把潭内的酒酿液用勺泼在糟的表面上，连续四、五天，使酒糟充分发酵。经7天后，把酒糟拌和灌入坛内，再过三周酒糟成熟，性能稳定。优质的酒糟色白、味香略带甜、酒精含量在15%左右，如发现酒糟发红，有酸辣味，为不合格糟。

7. 装坛糟制。取经过高温灭菌的糟蛋坛，用酿制成熟的酒糟4公斤(称底糟)，铺于坛底，摊平后，将蛋放入。每枚蛋的大头朝上，直插入糟内。蛋与蛋之间依次排列，相互间的间隙不宜太大，但也不要挤得过紧，以蛋四周均有糟，且能旋转自如为宜。第一层蛋排好后再放腰糟4公斤，同样将蛋放上，即为第二层蛋。一般第一层放蛋为50多枚，第二层放60多枚，每坛放二层120枚。第二层排满后，再用9公斤面糟摊平盖面，然后均匀地撒上1.75～1.85公斤食盐。坛口用牛皮纸二张，刷上猪血将坛口密封，外再用草绳沿坛口扎实。封好的坛，每四坛一叠，坛与坛之间用三丁纸垫上，叠坛要稳，防止摇动而使食盐下沉。每叠最上一只坛口用方砖压实。

鸭蛋“种”入酒糟内，经过一个“黄梅”、一个“夏天”的自然气候，到十月份发酵成熟

8. 成熟。糟蛋的成熟期为5个月左右，存放在车间里的半成品糟蛋，要逐月抽样检查，以便控制糟蛋的质量。根据成熟的变化情况，来判别糟蛋的品质。

第一个月，所糟制的蛋基本与原来的鲜蛋相仿，蛋壳带蟹青色，蛋壳被击破的裂缝已较明显。

第二个月，蛋壳裂缝扩大，蛋壳与壳下膜逐渐分离，蛋黄已逐渐凝固，蛋白仍为液体，外层开始稍有膨胀。

第三个月，蛋壳与蛋膜全部分离，蛋黄已全部凝结，蛋白开始凝结。

第四个月，蛋壳与蛋膜脱开 1/3，蛋黄微红色，蛋白乳白色。

第五个月，蛋壳大部分脱落，或虽有少部分附着，只要轻轻一剥即予脱落，蛋白凝成乳白胶冻状，蛋黄柔软呈橘红色，半凝固状。此时，糟蛋已全部成熟。

第四节　产品标准化

产品执行标准是生产企业生产的产品质量必须达到或执行的技术要求（规范），每一种产品生产，必须按照国家标准或行业标准和企业自己制定的标准（规范）生产，这种标准俗称执行标准。产品执行标准是产品的生产准则和判定合格与否的依据。

产品执行标准有国家标准、行业标准、地方标准和企业自己制定的企业标准四种。企业标准内的各项指标，不能低于地方标准、行业标准、国家标准。而且部分（个别）指标必须高于地方标准、行业标准、国家标准。以此类推，企业标准是最高标准，国家标准是最基本的标准。

平湖糟蛋的第一个产品执行标准，是 1985 年由浙江省商业厅提出，浙江省食品公司起草的地方标准（浙 Q/SB64－85），经浙江省标准管理局批准后 1985 年 8 月 1 日实行，成为第一部平湖糟蛋地方标准。

随着国家各项标准的不断完善和制订，1992 年根据浙江省标准计量管理局下达的“地方标准修订计划”，由浙江省商业厅提出，由浙江省食品公司与平湖市食品公司组成专业技术人员进行编写的地方标准（DB33・X18），由浙江省标准计量管理局批准后 1992 年 8 月 1 日实行，成为第二部平湖糟蛋地方标准。

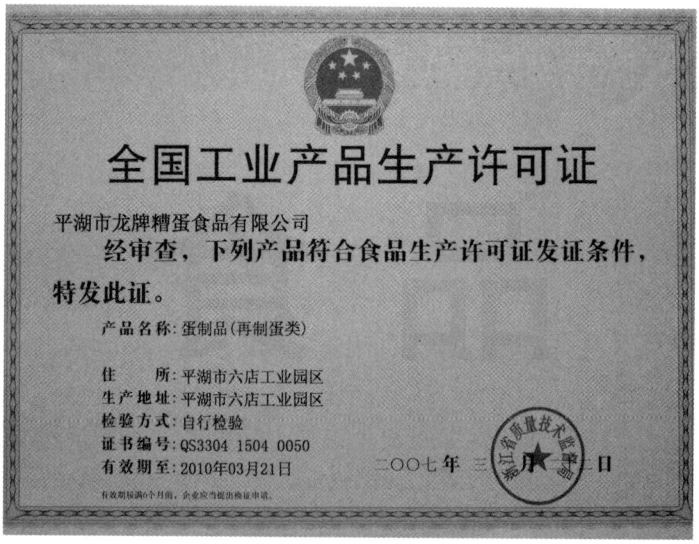
全国工业产品生产许可证

平湖市龙牌糟蛋食品有限公司

经审查，下列产品符合食品生产许可证发证条件，特发此证。

产品名称：蛋制品（再制蛋类）

住　　所：平湖市六店工业园区

生产地址：平湖市六店工业园区

检验方式：自行检验

证书编号：QS3304 1504 0050

有效期至：2010年03月21日

二〇〇七年 三月 [illegible] 日

有效期届满6个月前，企业应当提出换证申请。

企业生产许可证

2004 年，全国经济发展突飞猛进。地方标准已不适应新的形势要求，依照我国《标准化法》的有关规定，首次在地方标准的基础上，制订出企业标准，（Q/PLPZ001－2004），成为第一部平湖糟蛋企业标准。

本企业标准又经过 2006 年 12 月、2009 年 5 月二次的修改、充实和完善。（按规定每三年修改一次，视国家有关标准的修改而进行同步修正）

附：糟蛋各时期各类标准及编制说明

1. 浙江省企业标准

浙　江　省
企业标准
糟　　蛋(软壳)　　　　　　　　浙 Q/SB64～85

糟蛋系选用鲜鸭蛋经裂壳,酒酿糟渍而成的再制蛋。

1. 感官指标

1.1　色泽:蛋白呈乳白色,蛋黄橘红色或黄色。

1.2　形态:蛋形完整,蛋膜不破,蛋壳脱落或基本脱落。

1.3　组织状态:蛋白呈糊状,蛋黄半凝固状。

1.4　口味:醇香、味鲜。

1.5　杂质:蛋内不允许有杂质存在。

2. 等级标准

特级:蛋形饱满,蛋壳基本脱落,每千只糟蛋 75 公斤以上。

一级:蛋形饱满,蛋壳基本脱落,每千只糟蛋重 70 公斤以上。

二级:蛋形基本饱满,蛋壳残留较多,每千只糟蛋重 55 公斤以上。

3. 细菌指标如下:

细菌指标表

项　　目	指　　标
大肠菌群(个/100 克)	≤40
致病菌(系指肠道致病菌及致病性球菌)	不得检出

4. 检验方法

4.1　感官:眼看、过秤。

4.2　细菌指标:按中华人民共和国卫生部食品卫生检验方法检验。

5. 包装和标志

用容器包装,标有品名、厂名、生产日期、食用方法等。

包装容器应干燥、清洁、卫生。

6. 保管与运输

6.1　保管:要有容器

6.2　储存:浸没酒糟中保存,密封保管。保管期三个月,切忌与水接触。

6.3　运输时要轻拿轻放,慎防破碎。

浙江省标准管理局　　1985 年 7 月 10 日发布　　本标准由浙江省商业厅提出
1985 年 8 月 1 日施行　　本标准由浙江省食品公司起草

2. 浙江省地方标准

浙 江 省

地方标准

糟　　蛋(软壳)　　DB32 · X18

1. 主题内容与适用范围

本标准规定了糟蛋质量、卫生指标、等级标准、试验方法、检验规则、标志、包装、运输、储存等基本要求。

本标准适用于以新鲜鸭蛋为原料,经裂壳,用优质糯米制成的酒酿糟渍而成的一种直接入口的再制蛋。

2. 引用标准

GB4789　　食品卫生微生物学检验

GB7718　　食品标签通用标准

3. 质量标准

3.1　感官指标

3.1.1　色泽:蛋白乳白色,蛋黄橘红色或黄色。

3.1.2　外形:蛋壳脱落或基本脱落,蛋膜不破,蛋形完整,蛋质柔软。

3.1.3　组织状态:蛋白呈糊状,蛋黄半凝固状。

3.1.4　滋味:醇香、味鲜、有回味。

3.1.5　杂质:蛋内不允许有杂质存在。

3.2　等级指标

等级标准见下表:

等级标准表

等级	外　　形	重量公斤/千只
特级	蛋形饱满,蛋壳基本脱落	≥75
一级	蛋形饱满,蛋壳基本脱落	≥70
二级	蛋形基本饱满,蛋壳残留较多	≥65

3.3　卫生指标

卫生指标见下表:

卫生指标表

项　　目	指　　标
细菌总数(个/g)	≤500
大肠菌群(个/100 g)	≤30
致病菌(系指沙门氏菌)	不得检出

4. 试验方法

4.1　感官检验：眼看、口尝、过秤。

4.2　蛋壳基本脱落是指蛋壳脱落面（包括轻轻一拔，蛋壳即自行脱落）大于蛋表面的三分之二。

4.3　卫生指标检验

按 GB4789 规定的方法检验

5. 检验规则

5.1　产品须经厂质检部门检验分级后方可出厂。

5.2　感官指标及等级标准检验数量由厂销双方协商抽验。

5.3　卫生指标按生产批次每批检验一次，随机抽样。

5.4　卫生指标有一项不符合规定时，须加倍抽样复验，复验后仍不合规定的，则判为不合格产品。

6. 包装、标志、储存和运输

6.1　包装

用缸、罐等容器包装，包装容器必须干燥、清洁、卫生。

6.2　标志

执行 GB7718 的规定。

6.3　储存

6.3.1　仓库应阴凉、通风，切忌与生水接触。

6.3.2　把糟蛋浸没于酒糟中密封保管。

6.3.3　保质期为三个月。

6.4　运输

6.4.1　运输时要轻装轻卸，慎防破碎。

6.4.2　运输中防碰撞，防日晒雨淋。

6.4.3　到达目的地后，应检查包装容器有否破损，并应把露出糟面的蛋浸没于酒糟中。

浙江省标准计量管理局置　　1992 年 7 月 1 日发布　　本标准由浙江省商业厅提出

本标准由浙江省食品公司负责起草　　主要起草人：胡嘉鑫、谢力耕、吴广和

糟蛋标准编制说明

一、任务来源：

根据浙江省标准计量管理局下达的“地方标准修订计划”，我公司负责承担了本标准的修订任务。

二、编制目的：

糟蛋是我省的特产品，也是我国的特产，平湖糟蛋多次获商业部和浙江省的优质产品，又是出口产品之一。糟蛋又是即食食品，质量的好坏直接危及人身健康，但目前又没有国家标准和专业标准。为了提高产品质量，促进生产发展，特对"糟蛋"的浙江省地方标准进行修订，代替浙 Q/SB64-85 标准。

三、编写经过：

1. 组织编写班组，组成编写小组，编写小组由省食品公司和平湖市食品公司的专业技术人员组成。

2. 学习和参考了 GB1.1、GB1.3 标准要求，加深对标准编写导则和产品编写规则的理解。

3. 搜集整理有关标准、文件、资料。

4. 搜集有关检测数据。

5. 写出初稿，征求有关行家意见后进行修改提出本讨论稿。

四、标准内容和指标确定依据：

1. 本标准和感官指标是根据工厂内控标准、评优标准确定。

2. 本标准的等级标准按工厂现行内控标准确定。

3. 本标准的卫生指标参照 GB9694-88《皮蛋》标准及工厂现行检测情况确定。

备案号：Q330482X18.1479

主要起草人：胡嘉鑫（中）、谢力耕（右）、吴广和（左）

3. 平湖市龙牌糟蛋食品有限公司企业标准

Q/PLPZ001-2004

2004-03-25 发布

2004-03-30 实施

前　　言

我公司生产的糟蛋，由于该产品目前尚无现行有效的标准，按照《标准化法》的规定，特制定本标准，本标准在制定过程中，参照采用了有关国家标准和相关规定，并结合本公司与客户的实际需求制定而成。

本标准依据 GB/T1.1－2000《标准化工作导则》的规定进行编写。

本标准由平湖市龙牌糟蛋食品有限公司提出。

本标准由平湖市龙牌糟蛋食品有限公司起草并负责解释。

本标准主要起草人：尤明泰。

本标准于 2004 年 3 月 25 日首次发布。

糟　　蛋

1. 范围

本标准规定了糟蛋质量标准、等级指标、卫生指标、试验方法、检验规则、标志、包装、运输、储存等基本要求。

本标准适用于以新鲜鸭蛋为原料，经裂壳，用优质糯米制成的酒酿糟渍而成的一种可直接入口的再制蛋。

2. 规范性引用文件

下列文件中的条款通过本标准的引用而成为本标准的条款。凡是注日期的引用文件，其随后所有的修改单(不包括勘误的内容)或修订版均不适用于本标准，然而，鼓励根据本标准达成协议的各方研究是否可使用这些文件的最新版本。凡是不注日期的引用文件，其最新版本适用于本标准。

GB4789　食品卫生微生物学检验

GB7718　食品标签通用标准

3. 质量标准

3.1　感官指标

3.1.1　色泽：蛋白乳白色，蛋黄橘红色或黄色。

3.1.2　外形：蛋壳脱落或基本脱落，蛋膜不破，蛋形完整，蛋质柔软。

3.1.3　组织状态：蛋白呈糊状，蛋黄半凝固状。

3.1.4　滋味：醇香、味鲜，有回味。

3.1.5　杂质：蛋内不允许有杂质存在。

3.2 等级指标

等级标准如下：

等级标准表

等级	外　　形	重量　千克/千只
特级	蛋形饱满，蛋壳脱落面（包括轻轻一拨，蛋壳即自行脱落）大于蛋表面的三分之二	≥75
一级	蛋形饱满，蛋壳脱落面（包括轻轻一拨，蛋壳即自行脱落）大于蛋表面的三分之二	≥70
二级	蛋形基本饱满，蛋壳残留较多	≥65

3.3 卫生指标

卫生指标如下：

卫生指标表

项　　目	指　　标
细菌总数（个/g）	≤500
大肠菌群（个/100g）	≤30
致病菌（系指沙门氏菌）	不得检出

4. 试验方法

4.1 感官检验

目测、品尝。

4.2 蛋壳基本脱落是指蛋壳脱落面（包括轻轻一拨，蛋壳即自行脱落）大于蛋表面的三分之二。

4.3 卫生指标检验

按 GB4789 规定的方法检验。

5. 检验规则

5.1 检验分为出厂检验和型式检验。

5.1.1 出厂检验

5.1.1.1 产品须经检验合格后方可出厂。

5.1.1.2 出厂检验项目为感官指标、等级标准、细菌总数、大肠菌群。

5.1.2 型式检验

5.1.2.1 型式检验项目为本标准所要求的全部项目。

5.1.2.2 有下列情况之一时应进行型式检验：

a）正常生产时每年一次；

b）新投产或停产三个月以上恢复生产时；

c）原辅料及生产工艺有较大改变时；

d）卫生、质量监督机构提出要求时。

5.2　组批

同一天生产的且同规格、同包装的产品为一批。

5.3　抽样

在成品仓库内按批随机抽取样品 3 包。

5.3.1　感官指标及等级标准检验数量由厂销双方协商抽验。

5.3.2　卫生指标按生产批次每批检验一次，随机抽样。

5.4　判定规则

5.4.1　出厂检验判定规则

出厂检验中如感官指标不合格可重新加倍抽样复验一次，复检仍不合格，则判该批产品不合格；细菌总数、大肠菌群指标不合格，则判定该批产品不合格。

5.4.2　型式检验判定规则

若感官指标、等级标准有不合格的，允许加倍抽样复检，如复检仍不合格，则判该批产品为不合格。卫生指标不合格的，则判定为不合格。

6. 包装、标志、储存和运输

6.1　包装

用缸、罐等容器包装，包装容器必须干燥、清洁、卫生。

6.2　标志

执行 GB7718 的规定。

6.3　储存

6.3.1　仓库应阴凉、通风。切忌与生水接触。

6.3.2　把糟蛋浸没于酒糟中密封保管。

6.3.3　保质期为四个月。

6.4　运输

6.4.1　运输时要轻装轻卸，慎防破碎。

6.4.2　运输中防碰撞，防日晒雨淋。

6.4.3　到达目的地后，应检查包装容器有否破损，并应把露出糟面的蛋浸没于酒糟中。

备案号：Q330482X18.1479

4. 平湖市龙牌糟蛋食品有限公司企业标准

Q/PLPZ001-2009

2009-05-10 发布

2009-05-25 实施

前　　言

我公司原备案的企业标准《糟蛋》已不适应新的形势，依照《标准化法》的有关规定而重新修订该产品的企业标准，作为组织生产、销售的依据，原有的 Q/PLPZ001-2004 同时作废。

本标准依据 GB/T1.1－2000《标准化工作导则》的规定进行编写。本标准在制定过程中，参照采用了有关国家标准和相关规定，并结合本公司与客户的实际需求制定而成。

本标准由平湖市龙牌糟蛋食品有限公司提出；

本标准由平湖市龙牌糟蛋食品有限公司起草并负责解释；

本标准主要起草人：尤明泰。

本标准于 2004 年 3 月 25 日首次发布，2006 年 12 月 24 日第一次修订，2009 年 5 月 10 日第二次修订。

糟　蛋

1. 范围

本标准规定了糟蛋原辅料要求、质量标准、等级指标、理化指标、微生物指标、试验方法、检验规则、标志、包装、运输、储存等。

本标准适用于以新鲜鸭蛋为原料，经裂壳，用优质糯米、食盐、酒精及其他配料等糟腌而成的一种可直接入口的再制蛋。

2. 规范性引用文件

下列文件中的条款通过本标准的引用而成为本标准的条款。凡是注日期的引用文件，其随后所有的修改单(不包括勘误的内容)或修订版均不适用于本标准，然而，鼓励根据本标准达成协议的各方研究是否可使用这些文件的最新版本。凡是不注日期的引用文件，其最新版本适用于本标准。

GB2748-2003　鲜蛋卫生标准

GB2749-2003　蛋制品卫生标准

GB2760-2007　食品添加剂使用卫生标准

GB2763-2005　食品中农药最大残留限量

GB4789.19-2003　食品卫生微生物学检验　蛋与蛋制品检验

GB/T5009.11-2003　食品中总砷及无机砷的测定

GB/T5009.12-2003　食品中铅的测定方法

GB/T5009.14-2003　食品中锌的测定

GB/T5009.17-2003　食品中总汞及有机汞的测定

GB/T5009.19-2008　食品中有机氯农药多组分残留量的测定

GB5461-2000　食用盐

GB5749-2006　生活饮用水卫生标准

GB7718-2004　预包装食品标签通则

GB14881-1994　食品企业通用卫生规范

3. 原辅料要求

3.1 原料蛋

应符合 GB2748 的规定。

3.2 生产用盐

应符合 GB5461 的要求。

3.3 生产用水

应符合 GB5749 的规定。

3.4 食品添加剂

3.4.1 食品添加剂质量应符合相应的标准和有关规定。

3.4.2 食品添加剂的品种使用量应符合 GB2760 的规定。

4. 生产环境卫生

生产加工过程的卫生要求应符合 GB14881 的规定。

5. 质量标准

5.1 感官指标

感官指标如下：

感官指标表

项　目	指　标
外　形	蛋形完整，蛋膜无破裂，蛋壳脱落或不脱落，蛋质柔软。
色　泽	蛋白呈乳白色、浅黄色，色泽均匀一致。蛋黄橘红色或黄色。
组织状态	蛋白呈糊状或凝固状。蛋黄完整，呈半凝固状。
滋　味	具有糟蛋正常的醇香、味鲜，有回味、无异味。
杂　质	蛋内不允许有杂质存在。

5.2 等级指标

等级指标如下：

等级指标表

等级	外　形	重量　千克/千只
特级	蛋形饱满，蛋壳脱落面（包括轻轻一拨，蛋壳即自行脱落）大于蛋表面的三分之二	≥75
一级	蛋形饱满，蛋壳脱落面（包括轻轻一拨，蛋壳即自行脱落）大于蛋表面的三分之二	≥70
二级	蛋形基本饱满，蛋壳残留较多	≥65

5.3 理化指标

理化指标如下：

理化指标表

项　　目		指　　标
铅(Pb)/(mg/kg)	≤	1.0
锌(Zn)/(mg/kg)	≤	50
无机砷/(mg/kg)	≤	0.05
总汞(以 Hg 计)/(mg/kg)	≤	0.05
六六六、滴滴涕		按 GB2763 规定执行

5.4　微生物指标

微生物指标应符合 GB2749-2003 中表 3 的规定。

6. 试验方法

6.1　感官检验

目测外形后去蛋壳和蛋膜观其色泽、组织状态、杂质，然后品尝其滋味，结果应符合表 1 的规定。

6.2　理化指标检验

6.2.1　铅

取糟蛋 10 个，去蛋壳和蛋膜，全部混均，取样，分析按 GB/T5009.12 规定的方法。

6.2.2　锌

取糟蛋 10 个，去蛋壳和蛋膜，全部混均，取样，分析按 GB/T5009.14 规定的方法。

6.2.3　无机砷

取糟蛋 10 个，去蛋壳和蛋膜，全部混均，取样，分析按 GB/T5009.11 规定的方法。

6.2.4　总汞

取糟蛋 10 个，去蛋壳和蛋膜，全部混均，取样，分析按 GB/T5009.17 规定的方法。

6.2.5　六六六、滴滴涕

取糟蛋 10 个，去蛋壳和蛋膜，全部混均，取样，分析按 GB/T5009.19 规定的方法。

6.3　微生物指标检验

去蛋壳和蛋膜后按 GB4789.19 规定的方法检验。

7. 检验规则

7.1　检验分为出厂检验和型式检验。

7.1.1　出厂检验

7.1.1.1　产品须经检验合格后方可出厂。

7.1.1.2　出厂检验项目为感官指标、等级标准、菌落总数、大肠菌群。

7.1.2　型式检验

7.1.2.1　型式检验项目为本标准所要求的全部项目。

7.1.2.2　有下列情况之一时应进行型式检验：

a）正常生产时每年一次；

b）新投产或停产三个月以上恢复生产时；

c）原辅料及生产工艺有较大改变时；

d）国家质量、卫生监督机构提出要求时。

7.2　组批

同一天生产的且同规格、同包装的产品为一批。

7.3　抽样

在成品仓库内按批随机抽取最小包装3份且不少于10个的样品数。

7.3.1　感官指标及等级标准检验数量由厂销双方协商抽验。

7.3.2　微生物指标按生产批次每批检验一次，随机抽样。

7.4　判定规则

7.4.1　出厂检验判定规则

出厂检验中如感官指标不合格可重新加倍抽样复验一次，复检仍不合格，则判该批产品不合格；细菌总数、大肠菌群指标不合格，则判定该批产品不合格。

7.4.2　型式检验判定规则

若感官指标、等级标准有不合格的，允许加倍抽样复检，如复检仍不合格，则判该批产品为不合格。微生物指标不合格的，则判定为不合格。

8. 包装、标志、储存和运输

8.1　包装

用缸、罐等容器包装，包装容器必须干燥、清洁、卫生并应符合相应的标准和有关规定。

8.2　标志

执行GB7718的规定。

8.3　储存

8.3.1　仓库应阴凉、通风。切忌与生水接触。不得与有毒、有害、有腐蚀性、易挥发、有异味的物品同库贮存。

8.3.2　把糟蛋浸没于酒糟中密封保管。

8.3.3　保质期为四个月。

8.4　运输

8.4.1　运输时要轻装轻卸，慎防破碎。

8.4.2　运输中防碰撞，防日晒雨淋。不得与有毒、有害、有腐蚀性、易挥发、有异味的物品混装混运。

8.4.3　到达目的地后，应检查包装容器有否破损，并应把露出糟面的蛋浸没于酒糟中。

第五节　质量区分

糟蛋是通过酒糟发酵促使其成熟。酒糟内大量酵母菌消耗糖分，分解产出二氧化碳、酒精、乳酸、醋酸、酵素等微生物，通过温度、湿度和时间来完成发酵（熟成）。其过程漫长而复杂，每个细小环节都能影响其品质（原材料、工艺、温度等）。成熟后糟蛋的质量区分，需从以下几个方面鉴定：

一、品质区分

1. 形状。蛋壳全部或大部分脱落，蛋衣不破。个大、丰满，不起纹。

2. 色泽。乳白光亮，外表洁净。蛋白呈乳白色胶冻状，不流散，蛋黄为橘红色，呈半凝固状，蛋白与蛋黄界线分明。

3. 味觉。具有浓郁的醇香、脂香。略带甜味、咸味。

4. 口感。质腴而柔软，味醇而不酽。有爽、滑、润、软、嫩、肥、黏、糯之感受，且入口即化，回味无穷。

二、重量区分

糟蛋经过品质鉴定，按重量分成三级。

按 1000 枚糟蛋重量计：

特级　　70～75 公斤

一级　　65～70 公斤

二级　　60～65 公斤

三级　　60 公斤以下

因操作不慎或由于加工季节过迟等原因，在糟渍过程中，发生不合乎质量要求的次品或废品，主要有矾蛋、水浸蛋、嫩蛋、硬壳蛋四种。

1. 矾蛋：矾蛋是蛋壳变厚，似燃烧后的矾一样，由于蛋壳变质，坛内同一层的蛋体膨胀而挤成一团，相互粘结，蛋不成型，酒糟成糊状，与蛋混杂。严重时蛋无法从坛里取出，故称为“凝坛”。一般产生矾蛋先由上层开始，在平时检查中如有发现，可整坛取出再加糟浸渍。

2. 水浸蛋：水浸蛋是酒糟质量不好（酒糟中乙醇含量过低），使蛋白凝固不良，甚至仍为流体，颜色转红，蛋黄硬实，发生变味，这种蛋不能再作为食用蛋。

3. 嫩蛋：是因加工时间过迟，糟制二、三个月后，天气就转凉，使蛋不能成熟，蛋黄不凝固，蛋白仍为液体，需要再次加温糟制。

4. 硬壳蛋：糟蛋糟制过程中，部分乙醇氧化成乙酸，使蛋壳中的碳酸钙在乙酸作用下溶解。由于酒药配比，酒糟发酵时温度等原因，使酒糟中的乙醇含量不足导致鸭蛋大部分不能脱壳。可取出后再次击打并再糟渍二至三周。

第四章　营养成分

第一节　糟蛋的营养

每 100 克糟蛋所含营养素如下：

热量(227.90 千卡)、蛋白质(15.00 克)、脂肪(13.10 克)、碳水化合物(10.60 克)、维生素 A(234.00 国际单位)、硫胺素(0.45 毫克)、核黄素(0.5 毫克)、尼克酸(6.72 毫克)、维生素 E(4.98 毫克)、钙(248.00 毫克)、磷(111.00 毫克)、钠(106.00 毫克)、镁(13.00 毫克)、铁(3.10 毫克)、锌(1.67 毫克)、硒(15.68 微克)、铜(0.11 毫克)、锰(0.04 毫克)、钾(135.00 毫克)、铁(3.10 毫克)。

糟蛋有丰富的营养。它富含脂肪、以及人体所需的 18 种氨基酸。氨基酸中有 8 种是人体本身不能合成，这些氨基酸称为必需氨基酸。食品中如果含有全部必需氨基酸的蛋白质，营养价值最高，称为“完全蛋白质”也称“全价蛋白质”。糟蛋是“全价蛋白质”，消化率高达 98%。

糟蛋中的矿物质种类也非常丰富，除了我们所熟知的钙以外，磷、铁、锌、铜、锰、钼的含量都很多，最难得的是，每百克糟蛋钙含量高达 248.00 毫克，是其他蛋类的四倍以上。所以糟蛋是人体通过食物补钙的最佳来源之一，而且钙磷比例非常适当，利于人体对钙的吸收。

糟蛋是食品中含尼克酸数量最多的食品之一，它能滋润肌肤，保护表皮、防裂、防皱使皮肤光滑柔软白嫩，使头发乌黑减少脱落，维持皮肤和神经的健康，防止癞皮病的发生。糟蛋中所含的铁、铜和维生素 A，有美容养颜作用可使皮肤保持光滑滋润，对面部皱纹有消除作用。

1996 年仲夏，全国政协常委(原商业部长)胡平考察平湖经济发展时对平湖糟蛋啧啧称奇，拍案叫绝，欣然提笔写下“天下第一蛋”

糟蛋的蛋白质含量和鸡蛋相当，而矿物质总量远胜鸡蛋，其中胆固醇含量是所有禽蛋中最低，每百克比鸡蛋低 40 毫克。如果说，蛋类因其营养成分齐全、合乎人体需要而被称为全营养食品之冠。那么，糟蛋理所当然是最接近“完美食品”的全营养食品。见下表。

各种蛋的营养成分表

（按可食部分 100 克计）

营养成分	糟蛋	松花蛋	鸭蛋	鸡蛋
水分（克）	52.0	71.7	70.0	71.0
蛋白质（克）	15.8	13.1	8.7	14.7
脂肪（克）	13.1	10.7	9.8	11.6
糖（克）	11.7	2.2	10.3	1.3
热量（千卡）	227.9	158.0	164.0	170.0
灰分（克）	7.1	2.3	1.2	1.1
钙（毫克）	248.0	58.0	71.0	55.0
磷（毫克）	111.0	200.0	210.0	210.0
铁（毫克）	3.1	0.9	3.2	2.7
维生素 A（国际单位）	234.0	940.0	1380	1440
硫胺素（毫克）	0.45	0.02	0.15	0.16
核黄素（毫克）	0.50	0.21	0.37	0.31
尼克酸（毫克）	6.72	0.1	0.1	0.1
游离氨基酸（毫克/克）	2.05			

糟蛋在酿造过程中微生物分泌的酶能裂解细胞壁，提高营养素的利用程度。将原有的蛋白质进行分解，易于消化吸收。微生物还能合成一些 B 族维生素，特别是维生素 B12，动物和植物都无法合成这一维生素，只有微生物能“生产”。糟蛋与其他营养丰富的食品相比，其营养价值也是比较高的。见下表

一枚糟蛋（70 克）与等量食品的营养比较表

品　名	水分（克）	蛋白质（克）	脂肪（克）	糖（克）	发热量（千卡）	钙（毫克）	磷（毫克）	铁（毫克）
糟　蛋	36	11.0	9.1	8.2	159	173	77.7	2.17
鸡　肉	52	15.0	1.7	0.5	77	77	130	1.05
猪　肉	20	6.6	41	0.7	406	42	77	0.98
带　鱼	54	11.4	2.6	1.2	97	0.7	140	1.26
牛　乳	61	2.3	2.8	3.5	49	84	65	0.14

从营养学角度看，糟蛋是利用有益微生物加工制成的食品，通过发酵使原有的营养成分发生改变，并产生独特的风味，简单说，内中的微生物就像一台台小小的加工机，对食物的每个细胞挨个进行处理，增加一些有营养的物质，去除一些没营养的物质，顺便改变味道和质地。

我国著名营养学家于若木教授对平湖糟蛋的风味和营养作了如下论述：“鸭蛋在酒糟作用下分解为多种氨基酸，并产生出鲜味，此鲜味与醇香，脂香融合为一种复杂的鲜美滋味。所以糟蛋食之是回味无穷的享受，又具营养滋补之功效。”

第二节　糟蛋的理化特性

2009 年 3 月 18 日，浙江工商大学食品与生物工程学院孟岳成教授等来公司，对平湖

软壳糟蛋的理化特性等进行初探，其中对糟蛋的理化指标检测结果如下：

平湖糟蛋理化指标的检测结果表

理化指标	蛋白	蛋黄
灰分(%)	6.5±0.1	4.6±0.1
水分含量(%)	69.7±0.1	29.9±0.1
盐分(%)	5.0±0.2	3.3±0.2
脂肪含量(%)	1.46±0.06	28.87±0.04
游离脂肪酸含量(%)	—	7.18±0.12
蛋白质含量(%)	7.78±0.06	12.08±0.10
钙离子含量(%)	0.21618	0.34719
酒精含量(%)	2.56±0.05(全蛋)	
总酸度(%)	0.33±0.02	0.17±0.03
pH 值	5.04±0.01	5.28±0.01
水分活度	0.853±0.000	0.854±0.000

从糟蛋理化指标的检测结果可以看出糟蛋的水分含量：蛋白为(69.7±0.1)%；蛋黄为(29.9±0.1)%。而鲜鸭蛋中蛋白蛋黄的水分含量分别为 87.7%和 44.9%。可见糟蛋的含水量要明显低于鲜鸭蛋的含水量，这应该是食盐造成的脱水作用所致，另一部分原因可能是酒酿萃出液所造成的渗透作用所致。糟蛋中蛋白的盐分为(5.0±0.2)%，蛋黄则为(3.3±0.2)%。一般而言，盐分浓度高时，会对微生物的生长有抑制作用。糟蛋的 pH 值：蛋白为 5.04±0.01；蛋黄为 5.28±0.01。蛋白和蛋黄总酸度分别是(0.33±0.02)%和(0.17±0.03)%。酒酿发酵期间可产生多种酸，因此推测糟蛋 pH 值较低的原因是由于酒酿中所含的酸渗透进入蛋内所致。

糟蛋蛋白和蛋黄中的脂肪含量分别为(1.46±0.06)%和(28.87±0.04)%。与鲜鸭蛋蛋白脂肪含量(0)和蛋黄脂肪含量(33.8%)比较可见，糟蛋的蛋黄脂肪含量比鲜鸭蛋蛋黄中的脂肪含量有所减少。推测鲜鸭蛋在糟渍过程中，蛋黄中的脂肪分解为游离脂肪酸及甘油，再经过一系列化学反应生成酮、醛类等化合物。还有一部分脂肪可能进入蛋白内，从而使糟蛋蛋白中的脂肪含量要大于鲜鸭蛋蛋白中的脂肪含量。由于糟蛋的蛋白中脂肪含量较低，故蛋白中的游离脂肪酸含量很低，因此本研究只测定糟蛋蛋黄中的游离脂肪酸含量(7.18±0.12)%。

糟蛋的蛋白质含量：蛋白为(7.78±0.06)%，蛋黄为(12.08±0.10)%。鲜鸭蛋中蛋白和蛋黄的蛋白质含量分别为 9.9%和 14.5%。对比发现糟蛋的蛋白和蛋黄中的蛋白质含量均低于鲜鸭蛋的蛋白和蛋黄中的蛋白质含量，推测可能是由于平湖糟蛋在形成过程中，酒酿里的醇类、糖类、有机酸以及食盐等物质，逐渐渗入蛋内，与蛋白质长期作用使其凝固变性。同时一部分蛋白质分解为游离氨基酸，溶解于酒酿所致。

同时，本研究对糟蛋蛋白钙含量(0.21618%)和蛋黄钙含量(0.34719%)进行了测定。对比鲜鸭蛋蛋白钙含量(0.018%)和蛋黄钙含量(0.123%)发现，平湖糟蛋中的钙含量要显著高于鲜鸭蛋中的钙含量，特别是糟蛋蛋白中的钙含量为鲜鸭蛋蛋白钙含量的 12.01 倍。

其原因推测是糟渍过程中，乙醇可转化为乙酸，因蛋壳中的主要成分是碳酸钙和磷酸钙，它们遇到乙酸，产生醋酸钙，而醋酸钙很容易溶解，从而使钙离子进入蛋体内，故糟蛋内的钙含量要显著高于鲜鸭蛋内的钙含量。糟蛋的酒精含量测得为(2.56±0.05)%。糟蛋在成熟过程中，酒酿中所含的酒精可经渗透进入蛋内，使蛋黄及蛋白发生凝固与变性现象，并赋予了糟蛋独特的风味，同时酒精的存在还具有防腐的作用。

在研究中，还对平湖糟蛋中游离氨基酸进行检测。

平湖糟蛋中游离氨基酸检测表

成　　分	含量(mg/g)		百分含量(%)	
	蛋白	蛋黄	蛋白	蛋黄
天门冬氨酸	0.155	0.141	1.47	1.86
苏氨酸	0.467	0.343	4.44	4.52
丝氨酸	0.595	0.442	5.65	5.82
谷氨酸	2.177	1.437	20.69	18.93
甘氨酸	0.412	0.274	3.19	3.60
丙氨酸	1.142	0.730	10.85	9.61
胱氨酸	0.132	0.232	1.25	3.06
缬氨酸	0.706	0.425	6.71	5.59
甲硫氨酸	0.318	0.259	3.02	3.41
异亮氨酸	0.477	0.325	4.53	4.29
亮氨酸	0.972	0.692	9.24	9.11
络氨酸	0.874	0.689	8.31	9.08
苯丙氨酸	0.541	0.430	5.15	5.66
赖氨酸	0.426	0.280	4.05	3.69
氨(NH_3)	0.291	0.389	2.76	5.12
组氨酸	0.000	0.000	0.00	0.00
精氨酸	0.496	0.318	4.72	4.19
脯氨酸	0.338	0.186	3.21	2.45
总计	10.519	7.591	100.00	100.00

上表表明糟蛋含有丰富的游离氨基酸，蛋白和蛋黄中游离氨基酸总含量分别为10.519 mg/g和 7.591 mg/g，其中谷氨酸(GLU)含量最多分别达到 2.177 mg/g 和1.437 mg/g，谷氨酸是重要的鲜味物质，其存在有助于糟蛋风味的改善。其他几种含量较多的游离氨基酸为丙氨酸(ALA)、亮氨酸(LEU)和络氨酸(TYR)，蛋白中含量各为1.142 mg/g、0.972 mg/g 和 0.874 mg/g；在蛋黄中含量分别为 0.730 mg/g、0.692 mg/g和 0.689 mg/g。而组氨酸(HIS)在蛋白和蛋黄中均未检测到。

结　　论

对平湖软壳糟蛋理化指标的检测表明：糟蛋水分含量：蛋白(69.7±0.1)%、蛋黄

(29.9±0.1)%，盐分含量：(蛋白(5.0±0.2)%、蛋黄(3.3±0.2)%〕，pH 值含量：蛋白 5.04±0.01、蛋黄 5.28±0.01%，酒精含量(2.56±0.05)%，与其他蛋制品相比较有较大不同，是一种具有独特风味的蛋制品。同时糟蛋具有较高的游离氨基酸含量(蛋白：10.519 mg/g，蛋黄：7.591 mg/g)和钙离子含量(蛋白：2.1618 mg/g，蛋黄：3.4719 mg/g)，说明平湖软壳糟蛋是一种营养丰富又易于吸收的蛋制品。

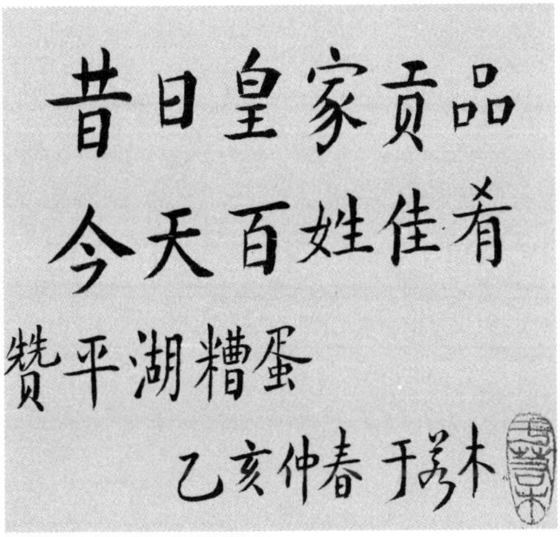

1995 年仲春，我国著名营养学家
于若木为平湖糟蛋为题词

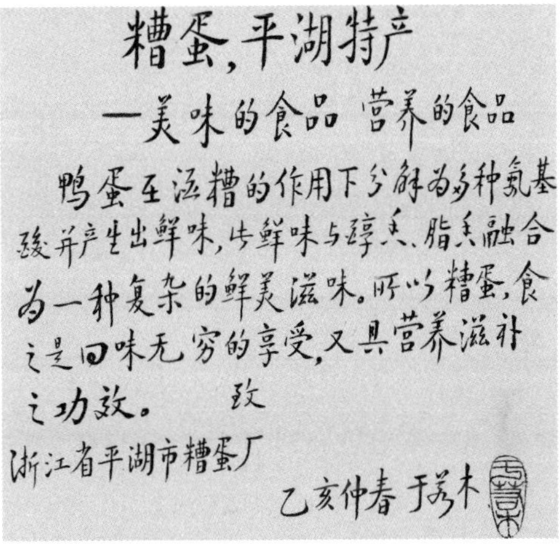

1995 年，我国著名营养学家于若木论述
平湖糟蛋为“美味的食品 营养的食品”

第 三 编

获得荣誉

平湖糟蛋在清朝被列为皇室贡品。

1910年在清政府举办的国际南洋劝业会上荣获“金奖”。

民国初期，在农商部北京组织召开的国货展览会上获“一等奖”，1915年巴拿马万国博览会上获得奖章。

建国后1981年、1988年二次获商业部“优质产品”证书。

1988年12月首届中国食品博览会上获得“金奖”。

1981年至1991年，七次获省级荣誉称号。

2004年被评为浙江省名牌产品。

2003年至2007年，连续五年被浙江省农业博览会评为“金奖”。

1999年12月，平湖糟蛋被国内贸易部评定为“中华老字号”。

2012年，平湖糟蛋制作工艺中的击蛋技艺被浙江省人民政府列为浙江省非物质文化遗产名录。

平湖糟蛋获得如此荣誉，不仅是产品自身的色泽、形状、营养、自然（绿色食品）、风味等见长的有力佐证，更是彰显“工匠精神”，对中华优秀传统文化的尊重，从而赢得世界的赞美和认同。

第五章　清·民时期获得荣誉

第一节　清朝贡品

朝贡制度是从汉代开始，在中国漫长的封建专制历史中，凡一方之土特产，要将最新、最好的向朝廷交纳，供皇族使用，称之为贡赋。贡者：名、特、优也。贡品多为全国各地或品质优秀、或稀缺珍罕，或享有盛誉，或寓意吉祥的极品和精华。朝贡是政治上从属关系在经济方面的表现，到了清代已经相当完善。

平湖糟蛋作为清朝皇室贡品，是由浙江地方官吏汇集地方特产后统一朝贡，此事在《清宫述闻》传记中有详细记载。《清宫述闻》作者章乃炜，字唐容，浙江吴兴人（1880—?），1937年时任故宫博物院总务处第一科科员，并于是年编成此书。据作者介绍，本书共分卷一至卷六，依据《日下旧闻》体例，以紫禁城中宫殿门宇为纲，专门记述清代帝后起居、典章制度、清宫机构及宫殿园囿的书。由于作者使用了大量的清帝谕旨、宫廷秘籍及清人笔记，因而书中所反映的内容，已大大超出一般意义上的清宫掌故。

他在卷二《述外朝》“膳房库”一节中记载嘉庆十八年谕旨：各处岁例进贡膳用品：盛京鱼肚、炙鱼、鲤鱼、扁花鱼、花鲟鱼、白鱼、腌鱼、麞、麅、鲜鹿、鹿肉、干腌鹿、干鹿筋、各种鹿味、熊、野猪、腊猪、东鹅、东鸭、东鸡、树鸡、野鸡、虾油、山菜、山葱、韭菜子，吉林鲟鳇鱼、白鱼、鲫鱼、炸鱼、细鹿条、晾鹿肉、鹿尾、野猪、野鸡，黑龙江赭鲈鱼、细鳞鱼、野猪、野鸡、树鸡、白面，湖北香蕈，山西银磐蘑，四川茶菇、笋把，湖面笋片，广东南华菇，广西葛仙米，福建番薯，河东小菜，湖广蛏干、银鱼、干木耳、虾米，安徽琴笋、青螺、问政笋，杭州小菜、糟小菜、豆豉、糟鹅蛋、糟鸭蛋、笋尖、冬笋，江西石耳，江苏各色小菜，山东鱼翅、万年青、两淮风猪肉，五台台蘑、打牲乌拉燕窝、鲟鳇鱼、鱼条、炸赭鲈鱼、鳟鱼、茶腿、冬笋、板鸭、小菜等，张家口外马群总管乳酒，蒙古王额驸台吉等乳油、乳酒、熏猪，王多罗树牲丁

满清政府浙江地方官吏曾以平湖糟蛋作为进贡皇室的贡品，竟获清帝的赏识，特颁发京牌一道以示褒奖

鹿肉干。

浙江贡品中的“糟鹅蛋”“糟鸭蛋”系嘉兴府名产(嘉兴新塍、平湖)。

第二节 南洋劝业会

1910年清朝政府在南京举办了一次规模盛大的南洋劝业会。这是中国历史上第一次以官方名义主办的国际性博览会。南洋劝业会借鉴了美国圣路易斯万国博览会、比利时黎业斯博览会、意大利米兰博览会的成功经验,东北、直隶、湖北、陕西、湖南、四川、河南、山东、云贵、安徽、江西都纷纷设馆,南洋群岛的爪哇、雅加达、新加坡、苏腊巴亚等也都前来参展。

这次劝业会于夏历五月初八开幕。据《南洋劝业会展览记》载:“南洋劝业会开五千年未有之创局,两阅寒暑,百万贯财建筑三十四馆,承二十二省官绅赞助,征集千五百州县方物以作全国农工商之考镜。”浙江馆面积64方丈,建筑为方形洋式,浙江劝业道派运赴赛,展出的物品达9800余种,由杭州拱宸桥轮运至苏州,换沪宁火车至南京下关车站。据史料记载:“浙江馆物产丰富,皆为家庭日用所需,绝无奇技淫巧之作,充其量足供全面人民之用,故得奖品种繁多,超越各省。”“浙宾临江海,风气早开,其成绩固有如此云。”

南洋劝业会遗址纪念碑

这场由清政府主办的第一次全国性商品赛会在当时也产生了极为轰动的效应,半年时间里吸引了20多万国内外的游客。清政府也下了大力气,对所有参赛产品分别豁免税厘,为促进商品交流起到推波助澜作用,也为本届赛会后发展农工商经济起到刺激作用。

平湖徐源源糟坊参赛的糟蛋交易不菲、收获不浅,荣获金奖。1926年由柯培鼎、季新益编纂《民国平湖县续志》详细记载了本次徐源源制作的糟蛋获奖:“糟蛋、糟鱼、糟蟹、糟笋各种糟品以徐源源制者最佳,其糟蛋驰名尤远,宣统元年曾在南洋劝业会奖给金牌。”

第三节 农商部展览会

1915年10月1日,中华民国农商部组织的国货展览会在北京召开,全国18个省参展的国货产品约10万件,极大提高了国货的声誉。

为配合即将召开的美国世博会,农商部在组织赛会活动时,特别要求北京、上海、天津、汉口、广州5地推荐实业家赴美国参观世博会。

这届国货展览会评出特等奖173名、一等奖541名、二等奖658名、三等奖750名、褒奖417名。

农商部国货展览会一等奖奖章由黄铜制成，长7.5厘米、宽4.8厘米、厚0.3厘米，上镌骏马图案。

在平湖《城关镇志》的志书图片中，同版配发了糟蛋图片与“民国四年，糟蛋获农商部国货展览金牌奖”奖牌图片。

民国四年，糟蛋获农商部国货展览金牌奖

平湖特产软壳糟蛋

第四节　巴拿马万国博览会

1915年美国举办巴拿马万国博览会。这届万国博览会举办时，中国舆论界作了大量的介绍，掀起了一股空前的“博览会热”。当年的民国政府希图通过参加此次博览会提高中国在国际上的形象，故格外重视，派出一支由陈琪带队的代表团前往参赛。据《中国参与巴拿马太平洋博览会记实》载：“1915年2月20日，美人因巴拿马运河告成，开太平洋万国博览会于旧金山。先期正式公邀中国官商赴赛，嗣复派专员来华劝导参与斯会，中央以顾念邦交关心民瘼慨然应允。”我国18省各机关各团体出品计4172件，达1500余吨，分两批运美展出，其中食品700件，这次国际博览会得奖类别分为大奖、名誉奖、金牌奖、银牌奖、铜牌奖等五种。中国出品共获奖1200余枚，其中大奖62枚、名誉奖74枚、金牌奖250枚、银牌奖337枚、铜牌奖258枚、鼓励奖227枚。浙江省得奖数为大奖6枚、名誉奖5枚、金牌奖36枚、银牌奖42枚、铜牌奖45枚。

这届博览会也是对中国影响最大的一届博览会。不过，由于当时中国的经济结构和产业状况的限制，中国获奖产品还是分布在传统手工业和农业等领域，近代工业产品，则少有奖项。

对徐源源糟坊生产的糟蛋参加这届万国博览会的展评，建国后《平湖县志》中记载：“获巴拿马万国博览会奖牌”。

奖牌正面图案展现了一对青年男女，分别代表太平洋和大西洋；左右两侧的海洋中间是一小块陆地，象征着由于巴拿马运河的通航进一步带来了大西洋和太平洋地区的团结和繁荣。底下的拉丁文，意思是“人类从不同的地区相聚在一起”

奖牌背面图案是博览会的主展馆——旧金山的宝石大厦，四周英文是“巴拿马太平洋世界博览会”的全称。奖牌直径70毫米，厚4.5毫米，重140克，铜镏金

第六章　建国后获得荣誉

第一节　中华老字号

1999年12月，平湖糟蛋被国内贸易部评定为“中华老字号”。中华老字号是我国商业文明的光辉成果，也是中华民族传统文化瑰宝。

一、中华老字号的形成

老字号普遍诞生于明清时期，很多老字号因为掌握了制作某些产品的秘方而闻名一方，随后慢慢发展壮大起来。在建立的初期，大多数以小店铺的实体形式存在，生产的产品单一，服务群体基本上是当地的老百姓，而有些行业（产品）则会服务到朝廷。封建社会受传统文化影响，百年老店都秉承“诚信”理念去为百姓提供质量上乘的产品。并且始终保持传统工艺，在历史的进程中积累了深厚的文化底蕴并取得社会认同，百姓口碑。往高层次方面讲，老字号是中国的自主品牌，承载中华文明，展示浓郁地方特色，传承独具匠心的技艺和服务，体现诚信经营的文化精髓，是民族文化传播的载体。

二、中华老字号的认定

1. 定义。中华老字号历史悠久：拥有时代传承的产品、技艺或服务，具有鲜明的中华民族传统文化背景和深厚的文化底蕴，取得社会广泛认同，形成良好信誉的品牌。

国内贸易部授予中华老字号牌匾

2. 对象。百货、中药、餐饮、服装、调味品、酒、茶叶、烘焙食品、肉制品、民间工艺品和其他商业服务行业。最具代表性的是手工业，中药和餐饮业。

3. 标准。

（1）拥有商标所有权或使用权；

（2）品牌创立于1956年（含）以前；

（3）传承独特的产品、技艺或服务；

（4）有传承中华民族优秀传统的企业文化；

(5) 具有中华民族特色和鲜明的地域文化特征，具有历史价值和文化价值；

(6) 具有良好信誉，得到广泛的社会认同和赞誉；

(7) 国内资本及港澳台地区资本相对控股，经营状况良好，且具有较强的可持续发展能力。

第二节 国家级荣誉称号

1981 年，我国首次举行优质产品评比活动。商业部 1 月 24 日发出《关于 1981 年商业系统进行优质产品评比的通知》：为鼓励生产企业不断提高产品质量，生产更多更好的优质产品，适应四个现代化和人民生活需要，1981 年在全国商办工业中，开展优质产品评比活动。通知规定了优质产品必须具备的条件，评比原则和评比程序。1981 年 7 月，商业部在哈尔滨召开全国名特风味肉、禽、蛋制品优质产品评比会，浙江省的金华火腿、平湖糟蛋、宁波烧鹅、金华生化药厂的胃膜素等四个产品参加展评，平湖软壳糟蛋被评为“优质产品”，获得“优质产品”证书。

1988 年 10 月第二次获商业部“优质产品”证书。

1988 年 12 月，中国食品工业协会在北京举办首届中国食品博览会，平湖糟蛋获得“金奖”。

商业部优质证书（1981 年 7 月）

商业部优质产品证书（1988 年 10 月）

1988 年 10 月，经商业部食品专业评会评定、商业部评审委员会审查批准，平湖软壳糟蛋被评为商业部系统“优质产品”。

1988 年 12 月，中国食品工业协会在北京展览馆举办了首届中国食品博览会。

中国食品工业协会是经国务院批准于 1981 年 10 月 29 日成立的全国食品工业的自律性行业管理组织，主管单位是国务院国有资产监督管理委员会。

本届由行业协会组织主办的品牌展会，全国各地 5000 多个厂家为博览会提供了上万种名、特、优、新食品，其中既有代表我国饮食文化的传统名特食品，也有集现代食品工业技术于一身的现代食品。这是食品行业的首次盛会。全国人大常委会委员长万里、副委员长阿沛·阿旺晋美参加了开幕式。

首届中国食品博览会其宗旨是为行业服务，为企业提供信息和商贸交流平台。

经博览会评审委员会审定，浙江省有273个产品获奖，其中金奖48个、银奖110个、铜奖115个。

在本次博览会上，平湖“龙”牌糟蛋被评为“金奖”。

首届中国食品博览会金奖证书

首届中国食品博览会平湖糟蛋陈列(嘉兴馆)

第三节　浙江省级荣誉称号

1981年、1982年、1984年、1985年、1987年、1989年、1991年，十年中七次荣获浙江省经济委员会、浙江省商业厅、浙江日报社颁发的各类优质产品证书。1984年7月浙江省商业厅受省食品工业协会委托，在萧山县举行了由商业、农业、乡镇、农垦系统参加的禽蛋产品质量评比展销会，有20个产品参评；同年8月，商业厅在宁海县组织了优质肉食制品评比展销会，评比的产品有火腿(包括蒋腿、竹叶熏腿、风腿)和香肠。二次展会在全省反映强烈，省计经委、《浙江日报》社联合举办了浙江省最佳日用消费品的评选。在《浙江日报》上印刷选票，以得票多少得奖。商业系统获奖产品有金华火腿(52536票)和平湖糟蛋(20228票)当选。1986年，中共平湖县委、平湖县人民政府给予“龙”牌糟蛋褒奖，鼓励“再接再厉、勇攀高峰”。

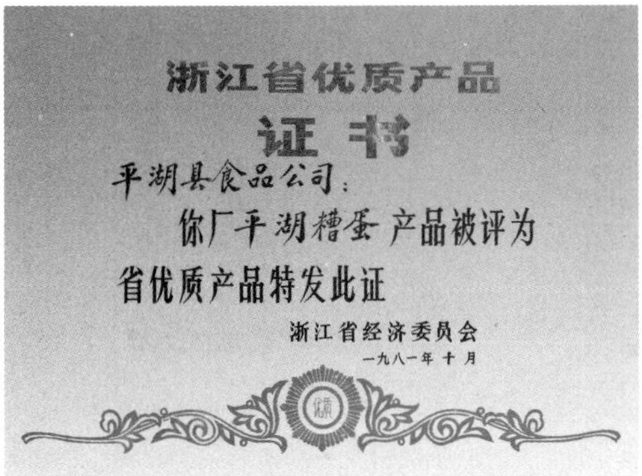

1981年10月，平湖糟蛋被浙江省经济委员会评定为“优质产品”

1982年5月，平湖糟蛋被浙江省商业厅评为“浙江省商业系统1981年度最佳产品”

1984年10月，被浙江省计划经济委员会、浙江日报社评为“1984年度浙江最佳日用消费品”

1985年12月，龙牌平湖糟蛋被浙江省计划经济委员会评为“浙江省优质产品”

1986年，中共平湖县委、平湖县人民政府对龙牌糟蛋在1985年度再次荣获“浙江省优质产品”称号给予褒奖

1987年11月，龙牌平湖糟蛋被浙江省商业厅评为浙江省商办工业名、特、优、新产品“玉兔奖”

1989年12月，龙牌平湖糟蛋被浙江省计划经济委员会评为“浙江省优质产品”

1991年10月，浙江省计划经济委员会在杭州举办浙江省精品展销会，平湖“龙”牌糟蛋被评为“浙江精品”

兹认定：平湖市龙牌糟蛋食品有限公司

（使用商标 龙牌 ），为“浙江老字号”

特发此证

浙江省经济贸易委员会

Zhejiang Province Economic and Trade Committee

Zhejiang

Time-honored Brand

浙江老字号

证书编号：ZL10094

浙江省经济贸易委员会授予“浙江省老字号”证书

2008年11月，浙江省经济贸易委员会在浙江省人民大会堂举行“‘浙江老字号’授牌大会暨2008中华老字号百年品牌高峰论坛”，在这次大会上，平湖糟蛋龙牌（图形商标）被浙江省经济贸易委员会授予首批“浙江省老字号”称号。

附：优质产品奖金发放标准、通知及报告

1. 获部、省优质产品奖金发放标准

1985年12月，浙江省计划经济委员会浙计经科[1985(889号)]，浙江省财政厅财工[1985(802号)]联合发文，关于发放1985年度质量奖金的通知。副食品厂根据文件精神，向主管部门县食品公司打报告，食品公司向县商业局请示，批准同意发放。

2. 关于发放1985年度质量奖金的通知

各市、地、县经委、财税局、有关市建委、省级有关厅、局、总公司：

今年以来，由于各级领导认真贯彻“质量第一”的方针，企业广大职工积极开展创优活动，我省又创出了一批质量管理先进企业、优质产品和优质工程，有力地促进了经济效益和社会效益的提高。为了鼓励在提高质量管理水平和创优活动中作出贡献的企业，决定对1985年获得质量管理奖和优质产品、优质工程的企业职工加发一次性质量奖金。奖金发放办法如下：

一、奖金发放标准及限额：

1. 获部或省质量管理奖的企业，平均每人奖金额15元；国家优秀质量管理小组，平均每人25元；部、省优秀质量管理小组，平均每人15元。

2. 获国家金质奖的企事业单位，可对直接有关人员每人加发不超过30元的质量奖金，每个金质奖的奖金限额：1000人以上的单位在15000元以内；不到1000人的单位在10000元以内。

3. 获国家银质奖的企事业单位，可对直接有关人员每人加发不超过20元的质量奖金，每个银质奖的奖金限额：1000人以上的单位在10000元以内；不到1000人的单位在8000元以内。

4. 获部或省优质奖的企事业单位，可对直接有关人员每人加发不超过10元的质量奖金，每个优质奖的奖金限额：1000人以上的单位在4000元以内；不到1000人的单位在3000元以内。

二、一种产品（或工程）同时评上不同等级的质量奖时，只能发一个等级的质量奖金，按最高一级质量奖金标准发放。一个企业有多种产品（或工程）获奖或同时获质量管理奖，奖金额可累计计算。

三、分配奖金时，要贯彻按劳分配的原则，对创优贡献大的多奖，贡献小的少奖，不搞平均主义。

四、奖金来源：企业单位从企业奖励基金中开支；事业单位从预算外资金中开支；设计单位从设计费留成中开支；施工单位从企业奖励基金或自有资金中开支。

五、获质量奖的单位名单，详见《浙江省质量奖名册（1985年）》（附后）。各部优质产品和优秀质量管理小组名单，以各部颁发的证书或文件为准。

浙江省计划经济委员会

浙 江 省 财 政 厅

1985年12月23日

3. 关于提取优质产品质量资金的报告

县食品公司：

我厂生产的龙牌平湖软壳糟蛋，在1981年商业部系统质量评比中，被评为商业部系统优质产品，同年还被评为浙江省优质产品，1984年被评为商业部的优质食品。由于以前对被评为部和省级优质产品如何提取和发放质量奖金不明确，所以至今没有发放质量奖金。现根据上级有关文件的精神，即：“对以前几年被评为部或省级优质产品的单位可发放2000元质量奖金”的规定，申请提取和发放质量奖金。

1. 质量奖金按规定提取2000元。

2. 奖金来源拟列入本单位成本中支出。

3. 奖金分配：公司办公室得奖金额的30%，生产单位得奖金额的70%，按文件规定直接发给职工的奖金平均不超过10元，其余作增加职工的福利待遇。

以上报告如无不当，请批复。

副食品加工厂

1986.5.25

（附言）

经公司研究和 5/23 日请示王局长同意，

发优质产品奖，奖金来源列入成本支出。

陆文华（公司经理）

1986.5.25

1985 年糟蛋优质产品奖表

部门：副食品厂　发放日期：1986 年 5 月 30 日　　共　页　第　页

编号	姓　名	工作/月份	发放金额	签　　名
1	王景英	12	64.09	
2	方玉明	12	64.09	
3	朱福明	12	64.09	
4	蔡绳之	12	64.09	
5	许勇强	12	64.09	
6	沈都丽	12	64.09	
7	陈福明	12	64.09	
8	何玉华	12	64.09	
9	周增祥	12	64.09	
10	徐以政	12	64.09	
11	徐炳娥	12	64.09	
12	徐娟飞	12	64.09	
13	谢力耕	12	64.09	
14	裴福林	12	64.09	
15	潘秋生	12	64.09	
16	盛　钧	12	64.09	
17	冯志明	12	64.09	
18	叶明宝	12	64.09	
19	陈学红	12	64.09	
20	林　群	12	64.09	
21	查忠玲	12	64.09	
22	张明珠	12	64.09	
23	黄　丽	12	64.09	
24	屠菊芽	12	64.09	
25	全妹妹	12	64.09	

续表

编号	姓　名	工作/月份	发放金额	签　　名
26	吴二观	12	64.09	
27	徐杏观	12	64.09	
28	陈云华	11	58.75	
29	刘玉珍	7	37.39	
30	贾　俊	4	21.37	
31	许　超	3	16..03	
32	吴留金	3	16.03	

第七章　名牌称号

名牌是消费者对某一享有较高声誉、在较大范围内拥有一定知名度及市场占有率的品牌或商标的习惯性称呼，是产品、商标和制造者三个层次的总和，特征如下：

1. 标志着悠久的历史、久负盛名；

2. 体现着上乘的品质、信誉优良；

3. 表现出精湛的工艺、文化独特；

4. 具有广泛的市场知名度及公众普遍的认同感。

名牌是一种知识产权，也是与企业的有形资产相对应的无形资产。

第一节　浙江省名牌产品　嘉兴市名牌产品

2004 年，平湖“龙”牌糟蛋分别被浙江省名牌产品认定委员会、嘉兴市名牌产品认定委员会认定为“浙江省名牌产品”、“嘉兴市名牌产品”。

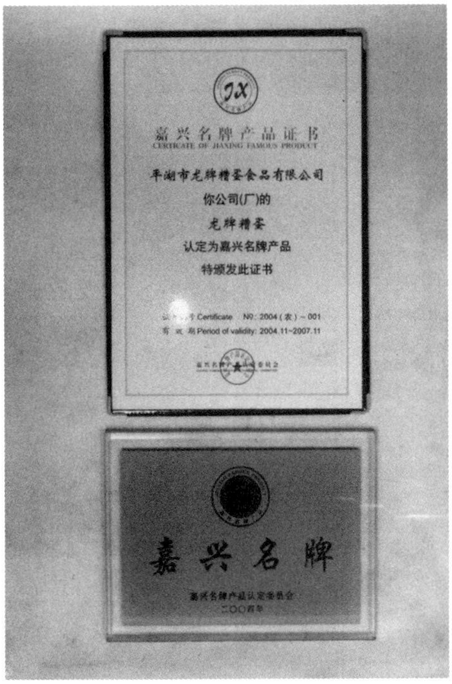

第二节 嘉兴市著名商标

2006年，根据《嘉兴市著名商标认定和保护办法》规定，经嘉兴市著名商标评审委员会评审，嘉兴市工商行政管理局认定“船”等89件商标为2006年度第一批嘉兴市著名商标和确认延续“五芳斋”等58件嘉兴市著名商标，有效期三年。

平湖糟蛋“龙”牌商标被嘉兴市工商行政管理局认定为“嘉兴市著名商标”。

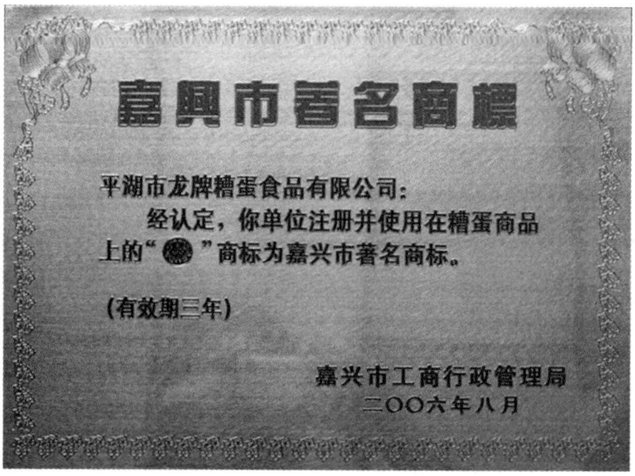

2006年，平湖糟蛋“龙”牌商标被嘉兴市工商行政管理局认定“嘉兴市著名商标”

第三节 平湖市名牌 特色品牌

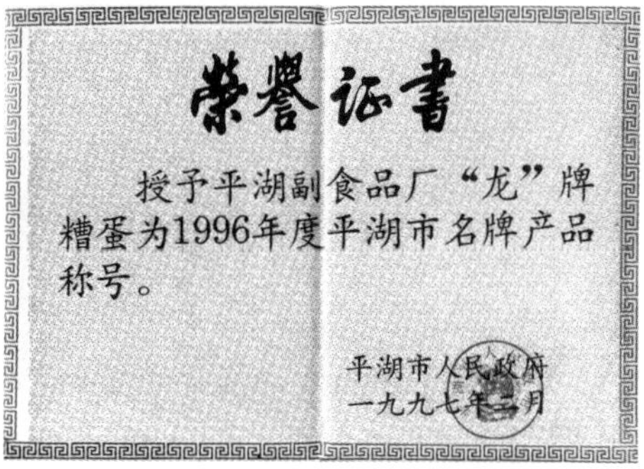

1997年2月，平湖市人民政府授予平湖“龙”牌糟蛋为1996年度“平湖市名牌产品”称号

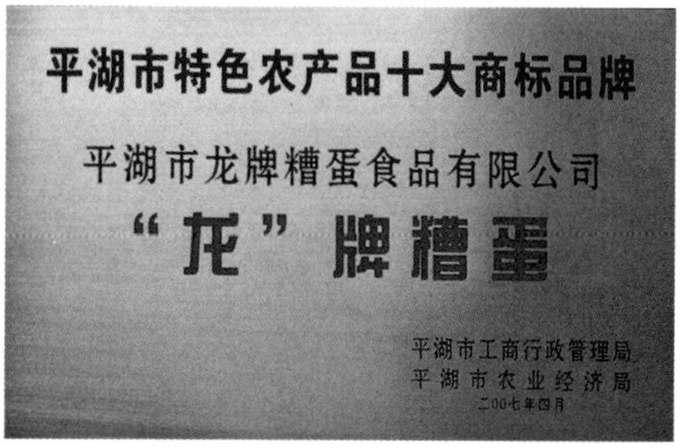

2007年4月，平湖市“龙”牌糟蛋被平湖市工商行政管理局、平湖市农业经济局评为“平湖市特色农产品十大商标品牌”

第八章　农业博览会荣誉称号

第一节　浙江省级荣誉称号

2003年，为了宣传近年来我省发展效益农业所取得的成就，展示名特优新农产品，加快农业接轨上海，进一步开拓市场，推进农业结构调整和产业化经营，提高农业竞争力，浙江省人民政府决定举办2003年浙江农业博览会和上海（浙江）名特优新农产品展销会。

农博会的主题是：绿色农业——优质、安全、生态、产业竞争力。

农博会内容主要包括展览、展销、招商、评奖、论坛五个方面：

1. 展览。用图片、文字、实物、模型等，展现我省加快农业结构调整、推进农业产业化经营等方面所取得的成效。

2. 展销。展销由各展团组织农业龙头企业、专业合作经济组织等参展，设农产品区、畜产品区、水产品区、花卉区、竹木产品区、农机设备区和其他产品区。

3. 招商。由各市展团围绕区域特色和产业特色，推出一批农业招商项目（包括农业开发项目、农产品购销合作项目和良种、技术、人才、资金等引进项目），组织招商洽谈，举行合作协议、意向书签字仪式。

4. 评奖。由各展团推荐，组委会组织有关专家在参展的农产品中评定一批优质农产品。奖项分为金奖、银奖和优质奖。

5. 论坛。组委会办公室组织举办"城市农业发展研讨会"、"超市企业与产业协会负责人恳谈会"和"提高农产品市场竞争力专题讲座"。各展团可以组织相应的专业论坛。

农博会展馆设在浙江农业展览馆（杭州和平国际会展中心），展出规模18000平方米，约1000个展位。

这次农业博览会举办时，舆论界作了大量的宣传报道，受到民众的普遍喜爱，其后在每年秋季连续举办。平湖"龙"牌糟蛋在本届农业博览会中被评为"金奖"，并在2003—2007年中，连续五届获得"金奖"，2009年"龙"牌糟蛋被评为"优质奖"。

证书

平湖市龙牌糟蛋食品有限公司：

你单位 龙牌糟蛋 被评为

2003年浙江农业博览会 金 奖，

特发此证。

2003年浙江农业博览会组委会

二○○三年十一月

证书

平湖市龙牌糟蛋食品有限公司：

你单位 龙牌糟蛋 被评为

2004年浙江农业博览会 金 奖，

特发此证。

2004年浙江农业博览会组委会

二○○四年十一月

证书

平湖市龙牌糟蛋食品有限公司：

你单位 龙牌糟蛋 被评为

2005年浙江农业博览会 金 奖，

特发此证。

2005年浙江农业博览会组委会

二○○五年十一月

证书

平湖市龙牌糟蛋食品有限公司：

你单位 龙牌糟蛋 被评为

2006年浙江农业博览会 金 奖，

特发此证。

2006年浙江农业博览会组委会

二○○六年十一月

证书

平湖市龙牌糟蛋食品有限公司：

你单位 龙牌糟蛋 被评为

2007年浙江农业博览会 金 奖，

特发此证。

2007年浙江农业博览会组委会

二○○七年十二月

证书

平湖市龙牌糟蛋食品有限公司：

你单位 龙牌牌糟蛋

荣获2009年浙江农业博览会优质奖，

特发此证。

2009年浙江农业博览会组委会

二○○九年十二月

历年农博会奖状

第二节 嘉兴市级荣誉称号

1998年10月，嘉兴市人民政府举办了“1998年度嘉兴优质农产品展示会暨农业科技交流会”。当时涉及农业科技方面共有华东地区的10多个省级以上大专院校、科研单位参加，规模较大。

10月6日上午，时任中共中央总书记江泽民，中共中央办公厅主任曾庆红，农业部部长陈耀邦，浙江省委书记张德江、省长柴松岳等领导参观视察了农展会。

在本次展示会上，“龙”牌糟蛋被评为“名牌”产品，此后还被译为2001年嘉兴农业博览会名牌产品、2006年嘉兴市名特优新农产品展销会金奖产品、2008年嘉兴市农产品展销会优质产品奖金奖。

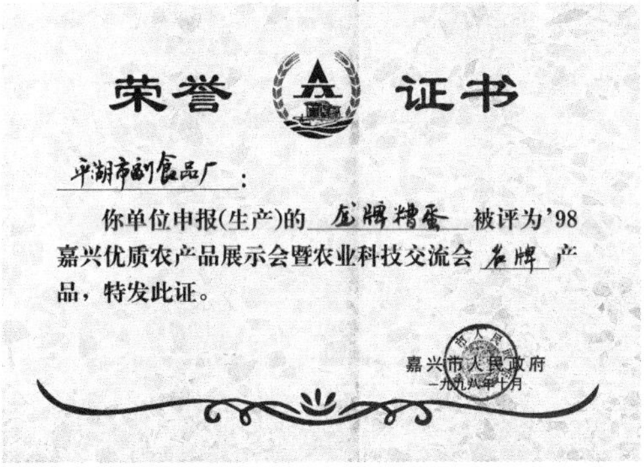
荣誉 证书

平湖市副食品厂：

你单位申报(生产)的龙牌糟蛋被评为'98嘉兴优质农产品展示会暨农业科技交流会名牌产品，特发此证。

嘉兴市人民政府
一九九八年十月

1998年"龙"牌糟蛋被嘉兴市人民政府评为"名牌"产品。

荣誉 证书

平湖市副食二厂：

你单位申报（生产）的龙牌糟蛋被评为2001年嘉兴农业博览会名牌产品，特发此证。

嘉兴市人民政府
二00一年九月

2001年"龙"牌糟蛋在嘉兴农业博览会上被嘉兴市人民政府评为"名牌"产品。

荣誉证书

平湖市龙牌糟蛋食品有限公司

你单位生产的"龙"牌糟蛋被评为2006嘉兴市名特优新农产品展销会金奖产品

嘉兴市名特优新农产品展销会组委会
二〇〇六年十一月

2006年"龙"牌糟蛋被嘉兴市名特优新农产品展销会组委会评为嘉兴市名特优新农产品展销会金奖产品

荣誉证书

平湖市龙牌糟蛋食品有限公司

你单位生产的"龙牌"糟蛋被评为"2008嘉兴市农产品展销会优质产品奖"金奖

嘉兴市农产品展销会组委会
二〇〇八年一月

2008年1月，平湖"龙"牌糟蛋被嘉兴市农产品展销会组委会评为嘉兴市农产品展销会优质产品奖金奖

第 四 编

科学管理
研究

科学管理目的是谋求最高劳动生产率，其方式方法是运用科学化、标准化的管理代替经验管理，促进企业技术进步。

从八十年代初至九十年代末，企业成立了全面质量管理小组，先后完成了《平湖糟蛋长年生产工艺研究》《提高糟蛋品质　增加多种口味》《提高糟蛋正品率》《延长糟蛋保质期》等省级、县级科研项目。

《平湖糟蛋长年生产工艺研究》获浙江省人民政府1986年度科学技术进步“三等奖”，并在1991年中国食品工业协会举办的“中国食品工业十年新成就展示会”上被评为“优秀新成果”奖。

平湖糟蛋能长年加工生产，这是糟蛋加工史上一个重大突破，打破了以往清明前后生产，中秋前后上市的惯例，满足市场长年供应的需求。

《提高糟蛋正品率》被平湖市人民政府评为1998年度科学技术进步“优秀奖”。

《提高糟蛋品质　增加多种口味》《延长糟蛋保质期》等的科学研究项目，旨在通过科学手段来提高产品品质。

第九章　科学管理

科学管理，质量为本。

质量管理小组QC即英文QUALITY CONTROL的简称，中文意义是品质控制，其在ISO8402—1994的定义是“为达到品质要求所采取的作业技术和活动”。有些推行ISO9000的组织会设置这样一个部门或岗位，负责ISO9000标准所要求的有关品质控制的职能，担任这类工作的人员就叫做QC人员，相当于一般企业中的产品检验员，包括进货检验员（IQC）、制程检验员（IPQC）和最终检验员（FQC）。

QC小组活动起源于日本。21世纪50年代起，日本开始对现场负责人进行质量管理教育，并出现了名为“现场QC讨论会”的组织，1962年正式改名为“QC小组”。日本是世界上按职工比例计算QC小组最多的国家，在日本的影响下，QC小组迅速遍及五大洲的40多个国家和地区。

1978年9月，北京内燃机总厂在学习了日本的全面管理经验后，建立了我国第一个QC小组。此后，随着全面质量管理的开展，QC小组活动逐步扩展到电子、纺织、基建、商业、运输、服务等行业。我国质量管理小组分四种类型：

1. 管理型：成员以管理人员为主，以提高工作质量和管理水平为目的。

2. 现场型：成员以一线员工为主，以稳定、提高产品质量，降低物耗和改善生产环境为目的。

3. 攻关型：以领导、技术、生产骨干组成，以解决生产质量为目的。

4. 服务型：以从事服务业人员为主，以解决优质服务，加快资金周转和开展全方位服务为目的。

2006年，公司通过ISO9001:2000质量体系认证

第一节　QC质量管理小组活动概况

1981年12月，企业成立了以厂长为组长的QC质量管理小组，旨在通过QC质量管理小组活动，进一步提高企业全面质量管理，具体过程如下：

一、举办全面质量管理学习班，使职工树立“质量第一”的思想

为了贯彻国家经贸委颁发的《工业企业全面质量管理暂行办法》和商业部关于《商办工厂开展全面质量管理》的精神，1981 年底开始组织职工学习全面质量管理的基本内容和基本办法，前后共组织举办二期学习班。

第一期质量管理学习班，重点阐述为什么要开展全面质量管理以及搞好质量管理的重要意义，使职工明确了什么是全面质量管理，自己在质量管理工作中应做好那些工作。通过联系实际使职工明确在生产操作过程中数量与质量的辩证关系。

在 1982 年 9 月第五个“质量月”活动中，举办了第二期学习班，学习的内容是进一步深刻了解全面质量管理的要点，介绍国内外质量管理先进经验，全面质量管理的统计知识，七种工具的运用等。同时总结开展质量管理活动以来所取得的成绩和不足之处，明确了今后要通过加强岗位责任制来提高产品质量。凡能实行定额管理的工种、岗位都实行了定额管理，做到定额合理、考核严格，其中质量指标在工资、奖金分配上具有一票否决权。

二期学习班的时间为 10 天、60 学时，学习面达到职工总数的 80%以上，通过有关部门考核，80%以上学员获得了国家全面质量管理知识“结业证书”。

通过全面质量管理的培训学习，使职工明确了提高产品质量的重要性，为防止不合格产品的产生，必须以标准化生产来保证产品质量，要树立起“质量第一”的思想。

二、根据全面质量管理要求，初步建立起质量保证体系

在提高职工的全面质量管理意识的基础上，QC 质量管理小组从以下几个方面开展质量管理工作：

1. 在主管部门和厂的领导下，负责全厂的产品质量管理工作，对日常生产过程中的质量管理进行监督把关。

2. 开展经常性的质量管理辅导。QC 质量管理小组的人员都有一定的业务技术，同时又分散在各个不同的岗位上，通过他们对职工进行示范性的生产标准化操作，并对产品的关键控制点进行技术辅导。

QC 小组 1989 年被省商业厅评为“优秀质量管理小组”

3. 根据全面质量管理工作的要求，对职工进行集中和小范围多批次相结合的业务技术培训，以提高新老职工的业务技术。其中 1982 年组织全厂职工集中学习业务技术知识二次，由 QC 质量管理小组人员分别讲解企业生产产品（共 7 个）的性能、特点和加工过程中的技术要求，质量标准。

4. 制订标准。QC 质量管理

小组根据本厂产品的特点，分别制订出生产技术标准和产品质量标准。内容有《技术管理》《质量管理》《财务管理》《劳动人事管理》《标准化管理》《销售管理》《设备管理》《生产管理》等等。同时还制订出与产品质量密切相关的职工工作质量标准，其中规定生产作业时，下道工序对上道工序的工作质量进行检查，实行信息反馈，出了偏差当场查找原因并及时更正。

5. 建立产品技术资料档案。重点是搜集、测定和记录软壳糟蛋的各项操作技术指标、理化指标、质量指标，建立起技术信息资料库，使企业的生产、管理均达到标准化管理的要求。正确反映企业生产经营、投入产出的动态过程，为企业经营管理和决策提供了可靠的依据。

三、开展现场型管理活动

1982 年 7 月，在对半成品糟蛋抽检中，发现硬壳蛋占比例 10%左右，严重影响糟蛋正品率。QC 质量管理小组在现场各抒己见，仔细分析造成硬壳蛋的各种因素，最终确定在生产过程中鲜蛋击蛋时蛋壳未击通所造成的原因。弥补办法是在成品分级时，硬壳糟蛋要重新击一下，然后进行再次发酵。经过一个月左右时间后，再次发酵的糟蛋脱壳性能大为改善，大部分糟蛋蛋形饱满，色、香、味、形以及重量都达到一级糟蛋的质量标准，经过挑选，85%都能成为一级糟蛋。根据这次现场型管理，在下一年度的糟蛋加工前，对新老职工进行一次击蛋业务技术培训，极大地提高了职工的击蛋技术水平。

四、进行平湖糟蛋长年生产工艺的科学研究

QC 全面质量管理小组从 1982 年起开始探索糟蛋长年生产的方法，经过多年努力实践获得成功，成为二百多年来糟蛋加工史上的一个重大突破。

在全面质量管理小组认真开展工作的影响下，企业形成了良好的注重产品质量的氛围，具体表现在：

1. 企业全体职工都比较自觉地关心产品质量，改变过去发生质量事故后互不相关、互相推诿的现象，达到了出现问题及时寻找原因解决的良好氛围，促进了新老职工钻研业务技术的自觉性。

2. 产品质量不断提高，软壳糟蛋的正品率达到 77.4%，1982 年比 1980 年提高 19.6%百分点，比 1981 年提高 0.3%百分点。企业其他附属产品的正品率与产品质量均达到指标要求，从而降低了产品成本，明显提高了企业经济效益。

1989 年，被嘉兴市经济委员会、嘉兴市质量管理协会评定为“全面质量管理验收达标”企业

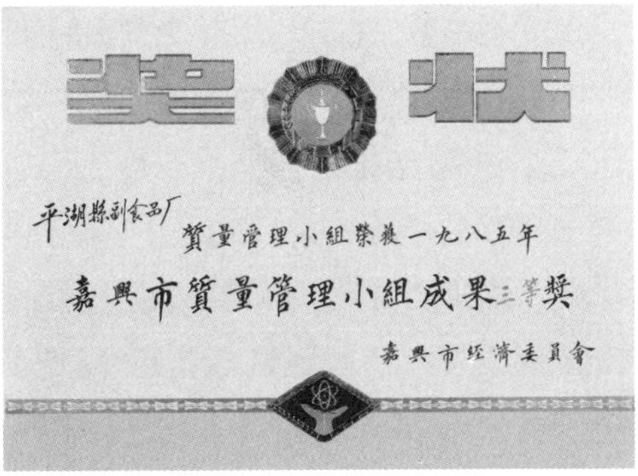

1985 年被嘉兴市经济委员会评为“嘉兴市质量管理小组成果三等奖”

第二节　QC质量管理小组科研活动

国有企业生产糟蛋，从六十年代始至八十年代初，二十多年来都是按计划生产与销售。春季投料加工，秋季一次性按计划调拨供应，应市时间不足2个月。随着改革开放和市场经济逐步形成，市场的需求也在发生变化，糟蛋如能争取做到全年供应，需解决的问题是长年生产加工工艺，特别是冬季加工。

冬季加工糟蛋，从加工工艺上来看，与春季传统加工糟蛋工艺基本相同。春季传统加工糟蛋在糟渍阶段靠自然气温使酒糟充分发酵，促使糟蛋成熟。冬季加工糟蛋因自然气温较低，常温为4℃左右，在这种低温条件下酵母菌得不到充分发酵，酒糟内的醇类、糖类、有机化合物无法产生物理和生物化学变化，糟蛋不能成熟。

QC质量管理小组通过加温来试验冬季加工糟蛋。

一、试验方法

1. 试验材料和数量

1982年冬投料：鲜鸭蛋65公斤(960只)，糯米75公斤，酒药0.3公斤，食盐12.8公斤，煤300公斤。

1983年冬投料：鲜鸭蛋340公斤(5040只)，糯米375公斤，酒药1.75公斤，食盐67.5公斤，煤1000公斤。

试验对照组960只蛋置放冬季自然室温的条件下糟制。

2. 试验加工时间

1982年冬加工糟蛋：12月15日制糟，次年1月10日落蛋糟制，5月下旬进行产品质量检验。

1983年冬季加工糟蛋：11月20日制糟，12月17日落蛋糟制，次年5月进行产品质量检验。

3. 试验加温方法

密室燃煤炉加温。1982年冬加温时间2个月，室温保持在15℃左右。

1983年冬加工糟蛋的加温时间为3个月，室温保持在20℃左右。

二、试验结果

1. 糟蛋的成品率与正品率

冬季加工糟蛋，经过质量检验，糟蛋的成品率与正品率基本上达到春季传统加工糟蛋的指标。1982年投料加工糟蛋960只，成品糟蛋为932只，成品率为97.1%，其中正品糟蛋593只，正品率为63.9%。1983年投料加工糟蛋4080只(剔除对照蛋960只)，加工成品糟蛋4010只，成品率达98.3%，其中正品糟蛋2953只，正品率为73.6%。详见下表：

冬季加工糟蛋的成品率与正品率表

单位:只/%

加工时间		投料数	成品糟蛋	成品率	其中	
					正品糟蛋	正品率
1981~1982 年春季传统加工		478000	469396	98.2	353455	75.3
1982 年冬季试验加工		960	932	97.1	593	63.6
1983 年冬季试验加工	试验组	4080	4010	98.3	2953	73.6
	对照组	960	未形成	未形成	未形成	未形成

1982 年冬季加工糟蛋的正品率低,主要原因是室温偏低,糟渍不透,影响了糟蛋的成熟与质量。

2. 糟蛋的感官评定与细菌检查

感官检查:冬季加工的试验糟蛋。经感官检查评定,糟蛋的色、香、味、形与春季传统加工的糟蛋相近,具有正常糟蛋的软壳、色泽、香味和滋味,不涩,无其他不良气味和异味,对照组加工的糟蛋,不能食用。

详见下表:

冬季加工糟蛋的色、香、味、形表

组别	糟蛋的感官评定			
	色	香	味	形
试验组(加温)	蛋白呈乳白色,蛋黄呈黄色或橘红色	醇香浓郁	味咸适中,醇香爽口,滋味鲜美,回味悠长。	软壳、蛋形饱满,蛋白呈胶冻状,蛋黄为半凝固体。
对照组(不加温)	蛋白呈半透明白色,蛋黄呈黄色。	无香味	食之无糟蛋滋味。	硬壳,蛋壳完整,蛋白像水一样,蛋黄发硬。

冬酿糟蛋卫生指标:1983 年冬季加工糟蛋经平湖县卫生防疫站检测,未检出致病菌、大肠菌群、菌落总数也没有超过指标,符合糟蛋冷食食品的卫生标准。详见下表:

冬季加工糟蛋的细菌检查结果表

项目	指标	检出数
菌落总数(每克中菌数)	不得超过 100	80
大肠菌数(每百克最近似数)	不得超过 90	未检出
致病菌	不得检出	未检出

注:① 参照巴氏消毒全鸡蛋粉卫生标准(中华人民共和国国家标准,GBN44—77)。
② 致病菌数系指沙门氏菌与志贺氏菌。

三、试验体会

1. 冬季加工糟蛋的感官指标。成品率与正品率都基本能达到春季加工糟蛋的质量标准，糟蛋的特色风味不变。

2. 糟蛋是冷食食品，冬季加工糟蛋在夏令季节上市，适应市场的需求，有利于企业的扩大生产，销售市场广阔。

3. 从冬季加工糟蛋试验结果说明，温度的高低对糟蛋的形成起了关键作用。试验中采用煤炉加温，存在以下缺点：

室内温度不均匀；

保温能力差，温度难控制。

结论，批量生产，应建造糟蛋加工暖房，采用中央空调或蒸汽管道加(保)温，使室温均匀持久控制在设定温度内，保证糟蛋加工质量。

第十章　省级科研项目研究

平湖软壳糟蛋自问世200多年来，始终遵循大自然规律制作糟蛋。每年清明前后投料，利用江南泾渭分明的气候条件，梅雨季节有利酵母菌的大量繁殖，高温季节有利促进酒糟高度发酵，使十月份成熟的糟蛋，脱壳率、色、香、味、形俱佳。

随着社会的进步，人们对市场的消费需求发生了根本性的转变，一年一次性投料生产已明显跟不上时代发展的要求。企业QC全面质量管理小组从1982年起，开始摸索平湖糟蛋长年生产的方法，在通过两年小批量试验获得成功的基础上，向浙江省商业厅提出了《平湖糟蛋常年生产工艺研究》科研项目。

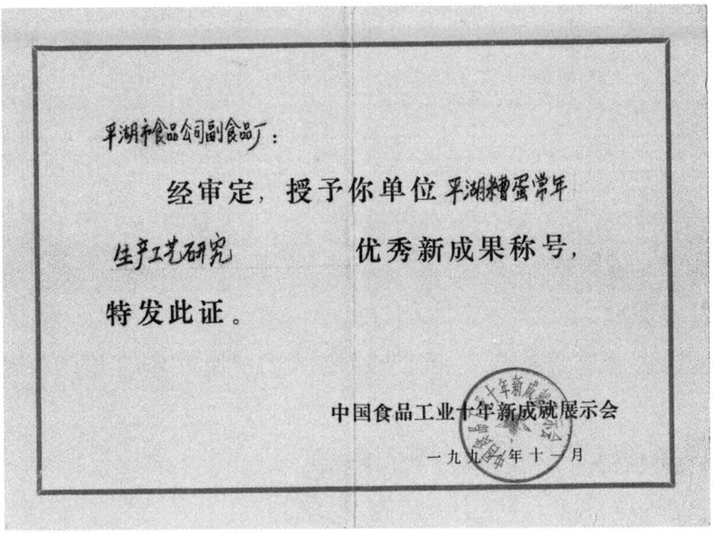

平湖市食品公司副食品厂：

经审定，授予你单位平湖糟蛋常年生产工艺研究优秀新成果称号，特发此证。

中国食品工业十年新成就展示会

一九九一年十一月

1991年，糟蛋常年生产工艺，被中国食品工业十年新成就展示会评为“优秀新成果称号”

第一节　立项申请

平湖糟蛋是我国著名传统特色食品，经酒酿糟制后蛋壳脱落，故名软壳糟蛋。其味鲜美、醇香浓郁、咸淡适中、回味悠长、名驰中外。曾获乾隆京牌和巴拿马万国博览会奖牌。1981年、1984年蝉联商业部和浙江省优质产品称号。

平湖软壳糟蛋传统生产是在清明前后落坛糟制，中秋前后成熟，整理分级后成为商品，面市时间短促，跟不上人民生活的不断提高和对外贸易增长的需要。同时，糟蛋是冷食食品，广大消费者希望能在夏令季节吃到味鲜爽口的糟蛋。针对这发展名特优产品，改善市场供应的难题，在平湖县科委的支持下，于1982年开始进行了冬季加工糟蛋试验，经过两年来的试验性加工取得了一些经验。去年冬季投料加工糟蛋4080只，成品率达到98.3%，其中正品率为73.6%。经有关部门检测评定，糟蛋的各项感官指标、理化指标均符合质量要求。经试销，深受消费市场欢迎。这是平湖软壳糟蛋生产加工史上一个新的突破。

经县科委审核同意、县商业局批准，上报省商业厅，要求把糟蛋生产新工艺列入科研项目，计划如下：

一、计划及进度安排：

1985年试验4批（每季1批），投料加工糟蛋2万只。检查成品质量，整理详细数据。

1986年重复试验4批，投料加工糟蛋4万只，检查成品质量，测定糟蛋的营养成分。形成总结材料。

1987年批量生产。总结上报、鉴定。

二、设备及经费：

加工暖房	100平方米	1.20万元
锅　　炉	1台	1.20万元
试验材料费		1.30万元
	总经费：	3.70万元

上述所需资金除自筹1.30万元外。其余2.40万元请省商业厅下拨科技经费给予解决。

三、组织力量：

建立糟蛋生产新工艺研究小组，由5人组成，制订试验方案，实施试验规划，总结试验成果。

配备技工2名，负责试验的各项具体工作。

平湖县食品公司
一九八四年九月七日

同意上报，请列
入科技项目
84.9.8

同意上报
县科委
84.9.8

第二节　科研项目总结

平湖糟蛋是我国著名特色食品，有二百多年历史，以色、香、味、形俱佳而驰名海内外。清乾隆年间列为贡品，获乾隆金牌嘉奖。近百年来，平湖糟蛋曾多次在国际博览会上展出并获奖，例南洋劝业会，巴拿马万国博览会等。近年来，为保持和发扬光大这一著名特色食品，在各级部门的支持下，企业不断重视对糟蛋的质量管理，使产品质量逐步提高。1981年荣获商业部和浙江省的优质产品证书。1984年和1985年再次荣获商业部和浙江省优质产品证书，1984年还被广大消费者评选为浙江省最佳日用消费品。

平湖糟蛋的传统加工工艺，一年加工一次，即每年清明前后加工，中秋前后成熟，应市时间不足二个月。况且糟蛋上市供应时，气候逐渐转冷，若运销京津以北等地，已进入严冬季节，给糟蛋的经营和销售带来制约。全年大部分时间无糟蛋应市已跟不上市场的需求，在听取消费者及糟蛋行家的意见建议后，对一年加工一次的传统生产工艺改为长年生产工艺，从现实情况看具有以下三个优点：

1. 调节鲜鸭蛋等主要原料的淡旺季供需矛盾。冬季加工糟蛋，能缓解当地养鸭专业户淡季时的“卖蛋难”，将有利于调动养鸭专业户的生产积极性，促进农村养殖业的蓬勃发展。

2. 能充分利用企业现有设备和场地扩大再生产。

3. 糟蛋是冷食食品，在夏、秋季应市将更受消费者欢迎。这对扩大糟蛋生产，争取实现“七五”期间糟蛋年产量达到200万只的目标奠定基础。

QC质量管理小组于1982年、1983年进行冬季加工糟蛋试验，在取得经验的基础上，1984年上报省商业厅列为《平湖糟蛋加工新技术研究》科研项目。经1984年、1985年两年试验，获得成功并投入批量生产。1984年冬季加工糟蛋22800只；1985年夏季加工糟蛋50400只；1985年冬季加工糟蛋63360只。三批共计加工试验糟蛋136560只，成品率平均达97.84%；正品率平均为82.99%，其中1985年夏季加工糟蛋的正品率高达89.58%。1985年春季传统加工糟蛋242400只，成品率为97.89%，正品率为84.56%。试验糟蛋的成品率和正品率与春季传统加工糟蛋相比，无明显差异；糟蛋的色、香、味、形也均达到春季加工糟蛋的质量标准，现将试验情况总结如下：

一、材料与方法

平湖糟蛋加工新技术研究，目的是一年能多次加工糟蛋，为此我们对一年中气温最低的冬季和高温的夏季作为主要研究课题。对加工糟蛋的主要原料及辅料：鲜鸭蛋、糯米、酒药和食盐等的质量要求与春季传统加工的原材料要求保持一致。在试验过程中，一是调整加工糟蛋的辅料配比；二是做好冬季加工糟蛋的保温工作。

1. 材料的数量与批次

第一批：1984年冬季投料，鲜鸭蛋1425公斤(22800只)，配以糯米、酒药、食盐和燃料等。

第二批:1985年初夏投料,鲜鸭蛋3335公斤(50400只),配以糯米、酒药和食盐等。

第三批:1985年冬季投料,鲜鸭蛋4249.5公斤(63360只),配以糯米、酒药和燃料等。

对照组:鲜鸭蛋960只,按常规在冬季自然室温的条件下加工糟制。

2. 加工时间

1984年冬季加工糟蛋试验时间为:12月3日至6日制糟,12月29日落蛋糟制,次年6月下旬进行产品质量检验,并于7月初投放市场试销。

1985年夏季加工糟蛋试验时间为:5月30日至6月9日糟制,7月1日落蛋糟制,11月上旬开坛检验产品质量,并投放市场试销。

1985年冬季加工糟蛋时间:12月中旬制糟。次年1月中旬落蛋糟制,7月下旬检验产品质量,整理分级,8月中旬投放市场试销。

3. 加工工艺

调整加工糟蛋的辅料(酒药)配比。

(四) 加温方法

冬季加工糟蛋暖房,采用燃煤炉加温。加温时间为3个月左右。

二、试验结果

1. 试制糟蛋的成品率和正品率

冬季试制的糟蛋,经质量检验,糟蛋的成品率和正品率分别达到和接近春季加工糟蛋质量标准。夏季试制的糟蛋,其正品率还超过春季加工糟蛋质量标准。1984年冬季投料加工糟蛋22800只,成品糟蛋22168只,成品率97.23%,其中正品糟蛋17362只,正品率76.15%。1985年夏季投料加工糟蛋50400只,成品糟蛋49059只,成品率达97.34%,其中正品糟蛋45150只,正品率89.58%。1985年冬季投料加工糟蛋63360只,成品糟蛋为61896只,成品率达97.69%,其中正品糟蛋50814只,正品率80.2%。1985年春季传统加工糟蛋投料242400只,成品糟蛋237285只,成品率97.89%,其中正品糟蛋204973只,正品率为84.56%。冬季按传统方法投料加工(对照组),没有形成糟蛋。详见下表:

试验糟蛋和传统加工糟蛋的成品率与正品率对比表

投料时间	投料数	成品糟蛋(只)	成品率%	正品糟蛋(只)	正品率%
1984年冬试验加工	22800	22168	97.23	17362	76.15
1985年夏试验加工	50400	49059	97.34	45150	89.58

续表

投料时间	投料数	成品糟蛋（只）	成品率 %	正品糟蛋（只）	正品率 %
1985 年冬试验加工	63360	61896	97.69	50814	80.20
试验加工合　计	136560	133123	97.48	113326	82.99
1985 年春传统加工	242400	237285	97.89	204973	84.56
冬季对照加　工	960	未形成	未形成	未形成	未形成

2. 试验糟蛋的感官评定与卫生检验

感官评定：采用新技术加工的糟蛋，经有关专业人员检查评定，糟蛋的色、香、味、形及等级标准与春季加工的糟蛋相同，具有糟蛋应有的色泽、形态、组织状态和口味。详见下表：

试验组糟蛋与对照组糟蛋质量（感官指标）对比表

组　别	糟蛋的感官评定			
	色	香	味	形
试验组	蛋白呈乳白色 蛋黄呈黄色 或橘红色	醇香 浓郁	味咸适中 醇香爽口 滋味鲜美 回味悠长	软壳、蛋形饱满 蛋白呈乳白色糊状 蛋黄呈半凝固体
对照组（不加温）	蛋白呈半透明白色，蛋黄呈黄色	无香味	食之无糟蛋味	硬壳，蛋壳完整，蛋白像水一样，蛋黄发硬。

卫生指标：从试验加工的三批糟蛋中，经平湖县卫生防疫站进行样品检测，均未检出致病菌，符合浙江省标准管理局发布的糟蛋企业标准（浙 Q/SB6485）。详见下表：

试验糟蛋卫生检验情况表

项　　目	细菌指标	送检样品	检验结果
大肠菌群　个/100 克	<40	15 份/4 次	未检出
致病菌	不得检出	15 份/4 次	未检出

注：致病菌指肠道致病菌及致病性球菌。

3. 生产成本

冬季加工糟蛋，从经济上分析，只增加了保温所需的燃料费用。夏季加工糟蛋其生产成本与春季传统方法相同。详见下表：

试验糟蛋与传统加工糟蛋生产成本对比表(1985 年)

加工季节	生产成本(千只)元
春季传统加工糟蛋	185.60
冬季试验加工糟蛋	196.10
夏季试验加工糟蛋	186.90

4. 试销情况

1985 年冬试验加工糟蛋于次年 8 月份上市供应，运销北京市场 15000，运销嘉兴市场 9500 只，本地(县内)销售 26000 只。

从嘉兴市食品贸易展销部了解到，供应的这批糟蛋仅两个星期就全部销售，在北京市场也深受市民欢迎。

本县销售 26000 只，因为首次在夏天能吃到糟蛋，所以各经销单位争相进货，因加工数量少而供不应求，消费者普遍反映良好。

三、小结和讨论

1. 新技术试验糟蛋的感官指标、卫生指标、等级标准均达到省标准管理局规定的质量标准，成品率与正品率均达到或超过企业内控的技术指标。试验结果表明，新技术加工糟蛋是成功的。

2. 糟蛋是冷食食品，新技术加工糟蛋的成功，特别是冬季加工糟蛋在夏令时节应市，适应了消费者的需要，有利于进一步扩大糟蛋生产，繁荣市场，提高企业的经济效益。

3. 新技术加工糟蛋的成功，不仅丰富了市场，而且对支持农村产业结构的进一步调整，促进养鸭专业户持续稳定地发展，具有良好的社会效益。

4. 糟蛋的加工形成。主要是鲜鸭蛋在酒糟的糟渍过程中，酒糟里的醇类、糖类、有机酸以及食盐等物质逐渐渗入蛋内并产生一系列的物理、化学反应。同时，糟制过程中，盐、酒、糖的作用必须依赖一个外界条件，这一外界条件就是温度。从新技术加工糟蛋可以说明，在冬季加工糟蛋，试验组加工的糟蛋质量符合标准，而对照组在自然室温下加工就不能形成糟蛋。由此可见，在冬季加工糟蛋必须采取加温保暖措施。

5. 糟蛋加工新技术的试验成功，为今后常年加工糟蛋开辟了一条新的道路。这是平湖软壳糟蛋生产加工史上一个新的突破，也是技术革新与传统生产工艺相结合而取得成果的一个典范，具有积极的社会意义，很有发展前途。目前，这一新技术已受到上级有关部门的重视，采取切实有效的措施是计划扩建厂房，添置设备，总投资为 110 万元，其中县地方财政贷款 18 万元，其余 92 万元已报请有关部门审批。同时，要求在物

1986 年，平湖糟蛋常年生产工艺被省人民政府评为“科学技术进步三等奖”

资、原料、物价、税收等方面采取优惠政策，以及早促进本课题成果转化为生产力，使平湖糟蛋具有新的生命力，开创平湖糟蛋生产的新局面，让名特优产品——平湖糟蛋更加光鲜夺目！

浙江省平湖县食品公司

1986 年 9 月 20 日

第三节 科研项目鉴定

技术鉴定证书

浙商科鉴字(86)27 号

《平湖糟蛋常年生产工艺研究》

完 成 单 位:	浙江省平湖县食品公司
组织鉴定单位	浙江省商业厅
鉴 定 日 期:	一九八六年九月二十七日

一、技术规格及简要说明

平湖糟蛋是我国著名的传统特产食品，其色、香、味、形俱佳而驰名海内外，荣获商业部和浙江省的优质产品证书，1984 年还被广大消费者评为浙江省最佳日用消费品。

但是平湖糟蛋按照传统的生产工艺，即每年只能在清明节前后加工，中秋节前后糟渍成熟供应市场，供应时间仅 3 个月左右，生产受到季节上的严格限制，远远不能满足广大消费者的需求，因此，研究解决常年加工糟蛋的新工艺，已成为发展平湖糟蛋的一个重要课题。

平湖县食品公司承担浙江省商业厅下达的《平湖糟蛋加工新技术研究》课题，经过两年的冬、夏季多次试验，各项技术指标均达到预定要求，效果显著。对于发展名特优产品，促进禽蛋生产，改善市场供应，具有显著的现实意义。

主要技术规格：

1. 感官指标：蛋型完整，蛋膜不破，蛋壳脱落或基本脱落；蛋白糊状，乳白色；蛋黄半凝固状，橘红色或黄色；口味醇香，味鲜；

2. 细菌指标：大肠菌群（个/100 克）：≤40。致病菌（系指肠道致病菌及致病性球菌）：不得检出。

二、鉴定意见：

1.《平湖糟蛋常年生产工艺研究》经过二年三批 136560 只加工试验，其质量指标，卫生指标，营养成分均符合标准，达到了传统糟蛋的要求，数据确实可信，有较大经济效益和社会效益。

2. 本研究在调整加工配方的同时，进行加工暖房的配套改革，是保证冬季加工糟蛋质量的有效措施。

3.《平湖糟蛋常年生产工艺研究》的试验成功，改变了每年只能在春季加工的传统生产方式，为全年加工糟蛋提供了技术依据，这是我国糟蛋生产史上一个新的突破，该工艺目前在国内属领先地位。

4. 建议意见：

(1) 建议健全平湖糟蛋加工常用年生产操作规程，进一步完整技术档案。

(2) 建议有关部门为扩建厂房，增添设备，实行科学化生产，为发展糟蛋生产创造条件。

(3) 建议在缩短加工时间，提高产品质量上进一步研究。

(4) 可以投入生产。

鉴定会同意通过本课题的技术鉴定，并建议将本成果作为科技进步奖上报。

三、组织鉴定单位审查结论：

同意鉴定委员会鉴定意见

四、主要技术文件及提供单位：

1.《平湖糟蛋加工新技术研究》总结

提供单位：平湖县食品公司

2. 糟蛋企业标准（复印件）

提供单位：浙江省标准管理局

3. 糟蛋卫生监测报告四份，糟蛋卫生质量鉴定书二份（复印件）

提供单位：平湖县卫生防疫站

4. 糟蛋经销单位信息反馈四份（复印件）

提供单位：有关经销单位

5. 糟蛋的化学成分测定报告(复印件)

提供单位:全国食品工业产品质量检测上海站

附:主要技术文件及提供单位

1. 平湖糟蛋加工新技术研究总结

平湖糟蛋常年生产工艺研究鉴定委员会名单表

	姓　名	单　　位	职　称	职　务	签　名
主任委员	陆子强	上海禽蛋科研所	高级畜牧兽医师	副所长	陆子强
副主任委员	何云章	杭州商学院食品系	副教授		何云章
副主任委员	陈学齐	省科委开发中心	工程师		陈学齐
委　　员	薛逸祯	上海畜牧兽医学会	工程师	科长	薛逸祯
委　　员	王少文	省微生物研究所	工程师		王少文
委　　员	高锡永	浙农大食品科技系	讲　师		高锡永
委　　员	蒋家新	杭州商学院食品系	讲　师		蒋家新
委　　员	王文兰	省卫生防疫站		干　部	王文兰
委　　员	徐孝义	开化县科委	工程师		徐孝义
委　　员	钱洪桂	巨州市食品工业办公室	工程师		钱洪桂
委　　员	任祖伊	余姚市食品公司	兽医师		任祖伊

平湖糟蛋加工新技术研究鉴定会专家组合影

2. 糟蛋企业标准

浙 江 省
企业标准
糟　　蛋(软壳)

浙 Q/SB64-85

糟蛋系选用鲜鸭蛋经裂壳,酒酿糟渍而成的再制蛋。

1. 感官指标

1.1　色泽:蛋白呈乳白色,蛋黄橘红色或黄色。

1.2　形态:蛋形完整,蛋膜不破,蛋壳脱落或基本脱落。

1.3　组织状态:蛋白呈糊状,蛋黄半凝固状。

1.4　口味:醇香、味鲜。

1.5　杂质:蛋内不允许有杂质存在。

2. 等级标准

特级:蛋形饱满,蛋壳基本脱落,每千只糟蛋 75 公斤以上。

一级:蛋形饱满,蛋壳基本脱落,每千只糟蛋重 70 公斤以上。

二级:蛋形基本饱满,蛋壳残留较多,每千只糟蛋重 55 公斤以上。

3. 细菌指标

细菌指标如下:

细菌指标表

项　　目	指　　标
大肠菌群(个/100 克)	≤40
致病菌(系指肠道致病菌及致病性球菌)	不得检出

4. 检验方法

4.1　感官:眼看、过秤。

4.2　细菌指标:按中华人民共和国卫生部食品卫生检验方法检验。

5. 包装和标志

用容器包装,标有品名、厂名、生产日期、食用方法等。包装容器应干燥、清洁、卫生。

6. 保管与运输

6.1　保管:要有容器

6.2　储存:浸没酒糟中保存,密封保管。保管期三个月,切忌与水接触。

6.3　运输时要轻拿轻放,慎防破碎。

浙江省标准管理局　　1985 年 7 月 10 日发布　　本标准由浙江省商业厅提出

1985 年 8 月 1 日施行　　本标准由浙江省食品公司起草

3. 糟蛋卫生监测报告

（糟蛋卫生检测报告四份、卫生质量鉴定二份）

平湖县卫生防疫站食品卫生监测报告书

平食卫监字第

<table>
<tr><td>品　　名</td><td>平湖特级糟蛋</td><td>生产或经营单位</td><td>平湖副食品厂</td><td>送检单位</td><td>食卫科</td></tr>
<tr><td>包装及数量</td><td>坛装</td><td>商标及批号</td><td>86.3.5</td><td>出厂或保存时间</td><td></td></tr>
<tr><td>检验目的</td><td colspan="3">细菌总数，大肠菌群</td><td>送检日期</td><td>86 年 3 月 5 日</td></tr>
<tr><td colspan="3">样品检验结果：
样品分五组培养
① 细菌菌落总数：　　五分样品
小于 10 个/克
② 大肠菌群：五份样品均　未检出/100 克
③ 肠道致病菌

检验科　　　1986 年 3 月 18 日</td><td colspan="3">卫生评价及处理意见：

糟蛋目前尚无国家卫生标准，参照 GB2712-81，细菌指标和卫生要求，均符合国家卫生标准。

食品卫生监督科　1986 年 3 月 19 日</td></tr>
</table>

平湖县卫生防疫站食品卫生监测报告书

平食卫监字第

<table>
<tr><td>品　　名</td><td>糟蛋</td><td>生产或经营单位</td><td>平湖副食品厂</td><td>送检单位</td><td>副食品厂</td></tr>
<tr><td>包装及数量</td><td>坛装</td><td>商标及批号</td><td></td><td>出厂或保存时间</td><td></td></tr>
<tr><td>检验目的</td><td colspan="3">细菌总数，大肠菌群</td><td>送　检　日　期</td><td>86 年 8 月 28 日</td></tr>
<tr><td colspan="3">样品检验结果：

　　　细菌总数　　大肠菌群　　沙门氏菌
　　　（个/克）　（个/100）
1 号蛋　<100　　未检出　　未检出
2 号蛋　<100　　未检出　　未检出
3 号蛋　<100　　未检出　　未检出
4 号蛋　<100　　未检出　　未检出

检验科 1986 年 8 月 31 日</td><td colspan="3">卫生评价及处理意见：

感官指标，细菌指标，均符合国家卫生标准。

食品卫生监督科 1986 年 9 月 3 日</td></tr>
</table>

平湖县卫生防疫站食品卫生监测报告书

平食卫监字第

品　　名	平湖特级糟蛋	生产或经营单位	平湖副食品加工厂	送检单位	食卫科
包装及数量	新技术食品(糟蛋)	商标及批号		出厂或保存时间	
检验目的	大肠菌群,沙门氏菌,致病菌			送检日期	86年9月8日

样品检验结果:

	大肠菌群 (MPN/100)	沙门氏菌	痢疾杆菌
新技术糟蛋	<40	未检出	未检出
老技术糟蛋	<40	未检出	未检出

检验科　1986年9月12日

卫生评价及处理意见:

经检验细菌指标符合浙Q/SB64-85企业标准。

准予出厂销售。

食品卫生监督科　1986年9月15日

平湖县卫生防疫站食品卫生监测报告书

平食卫监字第

品　　名	平湖特级糟蛋	生产或经营单位	平湖副食品厂	送检单位	食卫科
包装及数量	5份	商标及批号	(冬加工)	出厂或保存时间	
检验目的	细菌总数,大肠菌群,致病菌			送检日期	86年9月25日

样品检验结果:

细菌总数 (个/克)	大肠菌群 (MPN/100克)	沙门氏菌	痢疾杆菌	金黄色葡萄球菌
(1) <30	未检出	未检出	未检出	未检出
(2) 100	未检出	未检出	未检出	未检出
(3) 40	未检出	未检出	未检出	未检出
(4) 40	未检出	未检出	未检出	未检出
(5) 50	未检出	未检出	未检出	未检出

检验科:　1986年9月30日

卫生评价及处理意见:

因尚无国家卫生标准,参照GB2750-81卫生标准的细菌指标,符合要求。

食品卫生监督科
1986年9月30日

平湖县食品卫生质量鉴定书

产品名称	各季加工糟蛋	包装形式	小坛
生产单位	副食品厂	生产日期	85.12.10
注册商标	“龙”牌	出厂日期	86.7
商品批号	8301210	保存期限	4 个月

县食品卫生监督机构鉴定意见

卫生指标名称	计算单位	卫生标准	检验结果
感官指标	色香味形		感官正常
细菌指标	细菌总数	≤10000 个/毫升	＜300 个/毫升
	大肠菌群	≤90 个/100 毫升	未检出个/100 毫升
生产用水	生活饮用水之卫生标准		
卫生评价与处理意见	参照 GB2753-81 巴氏消毒全蛋粉卫生标准 感官指标与细菌指标均符合国家卫生标准 同意批量生产，投放市场供应。		

鉴定单位：平湖卫生防疫站（章）

鉴定日期：1986 年 9 月 15 日

浙江省食品卫生检验鉴定证书

授检单位	平湖县副食品加工厂	样品名称及生产日期	1985 年冬，1986 年春
样　　品	生产厂送检	代表数量	36 万只
采样日期	1986 年 9 月 8 日	报告日期	1986 年 9 月 15 日
检验： 新技术加工糟蛋，随机抽样送检卫生指标。			
鉴定结果及处理意见： 根据样品检验结果，新、老技术加工的糟蛋均大肠菌群 MPN/100g≤30，沙门氏菌未检出，痢疾杆菌未检出。 感官指标，等级标准，细菌指标均符合浙 Q/SB64-85 企业标准。 1986 年 9 月 16 日			

4. 糟蛋经销单位信息反馈四份

北京稻香村南味食品店

浙江平湖食品公司：

你公司生产的平湖糟蛋，我店经销后受到顾客的好评，一些顾客反映："多年吃不到的糟蛋，现在又能买到了。"有的反映："这种糟蛋，确实不错，醇香可口，风味独特，是佐餐的理想食品。"有位医务界人士反映："这是一种营养丰富，有开胃助消化的多种功能。"还有位南方籍的老年顾客说："这种东西历史悠久，可以说是四远驰名，现在仍能保持原来蛋质细嫩，滋味鲜美的特点，确不容易。"这只是反映的一部分，你公司的产品能得到这样的好评，我店也感到荣幸，希望你公司继续发扬光大传统技艺，精益求精，为发展食品工业做出更大贡献。

1986 年 9 月 9 日

浙江省平湖县土特产商店

县食品公司：

我们土特产商店，历来经销你公司生产的软壳糟蛋，在销售过程中每年均能听到全国各地主顾的好评。

今年你们冬季加工的糟蛋在我们商店进行试销，时间在 7 月 19 日和 7 月 22 日两批共 550 只(小坛装)，第一批上柜 100 只，半天销完；第二批 450 只，三天销完。其中有上海无线电八厂买去 70 只，主顾大多数反映带往外地送人。据部分主顾反映，这批糟蛋质量较好，滋味鲜美。我们商店认为，冬季加工糟蛋在热天上市，很受主顾欢迎，供不应求，建议扩大生产，满足消费者的需要。

以上供你们参考。

1986 年 8 月 4 日

浙江平湖副食品商场

糟蛋是我县城乡居民喜食的风味特产，历年来自 10 月份上市，供应至春季，亦是秋冬节日赠友的佳品，在市场上享有一定的声誉。

历年来，糟蛋系春天投料加工，秋后再能上市，在春夏之际市场上无货供应，不能及时满足消费者的需要。今年由于食品公司副食品厂采取科学态度，打破生产常规，在投料加工时间上进行了技术改革，使糟蛋出厂供应提前到 8 月，糟蛋上市的提早，填补了市场供应期的延长。况且 8 月是盛夏天热食品不易保存，市场上鲜蛋少售价又高，其他副食品供应也很紧张，糟蛋趁这时际投入市场对稳定市场价格，丰富市场商品，起到了良好作用。

我商场历来糟蛋销售量较大，这次 8 月中旬共进糟蛋 42 坛，计 3600 只，不到十天就销售一空，其中瓶装 200 瓶大部分被单位购买，其余都售于城关居民，对质量反映普遍较好，有些顾客品尝后，接连购买。改革投料工艺生产的糟蛋质量较好，外观晶亮，半透明醇味芬芳，酒味略浓于春酿糟蛋，只是蛋味较咸，蛋黄色淡，尚需进一步改进。

1986.8.16

浙江平湖向阳商店二部

县食品公司：

我们向阳商店二部受你公司副食品厂的委托于1984年7月中旬经销冬季加工的特级糟蛋404只用大口玻璃瓶小包装出售，夏令季节供应糟蛋在我县还是第一次，刚开始由于消费者不知道，所以每天的供应量是不多，当消费者得知时令商品糟蛋上市后，纷纷前来购买，六七天时间就销售一空。消费者反映，这批糟蛋是好的，基本上保持了糟蛋的传统特色，咸淡适中，色、香、味、形基本达到春季加工的要求，夏令吃糟蛋口味尤佳。我们商店认为，糟蛋是冷食食品，在夏季上市供应，无论对商店经营或者消费者的需求都带来了很大方便，丰富和活跃了市场，只可惜加工的数量太少，这远远满足不了我们商店和消费者的需要。我们建议你公司多生产这种适销对路的时令食品，以满足广大消费者的要求。

1986.7.21

5. 糟蛋的化学成分测定报告

上海市食品工业研究所

NO.001450

化验报告单

来样单位：浙江省平湖县食品公司　　　　来样名称：平湖糟蛋

生产日期：　　　　来样日期：86.9.10

化验日期：86.9.23

化验结果：

VB_2	0.3/mg/100 g
VtA	412 lu/100 g
尼克酸	0.215 mg/100 g
B_1	0.06 mg/100 g

分析组负责人　　　　化验员

蛋白质、氨基酸分析

样品名称：平湖糟蛋　来源：　分析日期：86.9.24　编号：

氨基酸名称		氨基酸含量（%）
ASP	门冬氨酸	0.87
THR	苏氨酸	0.80
SER	丝氨酸	0.67
GLU	谷氨酸	1.16
PRO	脯氨酸	0.23
GLY	甘氨酸	0.33
ALA	丙氨酸	0.60
CYS	胱氨酸	0.089
VAL	缬氨酸	0.57
MET	甲硫氨酸	0.34
ILE	异亮氨酸	0.49
LEU	亮氨酸	0.81
TYR	络氨酸	0.14
PHE	苯丙氨酸	0.61
LYS	赖氨酸	0.57
HIS	组氨酸	0.18
TRP	色氨酸	缺
ARG	精氨酸	
总氨基酸		

粗蛋白：

第十一章　县级科研项目研究

1994年仲秋，企业召开产品销售订货会，其中有客商提出，我国疆域辽阔，多民族组成，因此各地口味不同，能否生产多种口味的优质糟蛋以适应市场需求？

甜味与辣味，在加工糟蛋时能否借助其他食用材料得以实现？

经过充分酝酿与准备，当年十月底把《提高糟蛋品质，增加多种口味》课题上报平湖市科委作为1995年度科研项目。

经平湖科委批准，下拨有偿科研经费2万元。经过试验，该项目获得成功，并在1995年11月20日经专家组鉴定通过。

1995年10月，再次向市科委上报1986年度科研项目《提高糟蛋正品率》由高级畜牧工程师吴广和领衔。科学试验结果，糟蛋正品率从70%提高至90%，该课题获1998年度平湖市科学技术进步“优秀奖”。

1996年10月，再一次上报市科委1997年科研项目《延长糟蛋保质期》，由平湖市星火食品研究所主办，平湖市食品公司副食品厂协办。课题研究结果，糟蛋保质期由过去的3个月延长至4个月，极大地缓解了外地经销商的销售难度。该课题于1997年11月20日经专家组验收通过。(以下均为鉴定技术资料)

第一节　提高糟蛋品质　增加多种口味

平湖“龙”牌软壳糟蛋是一种色、香、味、形及营养俱佳的我国杰出的民族独有食品，已有近三百年的历史，随着经济建设的持续发展，人民生活水平不断提高，糟蛋以营养丰富，别具一格的风味，越来越受到消费者的喜爱。为了进一步打开国际和国内市场的销路，适应不同民族、不同口味的特点，保持名牌优势，提高名牌品质，因此在继承和发扬传统产品特色的基础上，提高糟蛋品质，试制各种不同口味的糟蛋。立项设想如下：

1. 扩大糟蛋销路。根据用户反映，辣味糟蛋适合北方口味，甜味糟蛋适应南方口味。

2. 为儿童营养食品打好基础。糟蛋营养丰富，其中含钙量和维生素PP是正常蛋品的几倍甚至几十倍，但糟蛋食用时带有浓郁的酒香味，有些儿童不大适应，增加甜味后的糟蛋，儿童普遍喜欢。

3. 优质糟蛋的产生，关键在于糯米和鸭蛋的质量，而专业饲养与散养的蛋鸭所产下的蛋品质截然不同。选用散养鸭蛋，其蛋黄呈橙红色、糟蛋成熟后蛋黄颜色鲜红、起沙渗油，高品质的糟蛋既能进一步扩大销路，又能提高经济效益。

从1995年3月开始，我们组织科研人员对传统工艺生产的糟蛋，选用红黄鸭蛋添加辣味和甜味，试验情况如下：

一、材料与方法

对今年生产的糟蛋，除把好糯米、酒药、鲜鸭蛋的质量关外，对每道生产工艺也严格要求。对散养户红黄鸭蛋收购时单独整理与加工、对试验中添加甜味与辣味的原料严格选料。

1. 材料的数量与批次

第一批：4月7日，鲜鸭蛋42.25 kg(蛋650只)，糯米、酒药、食盐、辣椒等。

第二批：4月10日，鲜鸭蛋55 kg(蛋780只)，糯米、酒药、食盐、白糖等。

第三批：4月20日，红黄鲜鸭蛋540 kg(蛋7800只)，糯米、酒药、食盐等。

对照组：鲜鸭蛋42 kg(蛋650只)，按常规操作生产。

2. 加工工艺

调整鸭蛋品质、添加食用辅料、按常规操作生产。

3. 加工试验时间

3月中旬制糟，4月上、中旬落蛋，9月中旬分级整理。

二、试验结果

1. 试制糟蛋的成品率与正品率

红黄糟蛋及辣味、甜味糟蛋的试验，其成品率与正品率接近或超过常规工艺生产的糟蛋，其中红黄糟蛋投料加工7800只，正品率为83.25%，辣味糟蛋投料650只，正品率为75.82%，甜味糟蛋投料780只，正品率为81.76%。详见下表：

试验糟蛋和传统加工糟蛋的成品率、正品率对比表

品　种	投料时间	投料数	成品糟蛋	成品率%	正品率%
红黄	95、4、20	7800只	6493只	98	83.25
甜味	95、4、10	780只	649只	97.1	81.76
辣味	95、4、7	650只	493只	96.4	75.82
对照组	95、4、12	650只	533只	97.5	82.05

2. 试验糟蛋感官评定与卫生检验

感官评定见下表：

试验组糟蛋与对照组糟蛋感官指标对比表

组别	色	香	味	形
红黄	蛋白呈乳白色 蛋黄呈橙红色	醇香浓郁	咸淡适中蛋 黄起沙有油	饱满、软壳、蛋白呈乳白色糊状、蛋黄呈半凝固体。
辣味	蛋白呈乳黄色 蛋黄呈橘红色	醇香浓郁	咸淡适中 带辛辣味	蛋形饱满、蛋白呈乳黄色糊状、蛋黄呈半凝固体。

续表

组别	色	香	味	形
甜味	蛋白呈乳白色 蛋黄呈橘红色	醇　香	带有甜味 滋味鲜美	软壳、蛋白与蛋黄颜色同上。
对照组	蛋白呈乳白色 蛋黄呈淡黄色	醇　香	咸淡适中	同上。

从批量生产中,市防疫部门抽样检查,未检出致病菌,达到糟蛋企业标准,符合糟蛋冷食食品的卫生要求。

科研项目糟蛋卫生指标检测情况表

项　目	细菌总数	大肠菌群	沙门氏菌
指　标	1000 个/g	≤40 个/100 g	不得检出
检验结果	280 个/g	<30 个/100 g	未检出

鉴定结论,上述结果符合糟蛋企业标准。

3. 生产成本:

糟蛋的生产成本取决于诸多方面的因素:1.主要原料的价格;2.糟蛋成品率与正品率的组成。在这次试验中,按照传统工艺生产,改进了鲜鸭蛋的用料,增加了产生甜味与辣味的原料,成本与对照组相比略有上升,详见下表:

试验糟蛋与对照组生产成本对比表

品　种	每百只增加成本(元)
红　黄	15
甜　味	7
辣　味	5

三、小结和讨论

1. 试验糟蛋的感官指标、卫生指标,等级标准均达到省标准管理局规定的质量标准。试验结果表明,提高糟蛋品质,增加多种口味的试验是成功的。

2. 平湖软壳糟蛋是名扬海内外的杰出民族地方传统产品。而我国又国土辽阔、各地口味不同,如同一口味,必定销售局限于某一地区,而生产多口味糟蛋,能适应各地的、各种消费层次的需求,能达到扩大销售之目的。

3. 原享誉东南亚地区的平湖糟蛋,其鸭蛋来源都是散养在千家万户中,随着社会的进步,农副产品的生产逐步向规模化、专业化方向过渡。因此,专业化生产蛋鸭以吃配合饲料,其蛋黄为淡黄色,与散养鸭蛋橙红色相差甚远,而选用散养红黄鸭蛋为原料,能使糟蛋品质得到提高。

4. 从本次试验结果看,辣味糟蛋由于增添了辛辣成分,对原糟中的菌酵母发酵有所抑制，致使辣味糟蛋的成品率与正品率都低于正常生产的糟蛋，这个问题有待于进一步在实践中摸索与探讨。

5. 高品质、多口味糟蛋的试验成功，不仅拓宽了适口性消费群体，提高了产品销售量，而且对提高平湖的知名度，叫响平湖名字带来积极的社会意义。因此，我们设想在今年的试验基础上，进一步摸索，明年准备投入批量生产，使本课题成果转化为生产力。据测算，平湖糟蛋销量在近二年中如扩大生产 50 万只，年产值能增加 100 万元，增创税利 30 万元。

平湖市食品公司副食品厂

1995 年 11 月 20 日

注：该项目平湖科委列入 1995 年平湖市科技发展计划（农业）。

附：浙江省食品卫生监督检验鉴定证书、科学技术委员会文件

1. 浙江省食品卫生监督检验鉴定证书

浙（平）食监鉴字（95）第 233 号

被检者	平湖市食品公司副食品厂	生产日期	1995-04-21
生产者	同上	产品批号 代表数量	
样品名称	糟蛋	采 送样品日期	1995 年 4 月 24 日
样品份数	壹份	报告日期	1995-04-26
检验目的	细菌总数，大肠菌群，沙门氏菌		
鉴定结果	根据 抽 检样品检验结果： 细菌总数 280 个/g 大肠菌群 <30 个/100g 沙门氏菌 未检出 鉴定结论：上述结果符合 DB33.x18《糟蛋》标准		
备 注			

食品卫生监督机构（盖章）

签发人（签名） 戴小云 柴延康

1995 年 5 月 2 日

浙江省卫生厅印制

2. 浙江省平湖市科学技术委员会文件平科委(95)31号

关于同意“提高糟蛋质量，增加多种口味”产品开发给予有偿科研经费的通知

平湖市副食品厂：

你厂关于“提高糟蛋质量，增加多种口味”产品开发，要求有偿科研经费的申请收悉，经研究决定：同意下达有偿科研经费贰万元整。

该项目的有偿科研经费时限贰年，务必在1997年6月底前一次性归还，逾期按银行现行利率加收20%利息，年度课题总结请在12月15日前报我委。

平湖市科学技术委员会

1995年6月16日

第二节　提高糟蛋正品率

一、项目名称、主办单位及负责人

1. 项目名称：提高糟蛋正品率

2. 项目主办单位：平湖市星火食品研究所

　　协办单位：平湖市食品公司副食品厂

3. 项目负责人：吴广和　尤明泰

二、项目立题依据

随着改革开放的不断深入和经济建设持续发展，人民生活水平日益提高，食品市场也越来越广阔。作为全国独一无二的平湖软壳糟蛋，以其蛋形饱满、色白似玉、味香醇和、营养丰富，别具一格的风味而驰名中外，多次在国内外获奖。我国著名营养学家于若木称赞平湖糟蛋为：“昔日皇家贡品、今天百姓佳肴”，并从营养学的角度论述了平湖糟蛋是“营养的食品、美味的食品”。但从最近几年生产情况来看，糟蛋从1981年的13万只增加到1996年的64万只，产量虽然扩大了，但由于受传统工艺影响，产品质量不稳定，影响了糟蛋的正品率，导致经济效益差，阻碍了糟蛋生产量的扩大。本课题针对糟蛋正品率低的因素，从配方、原材料、糟龄期、工艺等方面着手，在原有工艺的基础上，探索酒精度、糖度、酸度形成的最佳比例，从而使糟蛋的正品率得到提高。糟蛋正品率的提高，不仅对降低生产成本，提高经济效益有促进作用，而且还对弘扬民族特产，提高平湖的知名度都具有深远意义。

三、研究、开发内容

1. 调查情况：对1995年加工的成品糟蛋，进行随机抽样调查，详见下表：

糟蛋不合格项目分类统计表

单位：只

日期	数量	不合格品	不合格率	不合格品项目					正品率%
				空壳蛋	碎蛋	矾蛋	水晶蛋	气泡蛋	
95.2.4	1200	327	27.25	12	82	11	15	207	72.75
95.3.1	1200	375	31.25	24	95	13	14	229	68.75
95.3.15	1200	389	32.42	16	88	8	15	262	67.58
95.4.1	1200	410	34.17	14	97	19	2	278	65.83
95.4.15	1200	397	33.08	10	114	7	5	261	66.92
合计	6000	1898	31.63	76	476	58	51	1237	68.37

糟蛋不合格品统计表

单位：只

序　号	项　目	数　量	百分比%
1	气泡蛋	1237	65.2
2	碎　蛋	476	25.1
3	矾　蛋	58	3.0
4	水晶蛋	51	2.7
5	空壳蛋	76	4.0
合　　计		1898	100

2. 原因分析

从不合格品统计表中可以清楚地看到影响糟蛋正品率的主要原因是气泡蛋、矾蛋和碎蛋，这三项占了次品糟蛋总数的93.3%，其中62.2%的不合格品，是由于气泡蛋造成，所

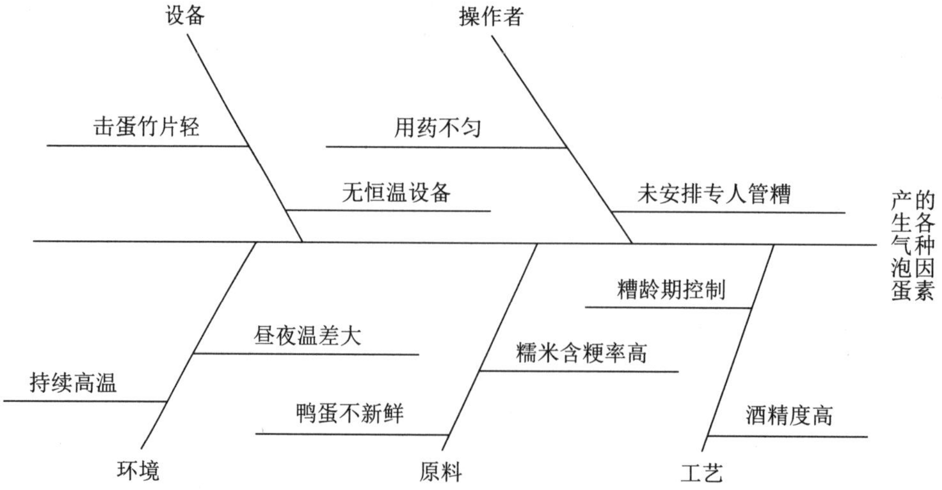

产生气泡蛋的因果分析图

以解决气泡蛋是提高糟蛋正品率的关键。为此食品科研所于 3 月 23 日专题开会研究造成气泡蛋的种种原因，加以比较、观察和分析。气泡蛋又称空头蛋，蛋黄蛋白偏斜在一头，另一头空白，极大可能是由于加工时天气过热，酒药配比不当；糟渍中持续高温，加速了酒糟的发酵，糟蛋中的液体（水分）向外蒸发，使蛋内容物减少，在稀薄酒糟中浮在上面。（形成气泡蛋的主要原因见上图）

从以上分析图中找出产生气泡蛋主要原因是原料和工艺。

3. 对策措施

按照工艺流程图，进行原材料检验、工艺控制、酒精中酒药配比，逐一进行试验，并绘制工艺流程图，对几个关键控制点加以重点研究。见下图：

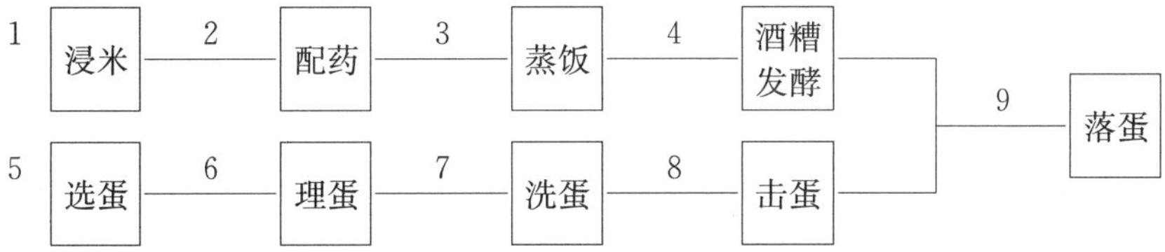

糟蛋工艺流程图

根据工艺流程，结合产生气泡蛋的因果分析，逐一进行控制，对影响糟蛋正品率的九大工序严格把关。

1. 浸米

（1）首先对糯米质量进行检验。用碘酒测定法来检测糯米中的含粳率，严格按照国家标准验收，保证糯米纯度质量。

（2）根据气温控制糯米浸米，气温越低，浸泡时间越长，反之则短。

2. 配药：生产糟蛋所用的酒药，是苏州甜酒药与绍兴绍酒药。苏州甜酒药药性较淡，酿成的酒糟中酒精含量不足且带甜味，容易发酸不能久藏。绍兴的绍酒药酿成的酒糟香气极佳，酒精度高，酒性强带辣，虽能缩短糟蛋的成熟时间，但影响糟蛋的色泽和风味，使蛋膜呈淡褐色。所以生产中所用酒药是两者配合使用，取长补短，获取更符合要求的酒糟。

3. 蒸饭：根据以往经验来分析，没有蒸透或蒸煮时间过长都是产品正品率低的原因，所以要求锅炉工严格把好锅炉的蒸气压力关，只有达到蒸饭所需的蒸气压力才能送气蒸饭。蒸饭过程中安排经验丰富的老师傅根据气温掌握蒸煮时间，蒸饭要求达到饭松，无白心，熟而不粘。

4. 酒糟发酵

（1）冷却淋水后的饭，沥干水分倒入缸中，为适于菌种繁殖与发育，米饭的温度控制在 28～30℃手摸不烫为宜。

（2）固定拌药人员，均匀撒药，挖潭匀称，以利酒酿充分发酵。

（3）确定技术素质较好的员工进行酒糟管理。如酒酿满潭后，每隔 6 小时必须把潭内的酒糟酿用勺泼在糟的表面上，使糟充分酿制。同时降低发酵过程中的温度，防止酒精热伤、发红、产生苦味。具体做法是:缸体包上草席保温,缸口用干净草盖保温,经 20～30 小时,就可出酒酿。当潭内酒酿有 3～4 cm 深时,应将草盖用竹棒撑起 12 cm 高,以降低温度,昼夜值班,保持酒糟品质的优良。

5. 选蛋:鲜鸭蛋验收,做到新鲜干净、干燥无杂质。因为蛋的不新鲜而造成气室增大,是导致气泡蛋产生的原因之一。

6. 理蛋:对鸭蛋挑选分档主要是挑选整理及区分规格,剔除小蛋、破损蛋和变质蛋,要求每只蛋重量不少于 60g。

7. 洗蛋:为保证产品的清洁卫生和新鲜,洗蛋要在糟制前 1～2 天进行,并晒干水渍、紫外线杀菌。

8. 击蛋:击蛋时将蛋放在左掌心中,右手持竹片在蛋的纵向轻轻一击,使蛋壳产生龟背状的纵向裂纹,在糟制中使酒精、食盐等物质更易于渗进蛋内,是保证糟蛋软壳的主要措施。今年要求专人专职击蛋。

9. 落蛋:酒糟酿制成熟,性能稳定才能投料入甏糟制。其中酒精度是个关键点,根据以前 QS 小组实验资料分析,落蛋糟制最佳时间详见下表:

试验表　　单位:kg

因　素	酒精度%	糖度%	酸度%	用盐
1	13.5	27	0.5	1.62
2	15.5	25	0.45	1.75
3	17.5	23	0.4	1.87

试验表　　单位:%　kg

<table>
<tr><td rowspan="3">名称
序号</td><td colspan="4">试制计划</td><td colspan="2">试验结果</td></tr>
<tr><td>A</td><td>B</td><td>C</td><td>D</td><td rowspan="2">正品率</td><td rowspan="2">质量指标</td></tr>
<tr><td>酒精度</td><td>糖度</td><td>酸度</td><td>用盐量</td></tr>
<tr><td>1</td><td>1　13.5</td><td>1　27</td><td>3　0.4</td><td>2　1.75</td><td>75.2</td><td rowspan="9">符合质量要求</td></tr>
<tr><td>2</td><td>2　15.5</td><td>1　27</td><td>1　0.5</td><td>1　1.65</td><td>80.2</td></tr>
<tr><td>3</td><td>3　17.5</td><td>1　27</td><td>2　0.45</td><td>3　1.87</td><td>77.6</td></tr>
<tr><td>4</td><td>1　13.5</td><td>2　25</td><td>2　0.45</td><td>1　1.62</td><td>70.2</td></tr>
<tr><td>5</td><td>2　15.5</td><td>2　23</td><td>3　0.4</td><td>3　1.75</td><td>90.1</td></tr>
<tr><td>6</td><td>3　17.5</td><td>2　25</td><td>1　0.5</td><td>2　1.85</td><td>73</td></tr>
<tr><td>7</td><td>1　13.5</td><td>3　23</td><td>1　0.5</td><td>3　1.87</td><td>85.3</td></tr>
<tr><td>8</td><td>2　15.5</td><td>3　23</td><td>2　0.45</td><td>2　1.75</td><td>72.4</td></tr>
<tr><td>9</td><td>3　17.5</td><td>3　23</td><td>3　0.4</td><td>1　1.62</td><td>68</td></tr>
</table>

通过试验表得知效果较好的是第 5 号试验,即酒精度 15.5%,糖度 23%,酸度 0.4%,

用盐量 1.75kg。所以投料时机掌握要根据酒糟发酵的变化来确定。

四、效果

1. 糟蛋的成品率与正品率

经过质量检测，糟蛋的成品率与正品率达到或超过以往加工糟蛋指标，对已产出的糟蛋进行统计。详见下表：

糟蛋的成品率与正品率表　　单位：只

投料数	成　品	成品率	正　品	正品率%
50400	49057	98.036	45150	90.1

2. 经济效益

糟蛋经济效益高低取决于糟蛋正品率的高低，以 100 只糟蛋实际销售计算，详见下表：

糟蛋销售效益比较表　　单位：元

项目 \ 项目 / 价格	特级糟蛋	大号糟蛋	小号碎糟蛋	销售额
价格	2.30	1.00	0.50	
正品 65%糟蛋	65	15	20	174.50
正品 85%糟蛋	85	7	8	206.50

从表中可知每 100 只糟蛋通过正品率的提高可增加收入 32 元，按 60 万只计，企业可多创利年 19.2 万元。

五、小结

1. 糟蛋正品率大幅度提高。试验结果表明：从原材料、配方工艺着手提高糟蛋正品率是成功的。

2. 从加工研究中表明：糟蛋在糟渍过程中酒精度的控制对糟蛋正品率的高低起了关

《提高糟蛋正品率》被平湖市人民政府评为“1998 年度平湖市科学技术进步奖”优秀奖

键性作用。

3. 糟蛋正品率的提高，使企业的经济效益和社会效益也得到提高。

六、今后努力方向

1. 继续抓好技术培训教育，提高职工技术素质。

2. 充分利用现有科研设施，系统性记录有关测试数据，巩固成果，进一步加强产品质量的管理工作，形成工艺、技术、质量指标呈整套体系，并不断加以完善，不断开展 PDCA 循环，努力提高产品质量。

3. 争取加大技术研究力度，开展下一个课题项目《如何延长糟蛋保质期》。

平湖市食品公司副食品厂

1996 年 11 月 20 日

第三节　延长糟蛋保质期

平湖糟蛋历史悠久驰名中外。它不仅是具有独特风味的地方特产，而且也是一种色、香、味、形及营养俱佳的杰出的民族传统食品。深受国内外消费者的欢迎。

从历年来糟蛋的销售情况看，最大的制约因素是糟蛋保质期短。现有生产的糟蛋保质期为 3 个月，如果剔除运输、仓储等周转时间，真正让消费者选购的时间仅 60 天左右，如走外销渠道，则货架期更短。针对上述问题，企业申报了《延长糟蛋保质期》的科研项目，平湖科委把本项目列入平湖市“1997 科研发展计划”。

一、项目组织机构及实施计划

1. 项目由星火食品研究所承担，副食品厂配合，明确任务，分工协作。建立了由尤明泰、盛钧、费佩华、柴勤华等四同志组成的课题组，由尤明泰同志任组长。

2. 项目实施的选择，1996 年加工的陈糟蛋与 1997 年加工的新糟蛋。

二、项目实施的具体措施

根据历年来经销单位和顾客的反映情况分析，影响糟蛋保质期的原因是：糟蛋分装后再发酵酒味凶，其次是矾蛋。为此绘制了对策表加以研究分析：

对策表

序号	存在问题		措　施
1	久存变凶	护糟稠	控制温度、湿度
		再发酵	调整酒药配比
2	矾蛋	酸度高	酒糟发酵控制温度
		糯米不纯	原料把关
		菌种不纯	生产过程中容器严格消毒

根据对策表，逐行进行试验对比。

（一）久存变凶

1. 护糟稠

对试验组采取地面浇水（二楼）、大缸盛水等办法进行调控，保持空气中的相对湿度，使酒糟中液体物质减少水分流失。下面摘取一段试验记录：

相对湿度表

相对湿度 日期	试验组			自然组		
	温度℃	湿度℃	相对湿度%	温度℃	湿度℃	相对湿度%
29/7	28	26	83	29	26	75
30/7	29	27	83	29.5	26	74
31/7	28.5	27	85	28.5	26	77.5
1/8	29	27.5	85	30	27	77
5/9	26	24	82	26	23	73
6/9	27.5	25.5	84	27.5	25	78
7/9	29	26.5	85	29	26	75
8/9	28	26	83	29	24	73

酿制效果表

组　别	眼　　感	手　　感	重量(每甏)	备注
试验组	面糟湿润、颜色略黄、无霉变	松软、拨开面糟即显酒液	净糟带液 18 kg	10 甏
对照组	面糟略干、颜色深黄、沿边有霉点	有厚实感、去掉半甏实物才见酒液	净糟带液 17 kg	10 甏

从“相对湿度”和“酿制效果”表中可以看出控制空气中的湿度后，酿造车间的相对湿度能保持在80%以上，从而使空气中的水分与甏内水分保持一定比例，减少甏内水分蒸发，使糟蛋中液体物质保持相对水分，改善了糟蛋保护液的厚度，起到降低酒精度和保护糟蛋的作用。

2. 再发酵

糟蛋经过分装后，由于酵母菌作用，继续在包装容器物内发酵。过度发酵后的糟蛋不但呈灰褐色，且严重影响口感和保质期。生产糟蛋的原料是糯米酿造成酒糟，酿造酒糟所采用的是苏州甜酒药和绍兴绍酒药。甜酒药的主要功能是糖化能力，能把淀粉水解成糖，绍酒药是兼有糖化和发酵能力，能把淀粉边糖化边发酵，生成酒精。这二者酒药的功能各异，配合使用恰好满足生产糟蛋的酒酿。传统上制作糟蛋用的酒糟，二种酒曲的配比为 32∶68（甜与绍），为减缓再发酵，我们调节酒曲的配比为 45∶55（甜与绍）。调整后酿制成糟蛋，其成熟期要延长二周至三周，但再发酵状况明显好转。

成熟度变化对比表

组别	一月	二月	三月	四月	五月	六月
试验组	似鲜蛋、击蛋处裂缝不明显	裂纹明显、蛋黄略有凝固	蛋黄逐步凝固、外层膨胀	蛋壳蛋膜分离、蛋白逐渐凝固	蛋壳逐步脱落蛋黄蛋白凝固	成熟
对照组	似鲜蛋、击蛋处裂纹明显	裂纹扩大外层膨胀	蛋壳与膜分离、蛋白开始逐渐凝固	蛋壳与膜脱开、蛋白蛋黄全凝固	成熟	

（二）矾蛋

矾蛋是蛋壳变厚或变成粗糙，似燃烧后的矾一样，故称之为矾蛋。由于蛋壳变质，髭内同一层所放的蛋膨胀而挤成一团相互粘连，故又称"凝坛"，矾蛋是影响糟蛋保质期的重要原因。我们分析形成原因，主要是酒糟酸度高、糯米和菌种不纯。

1. 酸度高

矾蛋产生原因是酒糟品质不好，醇少酸多，髭内液体减少，使醇氧化生成较多的酸类，而蛋受较多的酸作用后，蛋壳分解，成为可溶性的钙盐，其后由于液体的蒸发而使钙盐沉积下来粘在一起所致。

分析产生矾蛋的原因后，我们对新糟蛋和陈糟蛋中的酒糟进行酒精度和 pH 值测试，详见酒精 pH 值和酒精度测试。详见下表：

酒精 pH 值和酒精度测试表

	好　蛋	矾　蛋
酒精度	15.6	17
pH 值	6.0	5.18

从上表中可以看出，矾蛋酒精度高、pH 显示酸度较高，针对酒精度高，采取自然挥发方法，把取出糟蛋后的酒糟液置放十天后取 50%并入正常的酒糟液进行灌装，（如矾蛋范围小，则弃之不用）。试用这方法后，对同一批灌装后的糟蛋再次进行化验变化如下：

	好　蛋	矾　蛋
酒精度	15.1	15.8
pH 值	6.0	5.6

结果是酒糟中酒精度、pH 值都有不同程度的下降。

经过几个月持续试验，得知有效控制酒糟中酒精度和 pH 值，对糟蛋保质期是起重要作用的，不仅使糟蛋再发酵减缓，同时降低了酒精中的酸度，使糟蛋保存、保质时间延长。

2. 糯米不纯

糯米不纯亦是导致矾蛋产生的主要原因之一。经过观察分析，糯米中掺杂较多的粳米是产生矾蛋的主要原因。今年专门对从农户收购和农场收购的糯米进行比较，发现从农户收购的糯米（含粳率 10%）与农场收购的糯米（含粳率 3%），在糟蛋成熟后产生的结果截然不同。详见下表：

糟蛋正品率表

单位：甏

名　　称	制作糟蛋	整理后正品	整理后次品	矾蛋
农场糯米	100	80	18	2
农户糯米	100	75	17	8

注：每甏落蛋 130 只。

3. 菌种不纯

菌种不纯也是影响保质期原因之一。酿制酒糟的大缸消毒不彻底，有杂菌混入导致菌种不纯。今年对制糟用的大缸消毒进行对比试验，试验组大缸（20 只）清洗后加入漂白粉稀释液（有效氯含量 250mg/L）进行 30 分钟浸泡消毒，其他大缸仍按常规清水漂洗，发现经试验组发酵后的酒糟，比常规工艺发酵后的酒糟，糟蛋成熟后矾蛋比例极少，说明菌种不纯是导致矾蛋的原因之一。

三、体会

1. 保存时间

由于糟蛋在加工中采用纯糯米原料，加工时确保菌种纯洁，在成熟期内又通过增加湿度来改善保护液物质，成熟后再降低酒糟中的酒精度以减缓糟蛋的再发酵，使糟蛋的保质期从 3 个月延长到 4 个月以上。

2. 适口性

利用改良糟蛋保护液的糟蛋其口感、风味等与对照组相比，质量更佳。

3. 营养与卫生

在现代社会，人们对食品的营养与卫生要求越来越高，所以既要考虑糟蛋的营养性，又要考虑卫生问题，因此随着糟蛋保护液的改善，今后可以过滤酒糟成为酒液保护液，使蛋浸没于液体中，既清洁卫生，又保存方便，时间延长，卫生要求均达到了国家规定的有关标准。

四、市场预测

平湖糟蛋是酒酿糟渍而成的冷食食品，有开胃助消化和促进血液循环的功能，尤其糟蛋中含钙量丰富，又易被人体所吸收，所以是老少皆宜的佳品，保质期的延长，有利于扩大销售渠道，并给糟蛋走出国门带来极大的益处。总之糟蛋保质期延长能给企业的销售带来极大的帮助。

平湖市食品公司副食品厂

1997 年 11 月 20 日

注：该项目平湖科委列入 1997 年平湖市科技发展计划（农业）

附:浙江省商业厅加强商办、工业基础管理会议先进经验介绍

充分发挥QC小组作用　推动全面质量管理

我厂是一个以手工加工为主,检测手段靠感官和秤重判断的小型副食品加工厂,技术力量薄弱,与现代化企业的生产管理要求差距甚远。

商办小型加工企业如何按照实际情况因地制宜地开展全面质量管理工作?我们按照浙江省有关工业企业全面质量管理的要求,建立了企业QC全面质量管埋小组,通过QC小组的活动,激励职工在企业中树立起主人翁责任感,同时用先进的管理制度与先进的科学方法,培养业务技术管理人才。

全面质量管理工作的要点是“三全”和“四个一切”,即全面的质量管理、全过程的质量管理、全员的质量管理和一切为用户着想、一切以预防为主、一切以数据说话、一切工作安排照PDCA循环进行。我们遵照工作要点展开活动,从市场调查到新产品的开发设计,对标准、计量、工艺、产品制造、原材料供应、检验、销售及为用户服务等,全过程进行质量管理。

我厂是以生产软壳糟蛋为主产品,加工其他蛋制品和肉类制品为辅的加工企业。平湖糟蛋生产历史悠久,具有鲜明的地方特色,多次在国际、国内获奖。下面简要介绍一下我企业QC全面质量管理小组以糟蛋为主的活动开展情况。

一、广泛宣传培训全面质量管理工作

QC全面质量管理小组成立后,企业领导请有关部门对QC小组人员分发学习资料、宣传资料,并进行全面质量管理知识的培训学习等。在这个基础上通过理论联系实际操作后,再由QC小组人员负责全厂全面质量管理知识宣传普及,使全面质量管理观念深入人心。现在全厂有80%职工通过学习,并经有关部门考核,领到了国家全面质量管理知识“结业证书”。

二、努力做到数据全面正确

过分的形式不追求,必要的工作方法不可丢。QC小组每次活动都有较为详细的记录,力求数据全面且正确。

例如:糟蛋加工时每甏投放130只新鲜鸭蛋,在出成品时我们每批作了记录,特级蛋多少?一级蛋多少?二级蛋多少?次品蛋多少?1989年7月13日摸蛋100甏,总数应该是13000只,整理出特级蛋9945只,一级蛋2035只,次品蛋927只。从而得出成品率99.3%、正品率(特级蛋)76.5%。掌握了每一批产品的正品率和成品率,让数据说话,用数据来指导生产。

三、推动全厂开展全面质量管理

由于我厂人员少,技术力量薄弱,QC小组的几名成员都是兼职。根据实际情况,QC小组制订了一系列规章制度在全厂进行推广,力求以点带面。在生产中QC小组不断地开展现场管理活动,经常性地进行检查和抽查,对存在的问题及时向领导汇报并认真加以研究,促进了全厂范围内运用和实施全面质量管理工作。平时,我们还经常性地开展活动，邀请厂领导和职工参加，其目的是：①希望领导重视抓全面质量管理工作，使产品符合质量标准、计量要求；②加强职工的质量意识，培养更多的企业技术人才。

四、在全面质量管理工作开展科研活动

以往糟蛋生产按计划一年一次，即清明前后生产，中秋节上市。这种生产状况已远远不能满足消费者要求常年供应的需求。为此，QC 小组提出《平湖糟蛋常年生产工艺研究》的课题。在做好扩大糟蛋生产能力的各项基础工作的同时，对制糟过程中糟蛋发酵、调控温度、各种原辅材料配比等方面进行科学试验，经过几年努力，终于实现了能够常年生产糟蛋，四季供应。这个科研项目获浙江省人民政府 1986 年颁发的科学技术进步三等奖。

五、取他人之长，补己之不足

QC 小组在取得科研项目成功的基础上并不满足于现状，还走出去向兄弟单位学习取经。先后几次去上海禽蛋三厂，学习他们先进的管理方法和操作工艺流程，学习他们在开展全面质量管理中的经验。通过走出去听、看、学，既开了眼界，又丰富了自己知识。回来后力求从本厂的实际出发加以推广运用，以提高我厂的产品质量、生产工艺、检测及管理工作。

我厂在全面质量管理小组带领下，通过全体职工的共同努力，平湖软壳糟蛋从 1981 年起连续三次获得商业部优质产品证书，三次获浙江省优质产品证书。1988 年国庆 40 周年前夕，又获全国首届食品博览会金奖。QC 全面质量管理小组在 1989 年被浙江省商业厅评为“优秀质量管理小组”。

今后，我们将继续坚持“质量第一，为用户服务”的思想，更加有效地发挥 QC 小组的活力，再接再厉不断创新，推动全厂范围内的全面质量管理工作。

平湖县食品公司副食品厂

1990 年 6 月

第 五 编

知识产权

知识产权是指“权利人对其所创作的智力劳动成果所享有的专有权利”，一般只在有限时间期内有效。各种智力创造比如发明、文学和艺术作品，以及在商业中使用的标志、名称、图像以及外观设计，技术秘密都可被认为是权利人所拥有的知识产权。主要分类有：专利权，商标权，著作权（版权）等。

知识产权从本质上说是一种无形财产权，他的客体是智力成果或是知识产品，是一种无形财产或者一种没有形体的精神财富，是创造性的智力劳动所创造的劳动成果。它与有形财产一样，都受到国家法律的保护，都具有价值和使用价值。有些重大专利、驰名商标、商号权或作品的价值往往超过企业的有形财产。

根据我国《民法通则》的规定，知识产权属于民事权利，是基于创造性智力成果和工商业标记依法产生的权利统称。

第十二章　品牌与商标

经过漫漫岁月的洗礼，平湖糟蛋已为人们耳熟能详的品牌产品。这是消费大众对平湖糟蛋的内在质量、文化涵盖、营养价值、口感享用等不断积累所形成的一种评价和共识，是经营者通过苦心经营，甚至几代人长期共同努力与消费者建立起的一种信任。

品牌是一个经济名词，商标是一个法律名词，品牌与商标两者既有关联，又有区别。如果把品牌比作一座巨大冰山，商标只是冰山露出水面的一小部分，因为商标是品牌的一个组成部分，它只是品牌生产者的标志和名称，便于消费者识别区分。

从归属上讲，商标的所有权是掌握在拥有者手中，可转让，许可自己的商标，也可借助法律来打击侵权使用商标。而品牌则植根于广大消费者心中，品牌巨大的价值来源于消费者对品牌的热爱、信任、偏好和忠诚。经营者唯有年复一年，持之以恒，以不变的优良品质信守对消费者所作的承诺才能使品牌形象经久不衰。

第一节　民国时期糟蛋商标

平湖糟蛋在民国初期已声名远播，缘由品牌的影响力和徐源源与老鼎丰使用的商标富含文化韵味、内涵而被人们乐意接受和难以忘怀。

徐源源店号的商标标识是一个手持龙头拐杖的老寿星。这是经典的中国元素传统画。糟蛋是味好营养更好，祈福喜食糟蛋者健康长寿："福如东海水、寿比南山松"。由于民国时期糟蛋产量徐源源店铺最高，质量亦佳，在对外通商口岸出口比重最大，因此手持龙头拐杖老寿星的形象至今在东南亚等地仍有一定影响。可以说当年徐源源的成功，那个令人倍感慈祥可亲的老寿星形象助推了人们对产品的喜爱。

在平湖县治旁酱园弄内开设的老鼎丰酱园，据现存平湖档案馆内的清代流水账册中反映，增设糟坊并兼做糟蛋始于清光绪二十九年(1903)，原因是经营规模尚有扩张潜力，其时酒类市场需求量大且价格上扬。

老鼎丰酱园掌柜徐甲福出生海盐望族，徐氏族中的徐用仪曾在清光绪年间官至兵部尚书，徐族与平湖南河头地方大族葛氏是世代姻亲。徐氏看到平湖人口稠密、物产富庶、经济繁荣、交通方便，优越的社会资源使其先后在同治十年(1871)开设老鼎丰酱园，光绪十一年(1885)在县治的东门外横街分设"东鼎丰"酱园，次年又在县治的西大街设"西鼎丰"酱园。产品畅销全国各地。复旦大学著名教授，邑人金通尹曾对其产品质量表述过

“难忘得酱调乡味，最是徐家老鼎丰”这样的诗句。

老鼎丰酱园在民国十三年(1924)注册了平湖历史上第一只注册商标“金鼎”。民国十七年(1928)，老鼎丰改“金鼎”商标为红色的“福”字商标。

浙江素称方志之乡，老鼎丰就在紧扣人们关注的志书中作广告。在民国二十一年(1932)钱公治编辑的《平湖通览》中，老鼎丰宣称：红福牌卫生酱油、软壳糟蛋是平湖著名的商品。在竖排广告文字的左侧，是商号名称及电话 171 号，左侧上方是一个红色“福”字，用不连通的圆线框住，在圆的上方和下方，利用不连通圆线的空隙，分别在左右镶上四个小“福”字，环绕中间的大“福”字。最后在广告底部注上：国内外赛会迭获优奖。

“福”字，解释是“幸福”，过去主指“福气”、“福运”。民间由来已久的贴“福”字风俗，无论是现在还是过去，都寄托了人们对美好未来的祝愿。

用红色标注，鲜艳夺目，红色传递着永恒的喜庆气息。

一个大“福”字，周边环绕四个小“福”字，组成五个福字，《说文解字》中五福的综合含义是：康、富、贵、德、寿。

老鼎丰酱园又在民国二十五年(1936)嘉兴钱公治编辑的《嘉区汇览及嘉区一瞥》中刊登了红“福”牌卫生酱油、软壳糟蛋广告。在瓶装酱油、罐装糟蛋的实样图旁配上文字说明：“馈赠酬答，唯一佳礼。”

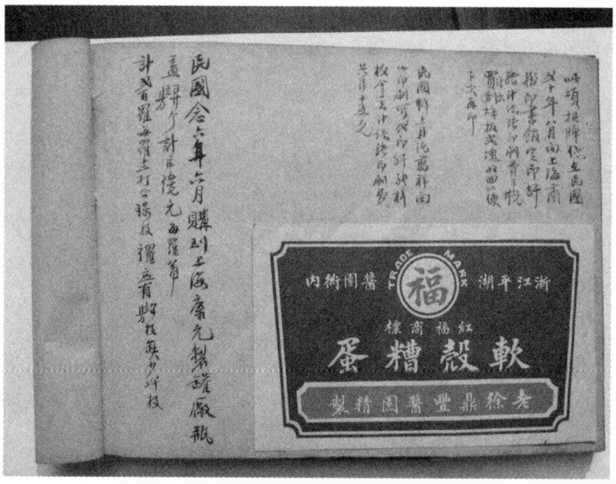

民国十七年(1928 年)，老徐鼎丰使用的红“福”牌软壳糟蛋注册商标

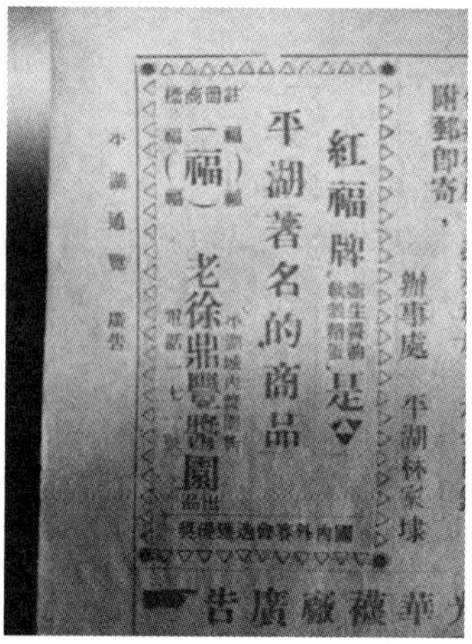

民国二十一年(1932)在钱公治编撰的《平湖通览》中，老徐鼎丰酱园作产品宣传广告：“红‘福’牌卫生酱油、软壳糟蛋是平湖著名的商品”

左上方商标中“福”字用红色标注，圆形的标识上方注英文“TRADE、MARK”(交易标识)，也就是现在的注册商标。在广告底部注上：本园出品迭获国内外各项赛会褒奖，足证品质之优良。

在广告的右侧印有一句提醒语，主持中馈者注意(旧时把女性为家人烹饪喻为“主中馈”)：“用红福牌酱油烹饪肴餐则滋味鲜美口福不浅。”

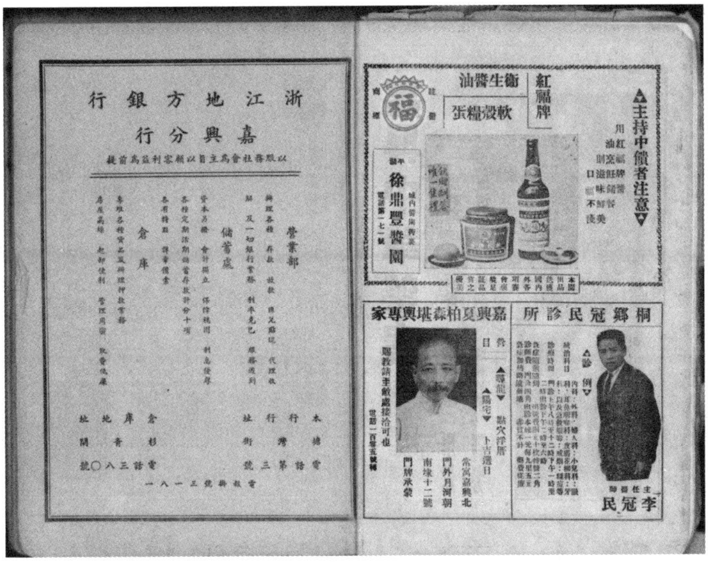

老徐鼎丰酱园在嘉兴钱公治民国二十五年(1936)编辑的《嘉区汇览》及《嘉区一瞥》书刊广告中提到:提请主持中馈者注意(旧时把女性为家人烹饪喻为“主中馈”)“用红福牌酱油烹饪肴餐则滋味鲜美口福不浅。”红福牌软壳糟蛋是“馈赠酬答、唯一佳礼”

老鼎丰酱园在经商环境和市场变化的影响下,通过注册商标和不断修改、丰富商标的文化内涵,同等质量的产品价值立刻发生变化,使酱油以及糟蛋等产品不但在杭嘉湖地区声名鹊起,还通过清末民初开设在上海、天津、青岛等地所设立的分部使产品迅速走红。

第二节　“龙”牌商标的形成

晚清至民国时期,平湖糟蛋的销售除徐源源店号和老鼎丰酱园有商标外,其他作坊都无商标与标识。在出售时都冠以“平湖糟蛋”或简称“糟蛋”。例民国三十四年(1945 年)11 月 20 日在平湖《新光日报》创刊号上做广告的老万源腌鲞号,所刊登的广告内容十分简单:“平湖新东门内,蒋腿鱼鲞,糟蛋鲤版,货品最好,价钿最巧”。

解放初期至 1968 年平湖糟蛋销售时没有商标与标识,原因有:

1. 1951 年 5 月,根据政府号召实行“私私合营”。由同兴、新万祥、成兴源、老万源、刘永兴等从事腌鲜行业(腌腊制品与禽蛋加工)的十余家店号组成了“腌鲜业同业公会”,对外简称“合众”。主任陈嘉瑞,并纳入县工商联合会(筹)归口管理。徐源源店号当时歇业,老鼎丰酱园“私私合营”至由粮食、南货、油酒等 20 多个行业组成的“土特产运销股份有限公司”。私营商业洗牌重组,要有一段运营磨合期。

2. 1955 年 11 月,中共中央作出《关于资本主义工商业改造问题的决议(草案)》,经过宣传动员,1956 年全国进入全行业“公私合营”高潮。实行“公私合营”后的企业,投资者的经营性质发生变化,与企业的经营决策、盈亏不再关联,纯粹只享受经济权益(按时领取定息)。

3. 1958 至 1962 年,国家第二个“五年计划”实施,糟蛋生产量以主管部门的年初计划数来实施。期间又遇上“三年特大自然灾害”，连生产糟蛋的主原料糯米都无法保障供应，致使生产一度跌入历史低谷，1961年生产糟蛋仅5.5万只。

4. 1963年国家第三个“五年计划”实施，不久又赶上史无前例的无产阶级文化大革命，生产上企业按部就班(计划生产)，政治上以革命为基准(大批判、大串连，大斗争)。文革初期，企业的行政权由“浙江省平湖县食品公司红色革命造反联合总部”行使。

1969年企业第一次使用标识，是根据市场需求，糟蛋作为平湖特产，礼尚往来需用包装。当时城关镇特产公司的“工农仓库”内，恰巧有一批江苏宜兴产的陶土罐，每罐能装6只糟蛋，就以罐形来定标识贴形状，标识贴中间用工笔画画出糟蛋图样，两旁标上“软壳糟蛋”，其中的一面还注上软壳糟蛋的拼音。落款为“中国食品公司浙江省平湖县公司”，此标识一直使用至1983年。

1969年使用的糟蛋标识贴

计划经济体制时期，不但无知识产权、商业秘密的保护意识，而且处处还以大公无私的革命精神来开展工作。70年代中期，上海一家同行知名企业慕名前来平湖取经学习糟蛋的制作技术，企业不但毫无保留把技术进行传授外，还怕人家没学会，回去后还多次通过电话进行辅导。

十一届三中全会后，我国进行经济体制改革，1982年8月首次颁布了《中华人民共和国商标法》，企业于次年提出注册“龙”牌商标申请，1984年获准。

首次注册的商标，中间是双龙抢珠图案，标签左边是工笔画的糟蛋实样，右旁文字为“软壳糟蛋”，落款为“中国食品公司浙江省平湖县公司”。没有文字说明。也没“®”的注册标识。

1984年使用的“龙”牌注册商标

在我国民俗中龙被称之为祥兽，《辞源》云“龙是古代传说中的一种善变化能兴云雨利万物的神异动物，为鳞虫之长”；《辞海》又云“龙是古代传说中一种有鳞有须能兴云作雨的神异动物”。传说中的人类始祖伏羲、女娲皆龙身人首(或蛇身人首)，又被称为“龙祖”。因而国人自称为“龙的传人”。也暗喻平湖糟蛋世世代代传承。

选择“双龙抢珠”图案，是我国民俗认为双是吉利数字，“双龙抢珠”代表祥瑞吉利珍贵之意。

首次注册商标使用时，同时配上平湖软壳糟蛋产品简介：“糟蛋是用新鲜鸭蛋经清洗裂壳后用优质糯米糟制而成，蛋质细嫩、醇香可口、回味悠长。已有250余年生产历史，清代列为贡品，曾获乾隆京牌嘉奖，一九八一年和一九八四年先后两次荣获商业部和浙江省优质产品称号，深受中外人士好评。”

2000 年后使用的“龙”牌注册商标

糟蛋特色：糟蛋在加工形成中，氨基酸和可溶性糖增多，香甜可口、营养丰富，有开胃助消化、促进血液循环等多种功能，每百克可食部分含有蛋白质 15.8 克、脂肪 13.1 克、碳水化合物 11.7 克、钙 248 毫克、磷 111 毫克、铁 3.1 毫克、维生素 A234 国际单位、硫胺素 0.45 毫克、核黄素 0.50 毫克、尼克酸 6.72 毫克、氨基酸 2.05 毫克/克。

糟蛋保管和食用方法：用原糟浸没、密封保存。糟蛋是冷食食品，不必烹调、只要用小刀轻轻划破蛋膜，用食具取少量慢食，具有独特风味。

三十多年来，企业使用商标标签是视国家不断修改完善法律规定而动，经过数十次的修改，才形成今天清楚标注商品名称、生产日期、营养成分等 10 大要素的商标标签。

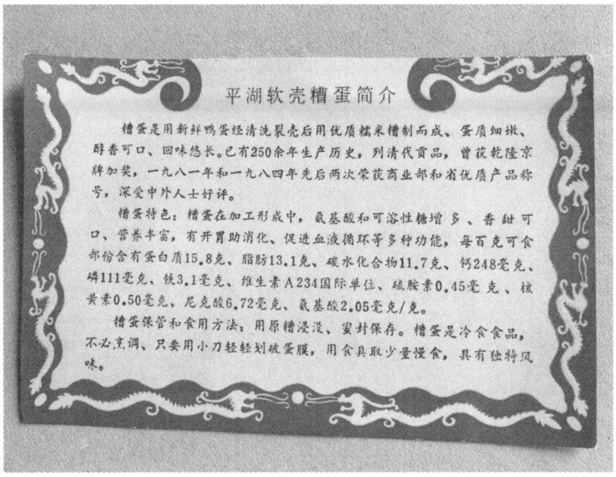
平湖软壳糟蛋简介

糟蛋是用新鲜鸭蛋经清洗裂壳后用优质糯米糟制而成、蛋质细嫩、醇香可口、回味悠长。已有250余年生产历史，列清代贡品，曾获乾隆京牌加奖，一九八一年和一九八四年先后两次荣获商业部和省优质产品称号，深受中外人士好评。

糟蛋特色：糟蛋在加工形成中，氨基酸和可溶性糖增多、香甜可口、营养丰富，有开胃助消化、促进血液循环等多种功能，每百克可食部份含有蛋白质15.8克、脂肪13.1克、碳水化合物11.7克、钙248毫克、磷111毫克、铁3.1毫克、维生素A234国际单位、硫胺素0.45毫克、核黄素0.50毫克、尼克酸6.72毫克、氨基酸2.05毫克/克。

糟蛋保管和食用方法：用原糟浸没、密封保存。糟蛋是冷食食品，不必烹调、只要用小刀轻轻划破蛋膜，用食具取少量慢食，具有独特风味。

1984 年与商标贴配套使用的产品简介标签

第三节 “龙”牌商标失而复得

我国《商标法》规定，商标注册后，每满十年需续展一次。1993 年平湖糟蛋“龙”牌商标第一个十年到期，企业因各种原因没及时办理续展手续，结果丧失了商标使用权。此事《浙江市场报》、上海《新民晚报》、嘉兴《南湖晚报》等分别予以报道。1994 年 5 月 24 日《浙江日报》第二版更是进行详细报道，该报道采用同一栏目对比法切入主题，标题为：

“步森”衬衫重质量，名牌商标金不换，

“龙”牌糟蛋轻品牌，著名商标被注销。

而且中间还插上副标题：“比一比，想一想。”

《浙江日报》报道全文如下：

本报讯(通讯员　楼汉根　杨铁峰)日前刚获得诸暨市首届地方名牌商标的诸暨市步森制衣有限公司，来了一位从沈阳闻讯赶来的客户，要求出资 20 万元将“步森”商标转让给他；奉化市一位个体业主竟开价 50 万元，要求购买“步森”商标。公司总经理陈能恩却毫不犹豫地说：“步森”商标是步森人十多年的心血和汗水创出来的品牌，即便 200 万元也不卖。

步森公司是一家由姐弟 3 人合股经营的私营小厂，从筹借 5000 元起家，发展到目前拥有 4 条衬衫生产流水线和 5 层综合生产大楼的企业，靠自己的实力打出了一个叫得响的牌子。

步森人视质量为生命。去年春，中国人民大学哲学系行政管理专业的一位学生写信给步森公司，在对步森衬衫质量肯定的同时，十分内行地指出衬衫袖口工艺中的不足。公司如获至宝，及时“会诊”，进行改进，并写信给那位学生表示感谢。还寄去了奖金。今年 1 至 4 月，步森公司销售额已突破 570 万元。

在同一版面，又刊登了平湖市委报道组提供的新闻资料：

本报讯(市报道组　陆永林)平湖副食品厂的“龙”牌糟蛋注册商标有效期满后，没有及时向有关部门提出申请和缴费，因而被注销。

平湖糟蛋是具有 200 多年历史的名优特产，创产于清朝雍正年间，曾获乾隆京牌和巴拿马万国博览会奖牌，80 年代曾 4 次荣获商业部和浙江省优质产品及优质食品证书，被评为省最佳食用消费品之一，产品还远销港澳和东南亚。

去年底，使用 10 年的“龙”牌糟蛋注册商标有效期满需续展，但企业负责人置工商部门的书面通知于不顾，一拖再拖，一再延误续展期和宽展期，以致丧失了“龙”牌糟蛋的注册商标。

据有关人士说，平湖副食品厂若继续使用“龙”牌商标，将不受法律保护；如果有人先行注册，这对百年名产平湖糟蛋无疑是一大损失。

一件商标能连续使用十年，其间经过企业的宣传推广，必然积累了一定的品牌知名度。商标续展，恰恰能使得这种商誉得以延续。如果商标被注销，十年的培育心血将付诸东流。此事发生后，企业主管部门一方面立即向当地工商部门重新递交注册申请书，一方面通过政府部门向国家工商局通报情况，请求保留该商标。经过一年的不懈努力，“龙”牌商标终于通过重新申报注册回归企业。

江日报　1994年5月24日　星期二　第2版

“步森”衬衫重质量 名牌商标金不换

比一比　想一想

“龙牌糟蛋”轻品牌 著名商标被注销

1994 年 5 月 24 日《浙江日报》第二版新闻报道

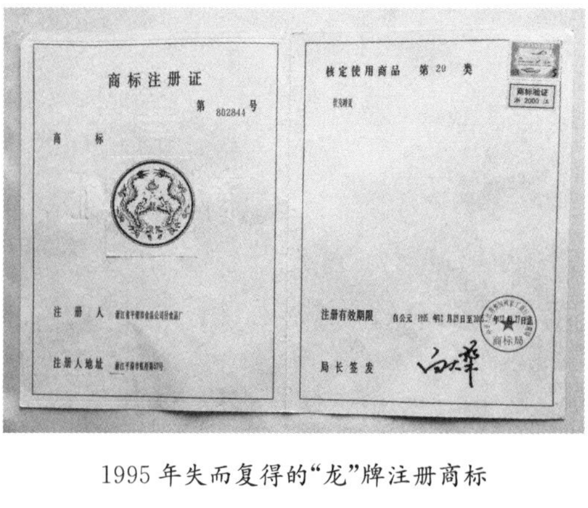

1995 年失而复得的“龙”牌注册商标

第十三章　设计专利　商业秘密

第一节　设计专利

从企业战略和营销策略角度考虑，品牌创新是品牌的生命力和价值所在，创新是多角度、全方位的，包括设计新颖的外包装。从消费者行为的角度来看，更加需要企业树立品牌意识，商品包装的多元化，使得消费者的选择日趋多样化。

外观设计专利是专利权的客体，是专利法保护的对象，是指依法应授予专利权的外观设计。国家《专利法》第二条中规定："外观设计，是指对产品的形状、图案或者其结合以及色彩与形状、图案的结合所做出的富有美感并适于工业应用的新设计。"

2006 年 6 月，企业向平湖市科委申报平湖糟蛋包装小塑罐、塑料瓶、玻瓶盒、单玻瓶、密封盒、瓷瓶盒、手提彩盒共 7 项包装盒外观设计专利。2007 年 6 月 13 日经国家知识产权局依照中华人民共和国《专利法》规定审查合格，授予外观设计专利权。

7 项专利证书：

1. 证书号 第 678273 号

　外观设计名称：包装盒（小塑罐）

　专利号：ZL200630112092.9

　专利申请日：2006 年 6 月 22 日

证书号第678273号

外观设计专利证书

外观设计名称：包装盒(1)

设　计　人：尤明泰

专　利　号：ZL 2006 3 0112092.9

专利申请日：2006 年 6 月 22 日

专 利 权 人：尤明泰

授权公告日：2007 年 8 月 1 日

本外观设计经过本局依照中华人民共和国专利法进行初步审查，决定授予专利权，颁发本证书并在专利登记簿上予以登记。专利权自授权公告之日起生效。

本专利的专利权期限为十年，自申请日起算。专利权人应当依照专利法及其实施细则规定缴纳年费。缴纳本专利年费的期限是每年6月22日前一个月内。未按照规定缴纳年费的，专利权自应当缴纳年费期满之日起终止。

专利证书记载专利权登记时的法律状况。专利权的转移、质押、无效、终止、恢复和专利权人的姓名或名称、国籍、地址变更等事项记载在专利登记簿上。

局长　田力普

2007 年 8 月 1 日

第 1 页（共 1 页）

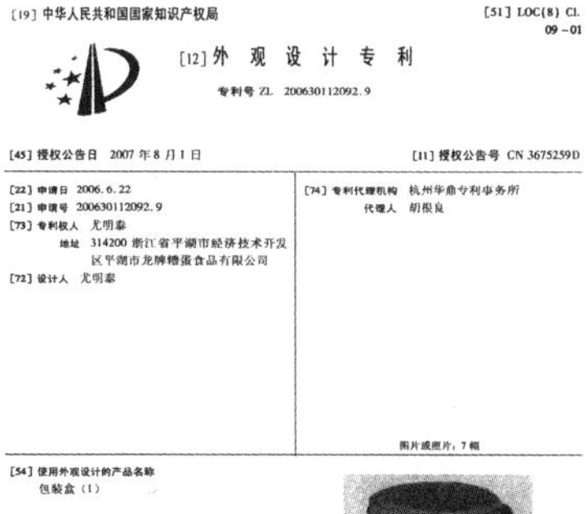

[19] 中华人民共和国国家知识产权局　　[51] LOC(8) Cl. 09－01

[12] 外观设计专利

专利号 ZL 200630112092.9

[45] 授权公告日 2007 年 8 月 1 日　　[11] 授权公告号 CN 3675259D

[22] 申请日 2006.6.22

[21] 申请号 200630112092.9

[73] 专利权人 尤明泰

地址 314200 浙江省平湖市经济技术开发区平湖市龙牌糟蛋食品有限公司

[72] 设计人 尤明泰

[74] 专利代理机构 杭州华鼎专利事务所

代理人 胡根良

图片或照片：7 幅

[54] 使用外观设计的产品名称

包装盒（1）

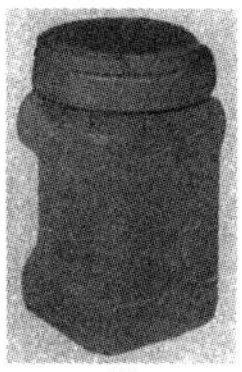

立体图

专利权人:尤明泰

授权公告日:2007 年 8 月 1 日

本外观设计经过本局依照中华人民共和国专利法进行初步审查,决定授予专利权,颁发本证书并在专利簿上予以登记。专利权自授权公告之日起生效。

本专利的专利权期限为 10 年,自申请日起算。专利权人应当依照专利法及其实施细则规定缴纳年费。缴纳本专利年费的期限是每年 6 月 22 日前一个月内。未按照规定缴纳年费的,专利权自应当缴纳年费期满之日起终止。

专利证书记载专利权登记时的法律状况。专利权的转移、质押、无效、终止、恢复和专利权人的姓名或名称、国籍、地址变更等事项在专利登记簿上。

局长　田力普

授权者　中华人民共和国国家知识产权局

2. 证书号 第 658697 号

外观设计名称:包装盒(塑料瓶)

专利号:ZL200630112091.4

授权公告日:2007 年 6 月 13 日

其他事项同上

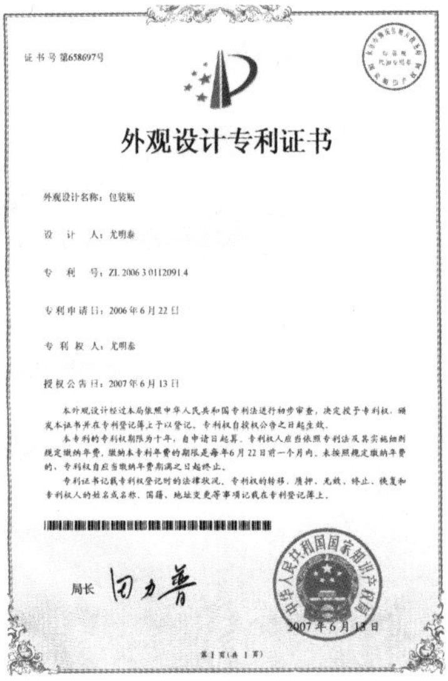
证书号 第658697号

外观设计专利证书

外观设计名称:包装瓶

设　计　人:尤明泰

专　利　号:ZL 2006 3 0112091.4

专利申请日:2006 年 6 月 22 日

专利权人:尤明泰

授权公告日:2007 年 6 月 13 日

本外观设计经过本局依照中华人民共和国专利法进行初步审查,决定授予专利权,颁发本证书并在专利登记簿上予以登记。专利权自授权公告之日起生效。

本专利的专利权期限为十年,自申请日起算。专利权人应当依照专利法及其实施细则规定缴纳年费。缴纳本专利年费的期限是每年6月22日前一个月内。未按照规定缴纳年费的,专利权自应当缴纳年费期满之日起终止。

专利证书记载专利权登记时的法律状况。专利权的转移、质押、无效、终止、恢复和专利权人的姓名或名称、国籍、地址变更等事项记载在专利登记簿上。

局长 田力普

2007 年 6 月 13 日

第 1 页(共 1 页)

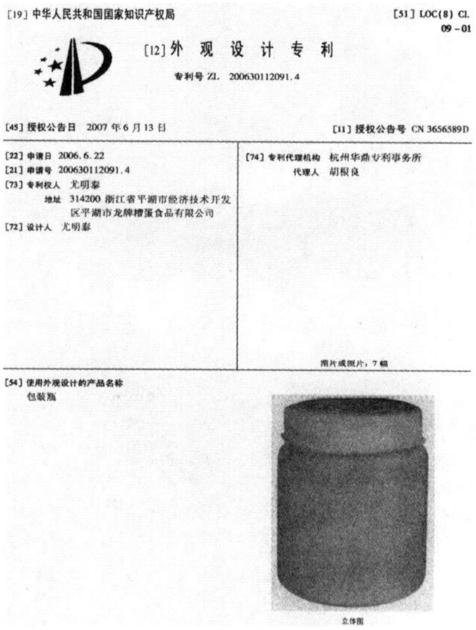
[19] 中华人民共和国国家知识产权局

[51] LOC(8) Cl. 09－01

[12] 外观设计专利

专利号 ZL 200630112091.4

[45] 授权公告日 2007 年 6 月 13 日

[11] 授权公告号 CN 3656589D

[22] 申请日 2006.6.22

[21] 申请号 200630112091.4

[73] 专利权人 尤明泰

地址 314200 浙江省平湖市经济技术开发区平湖市龙牌糟蛋食品有限公司

[72] 设计人 尤明泰

[74] 专利代理机构 杭州华鼎专利事务所

代理人 胡根良

图片或照片:7 幅

[54] 使用外观设计的产品名称

包装瓶

立体图

3. 证书号 第 637181 号

外观设计名称:包装盒(玻瓶方盒)

专利号:ZL200630112090.X

授权公告日:2007 年 4 月 18 日

其他事项同上

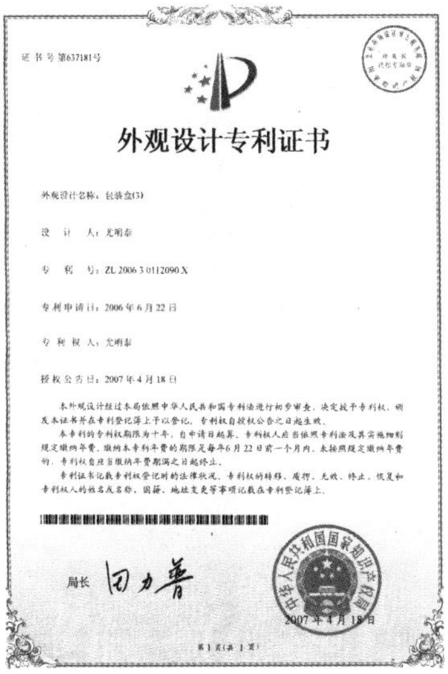
证书号第637181号

外观设计专利证书

外观设计名称：包装盒(3)

设　计　人：尤明泰

专　利　号：ZL 2006 3 0112090.X

专利申请日：2006年6月22日

专利权人：尤明泰

授权公告日：2007年4月18日

本外观设计经过本局依照中华人民共和国专利法进行初步审查，决定授予专利权，颁发本证书并在专利登记簿上予以登记。专利权自授权公告之日起生效。

本专利的专利权期限为十年，自申请日起算。专利权人应当依照专利法及其实施细则规定缴纳年费。缴纳本专利年费的期限是每年6月22日前一个月内。未按照规定缴纳年费的，专利权自应当缴纳年费期满之日起终止。

专利证书记载专利权登记时的法律状况。专利权的转移、质押、无效、终止、恢复和专利权人的姓名或名称、国籍、地址变更等事项记载在专利登记簿上。

局长 田力普

2007年4月18日

第1页(共1页)

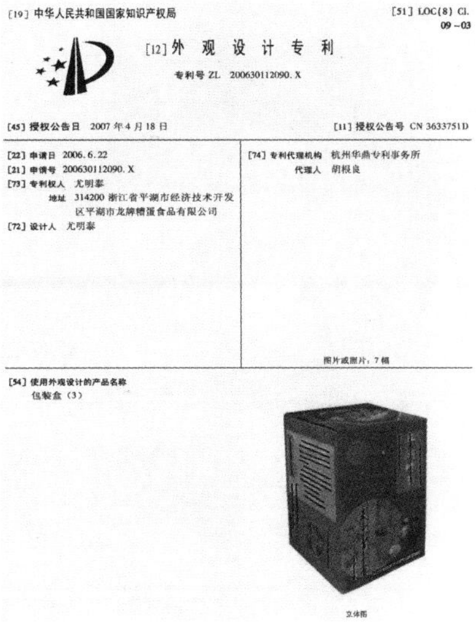
[19] 中华人民共和国国家知识产权局

[51] LOC(8) Cl. 09－03

[12] 外观设计专利

专利号 ZL 200630112090.X

[45] 授权公告日 2007年4月18日

[11] 授权公告号 CN 3633751D

[22] 申请日 2006.6.22
[21] 申请号 200630112090.X
[73] 专利权人 尤明泰
地址 314200 浙江省平湖市经济技术开发区平湖市龙牌糟蛋食品有限公司
[72] 设计人 尤明泰

[74] 专利代理机构 杭州华鼎专利事务所
代理人 胡根良

图片或照片：7幅

[54] 使用外观设计的产品名称
包装盒（3）

立体图

4. 证书号 第643927号

外观设计名称：包装盒(单玻瓶)

专利号：ZL200630112089.7

授权公告日：2007年5月9日

其他事项同上

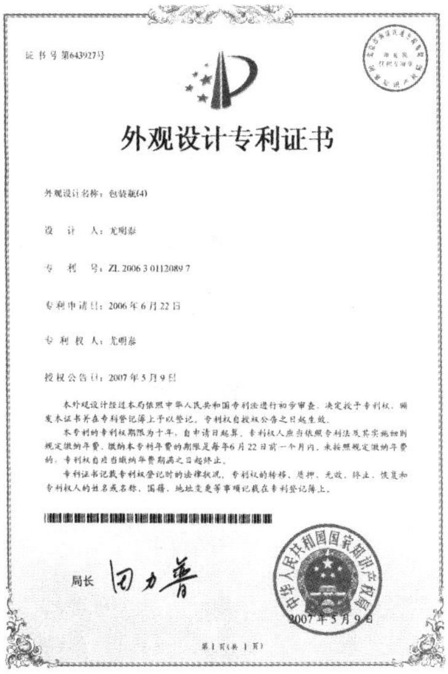
证书号第643927号

外观设计专利证书

外观设计名称：包装瓶(4)

设　计　人：尤明泰

专　利　号：ZL 2006 3 0112089.7

专利申请日：2006年6月22日

专利权人：尤明泰

授权公告日：2007年5月9日

本外观设计经过本局依照中华人民共和国专利法进行初步审查，决定授予专利权，颁发本证书并在专利登记簿上予以登记。专利权自授权公告之日起生效。

本专利的专利权期限为十年，自申请日起算。专利权人应当依照专利法及其实施细则规定缴纳年费。缴纳本专利年费的期限是每年6月22日前一个月内。未按照规定缴纳年费的，专利权自应当缴纳年费期满之日起终止。

专利证书记载专利权登记时的法律状况。专利权的转移、质押、无效、终止、恢复和专利权人的姓名或名称、国籍、地址变更等事项记载在专利登记簿上。

局长 田力普

2007年5月9日

第1页(共1页)

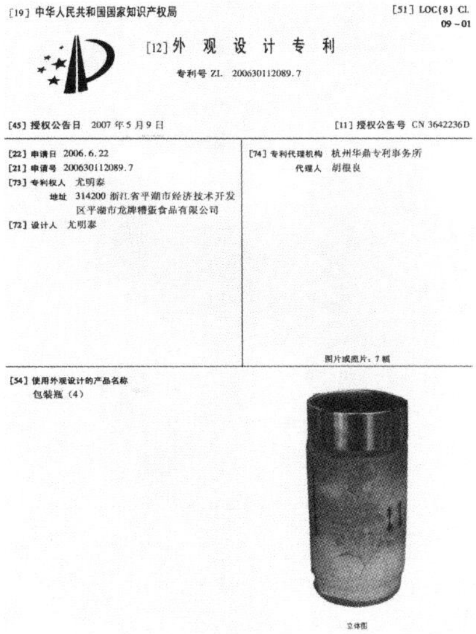
[19] 中华人民共和国国家知识产权局

[51] LOC(8) Cl. 09－01

[12] 外观设计专利

专利号 ZL 200630112089.7

[45] 授权公告日 2007年5月9日

[11] 授权公告号 CN 3642236D

[22] 申请日 2006.6.22
[21] 申请号 200630112089.7
[73] 专利权人 尤明泰
地址 314200 浙江省平湖市经济技术开发区平湖市龙牌糟蛋食品有限公司
[72] 设计人 尤明泰

[74] 专利代理机构 杭州华鼎专利事务所
代理人 胡根良

图片或照片：7幅

[54] 使用外观设计的产品名称
包装瓶（4）

立体图

5. 证书号 第637230号

外观设计名称：包装盒(密封方盒)

专利号：ZL200630112088.2

授权公告日：2007年4月18日

其他事项同上

证书号第637230号

外观设计专利证书

外观设计名称：包装盒(5)

设 计 人：尤明泰

专 利 号：ZL 2006 3 0112088.2

专利申请日：2006年6月22日

专 利 权 人：尤明泰

授权公告日：2007年4月18日

本外观设计经过本局依照中华人民共和国专利法进行初步审查，决定授予专利权，颁发本证书并在专利登记簿上予以登记。专利权自授权公告之日起生效。

本专利的专利权期限为十年，自申请日起算。专利权人应当依照专利法及其实施细则规定缴纳年费。缴纳本专利年费的期限是每年6月22日前一个月内。未按照规定缴纳年费的，专利权自应当缴纳年费期满之日起终止。

专利证书记载专利权登记时的法律状况。专利权的转移、质押、无效、终止、恢复和专利权人的姓名或名称、国籍、地址变更等事项记载在专利登记簿上。

局长 田力普

2007年4月18日

第1页(共1页)

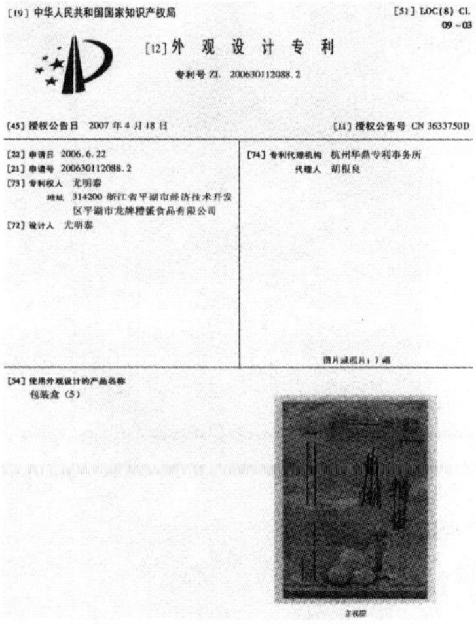

[19] 中华人民共和国国家知识产权局

[51] LOC(8) Cl.
09－03

[12] 外 观 设 计 专 利

专利号 ZL 200630112088.2

[45] 授权公告日 2007年4月18日

[11] 授权公告号 CN 3633750D

[22] 申请日 2006.6.22
[21] 申请号 200630112088.2
[73] 专利权人 尤明泰
地址 314200 浙江省平湖市经济技术开发区平湖市龙牌糟蛋食品有限公司
[72] 设计人 尤明泰

[74] 专利代理机构 杭州华鼎专利事务所
代理人 胡根良

图片或照片：7幅

[54] 使用外观设计的产品名称
包装盒（5）

主视图

6. 证书号 第637217号

外观设计名称：包装盒（瓷瓶礼盒）

专利号：ZL200630112087.8

授权公告日：2007年4月18日

其他事项同上

证书号第637217号

外观设计专利证书

外观设计名称：包装盒(6)

设 计 人：尤明泰

专 利 号：ZL 2006 3 0112087.8

专利申请日：2006年6月22日

专 利 权 人：尤明泰

授权公告日：2007年4月18日

本外观设计经过本局依照中华人民共和国专利法进行初步审查，决定授予专利权，颁发本证书并在专利登记簿上予以登记。专利权自授权公告之日起生效。

本专利的专利权期限为十年，自申请日起算。专利权人应当依照专利法及其实施细则规定缴纳年费。缴纳本专利年费的期限是每年6月22日前一个月内。未按照规定缴纳年费的，专利权自应当缴纳年费期满之日起终止。

专利证书记载专利权登记时的法律状况。专利权的转移、质押、无效、终止、恢复和专利权人的姓名或名称、国籍、地址变更等事项记载在专利登记簿上。

局长 田力普

2007年4月18日

第1页(共1页)

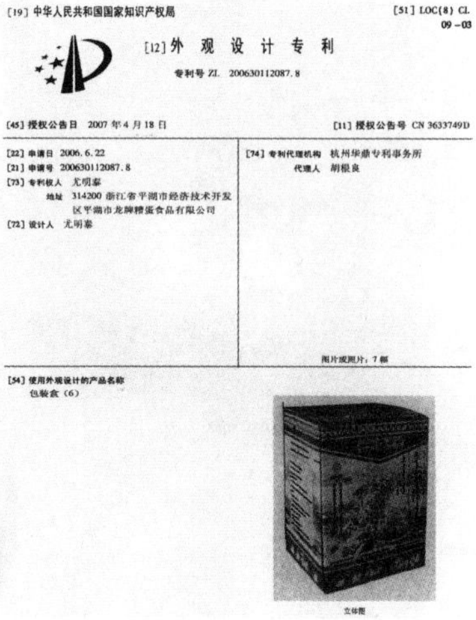

[19] 中华人民共和国国家知识产权局

[51] LOC(8) Cl.
09－03

[12] 外 观 设 计 专 利

专利号 ZL 200630112087.8

[45] 授权公告日 2007年4月18日

[11] 授权公告号 CN 3633749D

[22] 申请日 2006.6.22
[21] 申请号 200630112087.8
[73] 专利权人 尤明泰
地址 314200 浙江省平湖市经济技术开发区平湖市龙牌糟蛋食品有限公司
[72] 设计人 尤明泰

[74] 专利代理机构 杭州华鼎专利事务所
代理人 胡根良

图片或照片：7幅

[54] 使用外观设计的产品名称
包装盒（6）

立体图

7. 证书号 第658697号

外观设计名称：包装盒（手提礼盒）

专利号：ZL200630117021.8

专利申请日：2006年9月12日

授权公告日：2007年6月27日

其他事项同上

证书号第665955号

外观设计专利证书

外观设计名称：包装盒(7)

设　计　人：尤明泰

专　利　号：ZL 2006 3 0117021.8

专利申请日：2006年9月12日

专 利 权 人：尤明泰

授权公告日：2007年6月27日

局长　田力普

2007年6月27日

第1页(共1页)

[19] 中华人民共和国国家知识产权局

[51] LOC(8) Cl.
09－03

[12] 外 观 设 计 专 利

专利号 ZL 200630117021.8

[45] 授权公告日　2007年6月27日

[11] 授权公告号 CN 3662305D

[22] 申请日　2006.9.12
[21] 申请号　200630117021.8
[73] 专利权人　尤明泰
地址　314200 浙江省平湖市经济技术开发区平湖市龙牌糟蛋食品有限公司
[72] 设计人　尤明泰

[74] 专利代理机构　杭州华鼎专利事务所
代理人　胡根良

图片或照片：7幅

[54] 使用外观设计的产品名称
包装盒(7)

第二节　商业秘密

国家秘密和商业秘密在理论上是两个不同的概念，在市场经济发达的国家不存在交叉或混同的问题。纯粹的商业秘密是指不为公众所知悉、能为权利人带来经济利益，具有实用性并经权利人采取保密措施的技术信息和经营信息。商业秘密是企业的财产权利，它关乎企业的竞争力，对企业的发展至关重要，有的甚至直接影响到企业的生存。但在我国计划经济时期，企业归国家所有，由国家经营，且只对国家负责。因此企业中的商业秘密理所当然地构成国家秘密的一部分。

1994年10月，平湖市保密局会同平湖市商业局，根据商业部国家保密局(1989)31号文件和浙江省商业厅办(1991)54号文件规定为依据，把《平湖糟蛋常年生产工艺》列为国家机密，保密期限20年，指定生产企业为平湖市食品公司副食品厂。

1994年10月31日，平湖市商业局平商(1994)81号文件关于印发《平湖市商业工作中国家秘密事项一览表》和《平湖市商业工作中内部事项一览表》的通知：根据市保密局和省商业厅办公室对贯彻执行《国家秘密及其密级具体范围的规定》的要求，以商业部、国家保密局(1989)31号文件和省商业厅办(1991)54号文件为依据，我们研究制定了《平湖市商业工作中国家秘密事项一览表》(见附表一)和《平湖市商业工作中内部事项一览表》(见附表二)现印发给你们，请遵照执行。

附：1.《平湖市商业工作中国家秘密事项一览表》

2.《平湖市商业工作中内部事项一览表》(下略)

平湖市商业局

1994年10月31日

平湖市商业工作中国家秘密事项一览表

填报单位(公章)　　　　　　表一

顺序号	国家秘密事项目录	密级与标志	保密期限	载体形式	产生秘密的部门(单位)	确定国家秘密的依据
1	与人民生活密切相关的主要农产品、副食品、轻纺产品生产资料价格调整方案	绝密★	公开前	文件	上级主管部门和本局	1. 商业部[1989]商办字　号国家保密局文 2. 省商业厅商办[1991]54号文
2	畜禽烈性传染病的发生时间地点	绝密★	5 年	文件材料	企业指导科 平湖食品公司	1. 商业部国家保密局[1989]商办字第 31 号文 2. 省商业厅商办[1991]54 号文
3	平湖糟蛋常年生产工艺	机密★	20 年	文字材料	平湖食品公司 副食品厂	1. 商业部国家保密局[1989]商办字第 31 号文 2. 省商业厅商办[1991]54 号
4	我市布匹、食糖的库存量	秘密★	5 年	文字报表	企业指导科 百货、烟糖公司	1. 商业部国家保密局[1989]商办字第 31 号文 2. 省商业厅商办[1991]54 号
5	出台前一般商品调价方案	秘密★	公开前	文字材料	企业指导科	1. 商业部国家保密局[1989]商办字第 31 号文 2. 省商业厅商办[1991]54 号

1997 年 10 月平湖市保密　涉密岗位工作人员资格培训
(第二排左五副食品厂工作人员柴勤华)

第十四章 著作 文艺创作

第一节 著 作

一、技术书刊《平湖糟蛋》

1958 年 7 月，中国轻工业出版社出版了由熊同龢、黄鼎、胡熊飞编纂的技术书刊《平湖糟蛋》。

时代背景：1957 年 11 月 13 日，《人民日报》发表社论，提出了"大跃进"口号。1958 年 5 月党的八大二次会议正式通过了"鼓足干劲、力争上游、多快好省地建设社会主义"的总路线。号召全党和全国人民，争取在 15 年或者更短时间内，在主要工业产品的产量方面赶上和超过英国。在生产发展上追求高速度，以实现工农业生产高产值为目标，要求工农业主要产品的产量成倍、几倍、甚至几十倍地增长。

在这样的目标和口号下，1958 年中国轻工业出版社编辑出版的生产技术书刊，涉及范围造纸、食品、制糖、制盐、发酵、卷烟、家用电器、塑料制品、陶瓷、玻璃、搪瓷、皮革、化妆品、钟表、自行车、缝纫机、感光材料、灯泡、服装、家具、五金、衡器、文体用品、工艺美术、轻工业机械制造等 40 多个行业。几乎所有的老字号产品都包括在内，目的只有一个，多快好省地实现工农业生产大跃进。

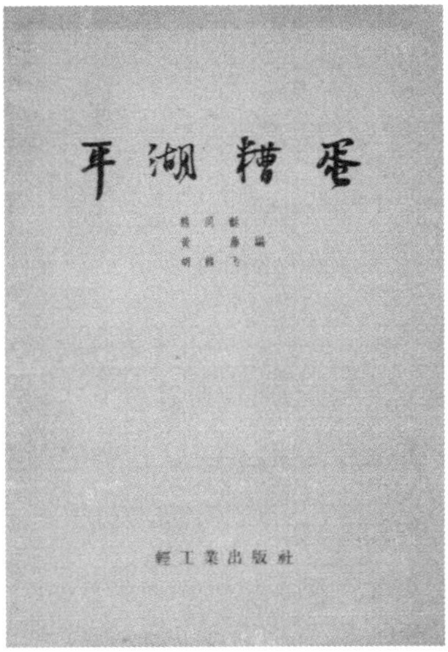

1958 年 7 月出版的技术书刊《平湖糟蛋》

《平湖糟蛋》领衔编纂者熊同龢教授 1906 年出生于安徽凤阳。1930 年毕业于南京中央大学，1936 年赴美国明尼苏达大学攻读硕士学位，1938 年回国。曾在浙大农学院、中央大学、南京大学农学院任教授、系主任。1952 年后任浙江农学院、浙江农业大学教授，曾任农学系、园艺系系主任。新中国成立前后，还曾兼任广西大学农学院、安徽大学农学院、金陵大学农学院、南京药专等校教授。熊同龢教授系九三学社成员，曾任浙江省政协委员，浙江省科协顾问。

熊同龢教授是知名果蔬贮藏和加工专家，他长期从事农业教学工作，专长于果蔬的贮藏和加工，曾主编《果蔬贮藏加工学》，编写《水果和蔬菜的干制原理和方法》《水果和蔬菜贮藏法》《果品贮藏》等著作。

《平湖糟蛋》书刊内插图九张(黑白照片),其情景分别为蒸饭、制糟、检查记录(温度变化)、洗蛋(晒蛋击蛋)、蒸甏消毒、落蛋、半成品检查、糟蛋成熟变化、成品糟蛋实样。从图片背景与时间推测,当年熊同龢教授等来平湖实地考察,糟蛋的制作场地在平湖城关镇宝塔桥西堍。

《平湖糟蛋》书刊小印本(18.5＊13 厘米),28 页,1.8 万字,北京市印刷二厂印刷,第一次印刷 1800 本,全国新华书店发行,售价 0.18 元。

《平湖糟蛋》的出版内容、目的在封底《内容提要》中注明:

平湖糟蛋具有特殊风味,为我国著名特产食品之一。本书共分九章,分别叙述平湖糟蛋的特点、历史、产销情况;制造糟蛋所用的原料、用具、厂房等;糟蛋生产中的操作过程和方法;糟蛋的成熟过程、成品规格、品质鉴评和废品;成品的保管、分装和运输,以及食用方法等。书末并附其他地区所产硬壳糟蛋的加工简况,以供参照研究。

本书可供生产和经营此项糟蛋的工厂、作坊、合作社、食品公司、饮食业公司等的技术和业务人员学习参考之用,并可作食品工业、农村副产制造等班校训练专业人员的教材,爱好祖国名产食品的同志,可由此进一步加以研究,使其将来能得到更好的发展。

二、非遗书刊《平湖糟蛋》

2014 年 12 月在平湖市非物质文化遗产保护管理中心安排下出版了第一辑非遗书刊《平湖糟蛋》。

时代背景:21 世纪初期,我国非物质文化遗产面临濒危、失传的重大危机,而非物质文化遗产的保护关系到国家的文化安全、社会的和谐发展和民族文化的血脉传承。因此在 2011 年我国颁布实施了《中华人民共和国非物质文化遗产法》,非遗法的颁布标志着我国非遗保护进入到一个全新时期。2013 年是中国非物质文化遗产保护工作正式开展十年(2003～2013 年),非物质文化遗产的保护工作被提升到了空前的高度。加强非物质文化遗产的研究、认定、保存和传播是我国政府高度重视当代文化事业发展的重要举措。

平湖非遗书系第一辑之一《平湖糟蛋》

“平湖非遗书系”第一辑(五种)分别为《平湖派琵琶》《平湖钹子书》《平湖糟蛋》《平湖民间故事精编》《大蜡烛庙会》。

非遗书刊《平湖糟蛋》全书分概述、历程、文化、附录等四个章节,详细记载了平湖糟蛋的起源、特色、工艺、荣誉、品牌、营养、民间传说等,同时涉猎历史、经济、文化、审美等内容,图文并茂向人们全方位展示平湖糟蛋长达近三个世纪的丰瞻历史。

非遗书刊《平湖糟蛋》开本 850＊1168 mm 1/32,132 页,6 万字,嘉兴吴越电子音像出版有限公司出版发行，售价 20 元。

第二节　艺术创作

平湖糟蛋的历史是一部丰富而充满传奇的历史，其文化随历史而动，在不同的发展阶段形成了不同的文化特色，蕴涵着中国传统文化的精髓，用恰当的方式将这种文化表达出来，与消费者的情感、文化产生共鸣，期望得到消费者厚爱。

2007 年，公司搜集、整理了有关平湖糟蛋的三个民间传说。第一、第二两个传说是有关平湖糟蛋起源流传最广的传说，第三个是乾隆皇帝下江南时与平湖糟蛋的民间传说。

聘请著名画家陈运星绘画成连环画。

陈运星，男，1958 年生，祖籍福建。创作出版一百多部连环画。参绘大型图书二次，获全国图书一等奖。擅长国画、漫画、连环画人物形象创作。现为中华亚细亚国际艺文协会会员、虎林画院副秘书长、荣宝斋（上海）特约画师、上海美术家协会会员、中国国画院专职画家。

《美丽传说》是两个民间故事，每个传说用四幅画表述，各自表述糟蛋发明流传在民间的故事。

《皇帝与糟蛋》是乾隆皇帝下江南的民间传说，用六幅画表述，说的是乾隆皇帝第三次南巡首次驻跸海宁陈阁府，在当日接驾的晚宴上吃到平湖糟蛋时，竟连下筷箸，还连称好蛋、好蛋！回京不久即下旨钦定平湖糟蛋为贡品。

附：《美丽传说（一）（二）》《皇帝和糟蛋》

1. 美丽传说（一）

清雍正某年江浙一带遭遇特大洪災
大江南北頓失滔滔嘉興府平湖西門
外徐源源酒坊完全被浸泡在大水中

一、清雍正某年，江浙一带遭遇特大洪灾，大江南北顿失滔滔。嘉兴府平湖西门外徐源源酒坊完全被浸泡在大水中。

二、大水慢慢退去，徐源源在清理酒坊时，看见一堆被水浸透的糯米中混入几只躲水鸭子下的鸭蛋，他不假思索地一起捧入酒坛中。

三、数日后徐源源想起糯米和鸭蛋，往坛中一看，糯米已发酵，蛋壳微微变软，尝尝淡而无味，徐源源索性放入少许食盐，并用牛皮纸醮上猪血把酒瓮密封。

四、到了金秋十月，当再次打开酒坛时，一股香味飘逸而出，撩开酒糟露出了一种似蛋非蛋的软壳蛋，见者无不瞠目惊诧！

2. 美丽传说(二)

一、雍正某年清明，平湖西门外酒坊徐源源家煎鱼烹肉，牵船准备上坟祭祖。学徒枣倌年幼嘴馋，他乘机藏几只鸭蛋身边，盼老爷离去后煮蛋吃。

二、谁知老爷临走时改变主意，吩咐枣倌同去。受惊的枣倌匆忙中把口袋里的几只鸭蛋丢入院内的酒缸内。

三、到了中秋，徐老爷动用那缸酒糟，沉入缸底的几只鸭蛋赫然出现，此时蛋壳脱落香气四溢，味道绵绵不绝。

四、因祸得福降临到小枣倌头，后来枣倌不但成为徐家的东床快婿，还成为徐家酒坊的掌门人。

3. 皇帝与糟蛋

一、乾隆是我国历史上年寿最高、执政最久、影响最大的皇帝。他与康熙、雍正历经130余年共同创建了名垂史册的“康乾盛世”。为治水患他决定“亲临相度”，由此引出民间美谈的“六巡江南”典故。

二、乾隆第三次南巡首次驻跸海宁陈阁府。在当日接驾的宴席上使女端上一盆晶莹剔透的无壳蛋，透过半透明蛋膜还能窥见乳白色的蛋清和橘红色蛋黄。陈府主人见皇上

惊奇，慌忙叩禀此物乃为平湖特产——软壳糟蛋。

三、乾隆好奇地品尝一口，顷刻间醇香之气溢满口中，清冽畅爽，回味无穷。他不由连下筷箸，还连称好蛋、好蛋！

四、不知是海防工程确实重要，还是平湖糟蛋绵绵不绝的无穷美味，自三次南巡始，乾隆六下江南四次到达海宁陈阁府。且陈阁府中安澜园的“安澜”之名也是他所赐，寓意海水永安其澜。

五、乾隆回京经常想起糟蛋的独特美味，不久即下旨钦定平湖糟蛋为贡品。自此每当金秋十月，八百里快马直送京城。有关乾隆的长寿之谜(88 岁)，目前引起专家们的极

大关注,据云与经常食用营养丰富的蛋制品有关。

六、糟蛋列入贡品后,深受贵妃们喜爱。乾隆特赐京牌一块。随后在参加各类展评均获奖,有诗为证:买醉结伴城西行,源源佳酿远驰名,剖来糟蛋好颜色,携到京华美味评。

注:诗人为[清]何之鼎,平湖人,光绪年间。

第 六 编

非遗名录
品牌文化

联合国教育、科学及文化组织(简称教科文组织)于2003年9月29日至10月17日在法国巴黎举行第32届会议，通过了《保护非物质文化遗产公约》。这是人类历史上非物质文化遗产保护事业的重要里程碑。《保护非物质文化遗产公约》于2006年4月生效。目前，联合国有《保护非物质遗产公约》和《保护世界文化和自然遗产公约》，前者管"非物质"，后者管"物质"。

"非物质文化遗产"，指被各社区、群体，有时是个人，视为其文化遗产组成部分的各种社会实践、观念表述、表现形式、知识、技能以及相关的工具、实物、手工艺品和文化场所。这种非物质文化遗产世代相传，在各社区和群体适应周围环境以及与自然和历史的互动中，被不断地再创造，为这些社区和群体提供认同感和持续感，从而增强对文化多样性和人类创造力的尊重。在本公约中，只考虑符合现有的国际人权文件，各社区、群体和个人之间相互尊重的需要和顺应可持续发展的非物质文化遗产。

"非物质文化遗产"的定义，包括以下几方面：

1. 口头传统和表现形式，包括作为非物质文化遗产媒介的语言；

2. 表演艺术；

3. 社会实践、仪式、节庆活动；

4. 有关自然界和宇宙的知识和实践；

5. 传统手工艺。

《保护非物质文化遗产公约》的制订，目的在于通过评估和认定非物质文化遗产，提高人们保护和传承非物质文化的意识，使优秀文化代代相传。

第十五章　非物质文化遗产

第一节　非遗名录

我国于2004年8月批准加入了联合国《保护非物质遗产公约》，成为第6个加入的国家。在《公约》非物质文化遗产概念的提出前，我国一直使用“民族民间文化”，与教科文组织1989年提出的“传统和民间文化”相类似。但“民族民间文化”不能完全等同于“非物质文化遗产”，亦难于涵盖“高雅、精品文化”以及宫廷艺术、宗教文化等门类。

中华文化源远流长，几乎所有的非物质文化都源于传统文化，保护非物质文化就是传承我国的传统文化。2011年6月1日起实施的《中华人民共和国非物质文化遗产法》将体现中华民族优秀传统文化，具有重大历史、文学、艺术、科学价值的非物质文化遗产项目列入名录予以保护。

我国的“非物质文化遗产”定义：“是指各族人民世代相传并视为其文化遗产组成部分的各种传统文化表现形式，以及与传统文化表现形式相关的实物和场所。”包括六大门类，(一)传统口头文学以及作为其载体的语言；(二)传统美术、书法、音乐、舞蹈、戏剧、曲艺和杂技；(三)传统技艺、医药和历法；(四)传统礼仪、节庆等民俗；(五)传统体育和游艺；(六)其他非物质文化遗产。

© 2008 UNESCO

UNESCO

United Nations Educational, Scientific and Cultural Organization

Intangible Cultural Heritage

The Emblem of the 2003 Convention, designed by Dragutin Dado Kovačević

联合国教科文组织(左)与世界非物质文化遗产标识

中国非物质文化遗产

CHINA INTANGIBLE CULTURAL HERITAGE

中国非物质文化遗产保护标识

使用了长达半个多世纪的击蛋工具(竹柄刻有1961.7字样)

平湖糟蛋制作工艺中的击蛋技艺(民间手工技艺),是将经过挑选、清洗、晾干、紫外线杀菌后的鲜鸭蛋逐个击碎,使酒糟成分更好地渗透蛋内组织,促进糟蛋的脱壳与成熟。击蛋具体方法是:右手拿竹片(长13 cm,宽3 cm,厚0.7 cm),左手拿蛋,蛋头朝上齐肩两边轻敲两下,既要在蛋壳表面击出龟背纹状,又不能击破蛋膜(破膜蛋不能糟制)。

2009年2月16日,经平湖市人民政府研究决定(平政发〔2009〕15号),关于公布第二批非物质文化遗产名录的通知:

根据《平湖市人民政府关于进一步加强文化建设的若干政策意见》(平政发〔2008〕191号)精神,经各镇(街道)申报,市非物质文化遗产保护和管理中心遴选推荐,市文化主管部门评审、公示,市历史文化遗产保护委员会审核,市政府同意将"神话·水乡的来历"等99个非物质文化遗产项目列为平湖市第二批非物质文化遗产名录。现将名录予以公布。

希望各镇(街道)和有关部门坚持保护为主、抢救第一、合理利用、传承发展的方针,按照属地保护原则,加强非物质文化遗产保护与传承,为推动我市文化大发展大繁荣作出更大贡献。

平湖糟蛋的击蛋技艺被列为传统技艺非物质文化遗产名录。

2008年6月4日,经嘉兴市人民政府研究决定(嘉政发〔2008〕43号),关于公布第二批非物质文化遗产名录的通知:

根据《国务院办公厅关于加强我国非物质文化遗产保护工作的意见》(国办发〔2005〕18号)、《浙江省人民政府办公厅关于加强民族民间艺术保护工作的通知》(浙政办发〔2004〕21号)精神,在各地申报的基础上,经市非物质文化遗产名录评审委员会评审和社会公示,市政府同意将"五姑娘"等46个项目列为第二批嘉兴市非物质文化遗产名录。现将名录予以公布。

各地、各部门要充分认识做好非物质文化遗产保护工作的重要性和必要性,认真贯彻"保护为主、抢救第一、合理利用、传承发展"的工作方针,对列入名录和其他有价值的非物质文化遗产,要制订保护规划,落实工作措施,切实做好非物质文化遗产的保护、管理和合理利用工作,为创建国家历史文化名城、加快文化大市建设作出贡献。

平湖糟蛋的击蛋技艺被列为传统技艺非物质文化遗产名录。

2012年6月25日,经浙江省人民政府研究决定(浙政发〔2012〕55号),关于公布第四批非物质文化遗产名录的通知:

省政府同意省文化厅报送的第四批浙江省非物质文化遗产名录(202项),现予公布。请抓紧制订各项目保护规划,明确保护责任,落实保护措施。各地、各有关部门要坚持"保护为主、抢救第一、合理利用、传承发展"的工作方针,切实做好非物质文化遗产的保护、管理、开发和利用,为加快文化强省建设、推动文化大发展大繁荣作出新的贡献。

平湖糟蛋的击蛋技艺被列为传统技艺非物质文化遗产名录。

第二节　非遗传承

《中华人民共和国非物质文化遗产法》第四章对非物质文化遗产的传承与传播规定如下：

第二十八条　国家鼓励和支持开展非物质文化遗产代表性项目的传承、传播。

第二十九条　国务院文化主管部门和省、自治区、直辖市人民政府文化主管部门对本级人民政府批准公布的非物质文化遗产代表性项目，可以认定代表性传承人。

非物质文化遗产代表性项目的代表性传承人应当符合下列条件：

（一）熟练掌握其传承的非物质文化遗产；

（二）在特定领域内具有代表性，并在一定区域内具有较大影响；

（三）积极开展传承活动。

认定非物质文化遗产代表性项目的代表性传承人，应当参照执行本法有关非物质文化遗产代表性项目评审的规定，并将所认定的代表性传承人名单予以公布。

第三十条　县级以上人民政府文化主管部门根据需要，采取下列措施，支持非物质文化遗产代表性项目的代表性传承人开展传承、传播活动：

（一）提供必要的传承场所；

（二）提供必要的经费资助其开展授徒、传艺、交流等活动；

（三）支持其参与社会公益性活动；

（四）支持其开展传承、传播活动的其他措施。

根据《中华人民共和国非物质文化遗产法》规定，龙牌糟蛋食品有限公司（糟蛋制作工艺）成为平湖非遗文化传承基地。

2010年6月12日，为进一步落实我国第五个“文化遗产日”“文化遗产，在我身边”的主题，由平湖市文体局、教育局、广陈镇人民政府联办，平湖市非物质文化遗产保护管理中心、平湖民俗风情馆和嘉兴市金龙门生态农业公司承办，广陈镇综合文化站、广陈中学、广陈中心小学协办的平湖市2010年“文化遗产日”启动仪式——平湖市非物质文化遗产文艺展演暨平湖民俗风情馆金龙门农耕文化展示中心揭牌仪式，在广陈金龙门生态园举行。

平湖市人民政府副市长、市历史文化遗产保护管理委员会主任顾玉峰，市人大教科文卫主任、市文体局、市教育局等领导以及嘉兴市金龙门生态农业公司董事长，平湖市历史文化遗产保护管理委员会各成员单位负责人参加了启动仪式。

启动仪式上，平湖市人民政府授牌龙牌糟蛋食品有限公司为“平湖市糟蛋制作工艺传承基地”。

2009年6月13日，经嘉兴市文化广电新闻出版局研究决定（嘉文〔2009〕56号），关于公布第一批嘉兴市非物质文化遗产项目代表性传承人的通知：

根据浙江省人大常委会颁发的《浙江省非物质文化遗产保护条例》、省政府《关于进一步加强文化遗产保护工作的通知》和《嘉兴市非物质文化遗产项目代表性传承人申报与认定办法》精神，为有效保护和传承非物质文化遗产，鼓励和支持非物质文化遗产项目代表性传承人开展传习活动，市文化广电新闻出版局组织开展了嘉兴市第一批非物质文化遗产项目代表性传承人的申报和评审工作。经各地推荐、申报，专家评审委员会评审、社会公示和复审，确定涉及民间文学、传统音乐、传统舞蹈、传统戏剧、曲艺、传统体育、游艺与杂技、传统美术、传统技艺等 8 大类的 60 名传承人，为第一批嘉兴市非物质文化遗产项目代表性传承人（其中 2 名国家级代表性传承人和 15 名省级代表性传承人直接转入），现予以公布。

非物质文化遗产是以传承人开展传习活动为重要特征，传承人是非物质文化遗产的重要承载者和传递者。第一批市级非物质文化遗产项目代表性传承人的公布，对促进非物质文化遗产保护工作，弘扬优秀的传统文化，具有重要意义。各地要按照中央和省有关非物质文化遗产保护的精神和要求，认真贯彻“保护为主、抢救第一、合理利用、传承发展”的工作方针，鼓励和支持市级非物质文化遗产项目代表性传承人开展传习活动，切实做好非物质文化遗产保护工作。

公司掌门人尤明泰被评定为市传统技艺——平湖糟蛋制作工艺传承人。

2009 年 6 月 13 日，经浙江省文化厅研究决定（浙文非遗〔2013〕96 号），关于公布第四批浙江省非物质文化遗产项目代表性传承人的通知：

为加强对非物质文化遗产的保护和传承，鼓励和支持非物质文化遗产项目代表性传承人开展传习活动，依照国家《非物质文化遗产法》《浙江省非物质文化遗产保护条例》精神。我厅于 2013 年 1 月下发了《关于推荐第四批浙江省非物质文化遗产项目代表性传承人的通知》。经各地认真推选，我厅组织专家评审委员会评议和公示，确定孙文达等 197 名传承人为第四批省级非物质文化遗产项目代表性传承人，现予以公布。

非物质文化遗产项目代表性传承人掌握并承载着非物质文化遗产的知识和精湛技艺，既是非物质文化遗产活的宝库，又是非物质文化遗产代代相传的代表性人物。因此，各地要积极鼓励和支持非物质文化遗产项目代表性传承人开展传习活动，为弘扬优秀的传统文化、促进文化事业的繁荣发展作出贡献。

公司掌门人尤明泰被评定为省传统技艺——平湖糟蛋制作工艺传承人。

平湖市人民政府副市长顾玉峰为平湖糟蛋公司授牌
（平湖糟蛋制作工艺传承基地）

第十六章　品牌文化

品牌必须有自身的文化内涵，有广为流传的故事，它可以是动态形式（电影、电视、表演等式），也可以是静态形式（文字），但不能自我定义，必须是民众乐于接受的文化。从通俗意义来说，品牌的最高阶段是文化，而文化是有延续性的，品牌借助文化，才能更好地传承、发展而走向未来。

第一节　电视专题片《糟蛋传奇》

2004 年 7 月，在中国广播电视学会开展的全国电视对外宣传"彩桥奖"活动中，平湖电视台拍摄选送的有历史记载、民间掌故、文化考证、独特工艺、名人字画、众多奖牌等内容的《糟蛋传奇》获"二等奖"，被中国黄河电视台 SCOLA 频道采用，编排在《新唐风》栏目中，传送至美国 SCOLA 卫星电视网播出，进入海外观众的视线。引起海外观众对中国民间手工产品的浓厚兴趣，后又追播二次。以下是金星创作的《糟蛋传奇》脚本。

《糟蛋传奇》脚本

（作者：金　星）

画面及同期声：临水人家，祖孙三人在树下就餐，孙女提出要吃糟蛋，奶奶忙着照应。

画面：水乡古镇平湖　城西　茶楼酒肆，　幡帜飘摇

画面及同期声：一干人围桌而坐，　争相品尝糟蛋

画外音："买醉城西结伴行，源源佳酿远驰名。剖来糟蛋好颜色，携到京华美味评"（字

幕），这几句酒意盎然而又满含赞叹的诗，这远远近近慕名而至又啧啧称奇的往来行人，二百七十多年来，虽时光流逝，世事变异，但总在口口相传而又名至实归地赞誉着的，就是这看似普通平凡却具有着神奇色彩的平湖糟蛋。

片名《糟蛋传奇》

画面：地处城西临河的古老糟坊

《糟蛋传奇》钹子书唱词：

平湖人的心功真是巧，
酒酿糟蛋滋味呱呱叫。
皇帝伯伯吃得连声赞，
吃了半天生的熟的还不知晓。

画外音：平湖软壳糟蛋的首创者是清雍正年间平湖城西一个名叫徐源源的糟坊老板。平湖地处鱼米之乡的杭嘉湖平原，历来五谷丰登，鸡鸭成群，由于当地居民喜食糟鲤珠、糟蟹等糟制食品，徐源源的糟坊生意一向颇为兴隆。但更使他声名远播并绵延至今的竟是缘于黄梅时节一次大潮汛的成全。因为糟坊地势偏低，一批煮酒用的糯米来不及收起，全都漫进了水里。几天后潮水退去，糯米已被浸泡得发了酵，偏偏这些糯米里混杂着躲水的鸭子生的几只蛋，生性爱惜的徐源源老板在匆忙中把这些蛋和糯米一起收进一只甏中。没想到不久后偶尔打开，这几只已改变了颜色的鸭蛋却在酒糟中散发出一种独特的醇香，略一品尝，更觉滋味独具。徐源源老板便如福至心灵般大受启发，就另选了十几只格外大的鸭蛋，洗净晾干，放入一个存有大量酒糟的甏中，然后便把甏口密封后藏了起来。时光在不知不觉中悄然流逝，几个月后，徐源源特意邀集一些亲朋好友来到糟坊，当着众人的面开启甏口。此时，一股浓郁、醇厚的香味扑鼻而来，人们便争先恐后，先尝为快。从此，平湖糟蛋便在一连串的叫好与称奇声中名闻遐迩。

画面及同期声：击蛋等

画外音：平湖糟蛋的加工季节一般在黄梅雨季的初期。作为精明而又极富创意的生意人，徐源源及其后人在不断的实践和探索中逐渐形成了一套糟蛋的制作工艺，二百多年岁月的洗刷，这种工艺已越发完善。大致以（同时配以字幕）“浸米—蒸饭—配药—酿酒—发酵成糟”和（同时配以字幕）“洗蛋—晾蛋—击蛋—装坛糟制—封坛—成熟”等工序组合而成。起初时，选用的是著名的江苏高邮鸭蛋，蛋的大小用一只特制的铁丝圈来测量，如蛋从圈中漏出，则弃之不用，不漏出者，方为合格。酒糟则用上等糯米发酵而成。而为了使糟渍过程中产生的醇、酸、糖酯等成分易于渗入到蛋中，须将晾干后的鸭蛋的表面击裂，击蛋时，要将蛋放在左手掌中，右手拿小棒对准鸭蛋的纵侧大头部分用力适度的一击，然而再将蛋转过半周用相同力度一击，使蛋的硬壳略有裂痕而又不使蛋膜破裂，而且，要使蛋壳裂痕自蛋的大头至小头连成非常均匀的网络线条，以使糟渍后的成熟糟蛋的蛋壳易于脱落。

画面及同期声：工人劳作

画外音：自清明前后落甏至中秋时节上市，也即由鲜鸭蛋而成品质优良的糟蛋，须经过四五个月的时间。成熟后的糟蛋，蛋壳大部分脱落，而蛋膜不破，蛋型完整，蛋白呈乳白色胶冻状，晶莹似玉，蛋黄则橘红如火，醇香浓郁，食用时不需烧煮，只以筷子或小刀挑破蛋膜，便色、香、味、型俱全而又口感独特，回味悠长。

画面：古镇　院落　厅堂

画外音：相传清乾隆皇帝下江南，在海宁陈阁老府上用膳时，见餐桌上有一无壳蛋浸于酒酿中，透过一层半透明的薄膜，隐约还能窥见乳白色的蛋清和凝固状的橘红色蛋黄。出于对这道未曾见过的菜肴的好奇，他试探性地尝了一口，岂料那蛋的独特的醇香之气顿时充溢口中，既清冽畅爽，咸淡适中，又稍含酒味，有着一种山珍海味所不可比的独具一格的江南水乡风格。乾隆皇帝甚是欢喜，连下筷箸，食欲大增，一边又垂问此蛋何名。经人介绍，才知这是平湖徐源源糟坊独创的软壳糟蛋。乾隆于是连声夸奖："好蛋，好蛋!"不久，当时的平湖县令就接到一道圣旨：平湖糟蛋列入贡品。乾隆皇帝在随后又特赐"乾隆京牌"一块以示褒奖。自此，平湖糟蛋逐渐名扬海内外，远销日本、东南亚等国家和港澳地区。平湖的沿海重镇乍浦当时是著名的对外通商口岸，在此停泊的商船大都来自日本、朝鲜、越南、泰国、菲律宾、印尼等国家，平湖糟蛋即随这些商船远销东南亚各地。

画面：奖牌及各种类型的糟蛋包装

音乐和字幕：1910 年，南京南洋劝业会首获金牌奖

1915 年，巴拿马万国博览会奖章

1915 年，民国农商部金奖

1980 年代曾 6 次被商业部、浙江省评为优质产品

1988 年，荣获首届中国食品博览会金奖……

画外音：贡品的荣耀，唯我独有的不可比性，使平湖糟蛋自产生之日起就充满着神奇的色彩。长期演变过程中形成了独特文化内涵的平湖糟蛋，在当今的市场经济活动中也正扮演着一个活跃而又越来越惹人喜爱的角色。全国人大副委员长王光英曾说，他认识平湖就是从糟蛋开始的。原来王光英早年在香港生活时，几乎每天都要吃平湖糟蛋，也由此开始了解这个被称为"金平湖"的好地方。全国著名营养学家于若木对平湖糟蛋更是赞不绝口，而原商业部部长胡平在品尝了平湖糟蛋后不由得拍案叫绝，欣然提笔写下了："天下第一蛋"这五个大字。多少年来由糟蛋而起的一种独特的饮食文化，在今天也就常使平湖市鹦湖诗社的老人们因此而诗词歌赋，着意赞美。

画面及同期声：文人雅士品尝糟蛋并为此吟诗作画等

画面及同期声：百姓争相购买糟蛋

画外音："昔日皇家贡品，今天百姓佳肴。"今天的平湖糟蛋已非为皇家独享，它既是消费者的佐餐佳肴，也越来越成为人们相互馈赠的名贵礼品，也更是金平湖人呈现给祖国传统饮食文化的一朵独有的奇葩。

画面及同期声：《糟蛋传奇》钹子书唱词：

金平湖的糟蛋真是美，晶莹剔透像宝贝，像宝贝，山珍海味也不可比，你尝一尝滋味定赞佩，定赞佩。昔日贡品曾高贵，今朝寻常百姓醉，色香味形显手艺，平湖糟蛋真是美，平湖糟蛋真是美。

第二节　少儿舞蹈《糟蛋》

2008年7月,为配合上海世界博览会召开,平湖文化馆邀请中国社会音乐研究会名誉副会长侯小声、上海市群众艺术馆副研究员张阿君辅导平湖实验小学编排少儿舞蹈《糟蛋》,该舞蹈成为平湖文化馆2008年《上海之春国际音乐艺术节》参赛节目。

本舞蹈题材是由平湖当地的著名特产"平湖糟蛋"为主题创作的儿童原创舞蹈。配乐中清新透彻的童声都是一年级的小朋友参与录制的。它主要描述了从如何选择优质的鸭蛋到酿制糟蛋的全过程。少儿们全身投入、倾心表达,尽情感受着来自"本土文化"的魅力。5个调皮可爱的赶鸭男孩和18只可爱的蛋娃娃,在长达4分多钟的音乐声中始终以饱满的热情进行演出。

2008年12月26日晚上7:00,在平湖广播电视演播厅"纪念改革开放30周年"文艺晚会上,少儿舞蹈《糟蛋》首次演出。

2009年参加全国"上海之春"国际音乐节——少儿音乐舞蹈精品的专场演出。

2010年5月10日(上海世博会期间),在"上海之春国际音乐艺术节"上参加演出,剧照刊登在上海《哆来咪》音乐杂志上。

2010年12月5日下午,在平湖市"第11届中小学校园文化艺术节"中参加演出,以96.68的高分喜获"金奖"。以下是侯小声创作的少儿舞蹈《糟蛋》脚本。

少儿舞蹈《糟蛋》脚本

(作者:侯小声)

年代:清雍正年间　**地点:**金平湖畔　**总长:**4分40秒

舞蹈从人物的服装、头饰到布景都要写意的(古代年画风格)

人物:七名男童;14～16 名蛋娃娃

服装:七名男童统一为“海蓝色”裤子(裤子:膝盖下边、稍肥一些)。上衣为七彩色:赤、橙、黄、绿、青、蓝、紫。

式样:和尚领,半长袖(宽大些)一个腰带。

头饰:形象天真、活泼、顽皮、可爱。

十四名蛋娃娃:头戴乳白色上等塑料材质制成的充气帽。

上衣:连体乳白色氨纶长袖(盖手面)下身“蛋壳”式超短裙(卡通风格)。

道具:柳枝一条;带滑轮的大缸一只、缸盖一个;小缸盖 11 个;“糟蛋”标签 14 个(5 大、9 小)

舞蹈结构

第一舞段:放鸭嬉戏　时间要求:1 分 20 秒

内容:夏季的清晨,微风习习,阵阵鸭群的叫声由远而近。一个男孩突然冲向鸭群捉鸭子,他东抓,西抓,在忙乱中就是抓不到。起身一看,看到一只大大的鸭子在前面摇摇摆摆地走着,他刚要冲向前去,突然几个小伙伴儿从身后抱住了他的腰,于是,小伙伴们顽皮地嬉闹起来。

舞蹈处理:随着鸭群的叫声(大声地乱叫),一小男孩突然从舞台上场门奔出,用一个夸张的动作抓鸭子。他左抓、右抓没有抓到,欲拿拿不着,欲吃够不到。经过你拉我拽,最后他们终于吃到了香喷喷的糟蛋。“啊——好香呀,好美啊”。他们香在嘴巴里,美在小脸上,醉在心头间。

舞蹈处理:在孩子们唱“歌谣”的时候,缸处慢慢出现烟雾。道具缸的中间设计成可拉、关的门,三四个蛋从门中滚出到舞台中心位。(这时蛋娃的形象要有所变化)。其他蛋娃可从缸的两侧各拿一个小缸盖奔出形成圆,制造一个大的装蛋容器。在容器的阻隔下,孩子们想吃,“拿不到”“够不着”,内心很急的场景。动作可设计:四只蛋在中间,其他蛋用小缸盖围成一个圆,男孩在外圆做抢、拿、拉、拽、指、不好意思挠头、拿到又放下等表情及动作,然后形成一段七童与糟蛋“捉迷藏”式的舞蹈。

他们终于吃到了又香又美的“糟蛋”了。“真香呀,真美啊”。有的擦着小嘴,有的手捂着肚皮用醉意的步伐走到舞台的中前区,一个一个横七竖八地倒了下去。“蛋娃”们看着他们甜蜜蜜、醉醺醺的样子捂着嘴巴笑弯了腰,她们转身跑到缸后面,将缸向前推至舞台中心(在缸后面有的拿小缸盖,有的戴上“糟蛋”的标签;可戴在腰间、腕上)。七童们在醉意中“吧嗒”着小嘴巴……,他们慢慢醒来发现蛋娃们都不见了,突然转身一看,在大缸的上、下、左、右出现各种姿态的蛋娃娃,他们大吃一惊! 造型结束。

蛋娃亮相时有 7 个蛋娃娃拿着小缸盖,在最后一个重拍时 5 人亮出“天下第一蛋”的字样来;2 人将小缸盖顶在头上后,用一个“跨腿单转”“挠头”的动作造型看到前边的大鸭子,夸张地学鸭子走路。(注:在他左、右抓没有抓到时,一个手拿柳枝的男孩将柳枝当“绳子”跳着出场,随后其他小伙伴儿出场,六人同时出场发现“捉鸭的男孩”,“发现”的造型用七个不同姿态），当他想抓住那只大鸭子时，几个小伙伴上前抱住了他的腰、腿、胳膊、衣角等处，由此引出他们相互玩耍，形成一段“放鸭嬉戏”的男孩舞蹈（此段结尾时，七人调皮的将鸭群赶下水，鸭群远去）。

音乐要求：表现男孩顽皮可爱的性格（注：舞蹈开头有鸭群的叫声，结尾也有叫声，不同之处，开始是由远而近，结尾是由近而远）。

第二舞段：欢乐蛋娃娃　时间要求：1分45秒

内容：看着鸭群离去。七童调皮的你踢我、我推你正要玩耍时，从四面八方滚出了好多又大又白的鸭蛋。大家惊讶地瞪着大大的眼睛，不由地围了上去。发现鸭蛋在一点一点地动，慢慢地它们活了起来，变成一群天真可爱的“蛋娃娃”。形成“欢乐蛋娃娃”的舞段。

舞蹈处理：“鸭蛋们”在舞台两侧一组一组的身体收成一团“滚出”，七童分别用各种夸张动作及表情作惊讶状。然后围住四个中间位置的鸭蛋，他们发现蛋在一点一点地动（卡通手法）：先伸出一只小脚丫，然后又伸出双手，经过关节的开合（左滚滚，右滚滚）等动作，鸭蛋“活”了（用“乌龙绞柱”站起来），变成一群活泼可爱的“蛋娃娃”。

接下来是一段天真可爱，伴有卡通式舞蹈语汇的“蛋娃娃”舞蹈。这段舞蹈可表现洗蛋、晒蛋、敲蛋等“糟蛋”的工艺过程。（注：在鸭蛋“活起来”的过程中，可将七童调度到缸后，处理方法：一个孩子伸出食指用嘴巴示意伙伴们“小声点”，便悄悄躲进缸的后面，又偷偷地露出头来窥探着即将活起来的鸭蛋）。在进入敲蛋的舞段中，七个男孩可加入其中与蛋娃娃同舞。在此段即将结束时，七个男童与蛋娃娃用游戏的方式结束此舞段。（注：通过游戏，蛋娃娃们进入舞台后边的缸后，灯光暗下，缸处的“定光灯”黄色亮起；追光灯亮起，追七个男孩）。

音乐要求；活泼、有趣、节奏感强。（注：在洗蛋、晒蛋、敲蛋的过程中可加入小女孩轻声的：唏、哈等嘘词和象声词：沙沙沙；嚓嚓嚓等，以增加舞蹈的色彩）。

鸭蛋“滚出”后七童围上去时可用打击乐的节奏或电子声代替。“左看、右看”时，同样用打击乐的节奏或电子声代替，在鸭蛋们伸出一只小脚丫一点一点开始活起来的时候，音乐随之由弱到强：由慢到快。

第三舞段：糟蛋飘香　时间要求：1分35秒

内容：男童们兴奋地相互“击掌”手拉着手唱起了“歌谣”。唱着唱着，蛋的糟香味阵阵传来。他们来到大缸前，一个个糟好的“蛋”从缸中滚了出来，一个、两个、三个……；七个男孩忍不住围上，5人在缸口上举缸盖、亮商标；2人在两侧亮商标。14～16个蛋娃娃在大缸的上下左右姿态各异，好似一幅欢快喜庆的中国年画。

音乐要求：诙谐、夸张

第三节　让学生品味传统文化

2002年4月18日，平湖市实验小学张华老师曾以《天下第一蛋——平湖糟蛋》为题，在嘉兴第四届“南湖之春”教学展示活动中作作文示范讲课（嘉兴教育网站直播），在座的

700余位听课老师掌声不断，高潮迭起。课后这些老师还意兴未尽。从这天起，张华老师的这节示范课被列为浙江省《师资培训教育课例》。以下是蒋国杰、曹春凤写的一篇评述。

让学生主动地写、动情地写、创造地写
评张华老师《天下第一蛋——平湖糟蛋》一课

（作者：蒋国杰　曹春凤）

第四届“南湖之春”教学展示活动4月18日在嘉兴科技馆隆重举行。平湖市实验小学张华老师的作文指导课《天下第一蛋——平湖糟蛋》掌声不断，高潮迭起。课堂后，执教师生没有一丝倦怠，700余位听课老师意犹未尽。这就是张老师的作文课留给大家的深刻印象。在教学中，张老师运用先进的教育理念，高超的教学艺术，精彩的教学语言，将学生带进了一个神奇的作文世界，学生们在愉悦的情景下，主动地写，动情地写，创造地写，取得了理想的效果。细细品味张老师的课，我们感到主要有八大特点。

一、教学材料的乡土性

作文教学中，许多教师苦于找不到材料，为没有鲜活的材料而发愁。事实上各地区都蕴藏着丰富的自然、社会、人文等多种语文教学资源。张老师极其善于利用和开发作文教学资源，从本地乡土风情入手，创造性地开展作文教学。平湖糟蛋有“中国饮食文化一绝”之美称，誉为“天下第一蛋”。清朝雍正年间发明，乾隆年间得京牌嘉奖，列入贡品，有273年历史，具有丰厚的文化底蕴，其间有民间故事、文物考证、独特工艺、名人字画、众多奖牌……这是一份极其宝贵的文化遗产。积极开发、合理利用蕴藏在乡土教材中的语文课程资源，给学生语言实践的机会。适应了学生的认知水平，密切联系学生的经验世界和想象世界，有助于激发学生学习作文的兴趣，同时使学生受到中华民族优秀文化的熏陶，培养爱国、爱家乡的情感。

张老师充分利用了“糟蛋”这一乡土资源，进行取舍、剪接、整合，开展作文教学，充分体现了新课题标准的理念，为我们教师开辟了一条崭新的作文教学路子。

二、教学过程的实践性：

新的《语文课程标准》明确指出：语文是实践性很强的课程，应着重培养学生的语文实践能力，而培养这种能力的主要途径也应是语文实践，不宜刻意追求语文知识的系统和完整。语文又是母语教育课程，学习资源和实践机会是无处不在，无时不有。张老师在“看糟蛋”这一教学环节中，把平湖糟蛋精美的图片在多媒体上二次展示，极具视觉冲击力，让学生静静地观察、美美地想象、尽情地表达；又如在“尝糟蛋”这一环节中，张老师把平湖糟蛋引进教室，摆上课桌，二次让学生品尝、探究、体验，在实践中丰富学生的语言。又如在“招聘营销员”环节中，张老师出现三组不同顾客的模拟实践，让全体学生自由参与，师生同演，不断地实践强化，让学生深入体验、感悟。由于生活实践与语言实践的结合，学生真话、实话、心里话便自然地流出来了。实践使他们的语言朴实、鲜活、灵动。如下的教学片断便充分体现了这一特性。

师：请一位同学上台尝糟蛋。

(学生全神贯注。)

师:尝到了什么味道?

生:尝不出什么味道,各种味道融合在一起。

师:看来,一言难尽。

师:大家想尝尝吗?

(学生争先恐后)

师:四人小组请一位代表来领取糟蛋。

(组长上台)

(学生品尝糟蛋,互相交流。)

师:谁已品出了滋味?

生:第一口有点香,继续吃下去,有点甜味,然后带一点酒香。

生:我觉得非常咸。

生:蛋黄像咸鸭蛋的味道。

师:谁还尝试出不同的味儿?

(学生纷纷举手)……

师:大家再尝尝糟蛋,谁能品出糟蛋美好的享受?

生:尝了糟蛋,好像走进了仙境。

生:吃糟蛋好像在品味生活,一开始感受的时候感觉到艰辛,回味时是无穷的甘甜。

生:如果少林寺的和尚吃了,会很快练好醉拳的。

生:这个味道冷酷到底。

(全场掌声)

三、教学情景的生活性:

"生活是创作的源泉"。这句话既是文学家的座右铭,也是学生习作的重要原则之一。试想,如果没有生活的积累,没有现实的触发,学生能迸发出思维的火花吗?学生写作的源泉唯有在贴近自己生活的土壤中产生。作文教学概念的内涵与生活相等。作文教学只有走向生活,才能百花齐放,才能充分显示作文个性,才能迎来作文教改的春天。张老师在教学设计中,就比较注重体现这一思想。

例一:平湖糟蛋色、香、味俱佳,风味独特,是大部分家庭的桌上佳肴,便于引进课堂。嘉兴实验小学的学生也许只知其名,未必见其形,尝其味,这一事实有助于创设"问题情景",一石激起千层浪,满足了学生的好奇心,调动了学生已有的生活经验;有助于引导学生写真情实感的生活作文。

例二:招聘营销员、颁发聘书、道具源于生活,形象逼真;年轻的妈妈领着孩子,老爷爷,外国朋友极具代表性。这些生活场景的构造、再现、极具亲和力,为学生所喜闻乐见。

如"老爷爷买糟蛋"片断(师扮老爷爷,一学生扮演营销员):

师:我们老年人买点食品真难,我走了大半条街,还是找不到称心如意的食品。哎,服务员同志,这里有没有适合我们老年人的食品?

生:老爷爷,原来你为这伤脑筋啊。

师:对呀!

生:你不用急,也不用愁,今儿个,你可找对了人,听我说,有一样东西,当你看到它时,很难不爱它。

师:什么东西呀?(惊奇地)

生:清朝贡品,最佳礼品——平湖糟蛋。

师:我们老年人牙齿咬不动,这味道怎么样?

生:这味道咸淡适中,让你吃了回味无穷,绝对保证不偷吃,嘿嘿,偷吃不保证。(全场掌声)

……

四、教学策略的开放性:

平湖糟蛋有丰厚的文化底蕴,给学生课外阅读、探究留下了广阔的空间,拓展了写作领域,丰富了写作素材,这是教学内容的开放;学生自主选择,自由合作,为学生易于表达、自由表达、乐于表达、课外继续表达提供了广泛的机会,这是教学空间的开放;学生可以做广告、写新闻、编故事、念顺口溜、制网页……这是作文形式的开放。其他还有题材开放、交流开放、课件开放、投稿开放……这一系列开放策略有利于减轻对学生写作的束缚,有利于学生的情绪体验和创新精神培养。

师:你们热爱家乡的热情真高,都想为平湖糟蛋作出自己的贡献,如果给你5分钟的时间,握起笔来写的话,来宣传平湖糟蛋,你会写什么?

生:写一句广告词。

生:写一首诗。

生:写一首歌。

……

(学生动笔写作)

师:谁愿意首先来发言?

生:平湖糟蛋我爱你,就像老鼠爱大米;对面小店卖糟蛋,摸摸口袋两分钱。

生;不吃不知道,一吃吓一跳。

生:平湖糟蛋挑战你的胃。

……

师:我们写成的作品可以送到哪里去,宣传的效果会更好?

生:报纸杂志。

生:电视台。

生:发 E-mail。

……

这里没有刻意的写作知识指导,没有教条式的标签口号,贴近生活的开放式多向交互,学生大胆参与,学生有感而发。信息容量大,交融性强,自我表达意识浓,作文教学走向了生活。语言表达成为自然的行动，自然地吐露，语句能不文从句顺吗？

五、教学理念的人文性：

作文教学要超越作文的范畴，作文与做人结合，“文如其人”“人如其文”丰富的人文内涵对人的精神领域的影响是深广的。招聘中的竞争进取精神，交流展示时的谦虚好学作风，小组表演中的自主合作意识，了解糟蛋时的实践认识能力，人际沟通中的倾听尊重态度，师生之间的民主平等思想，教学节奏的动静舒展，热爱家乡，全球观念，经济意识，创新思维等等无不影响着人的综合素质，影响着人的可持续发展，这就是大语文。这就是张老师教作文的精髓。这堂课既像活动课、欣赏课，又像说话课、谈天课，还像乡土教材课，也像糟蛋厂的演示报告……很难说这仅仅是一节作文课，作文课千万不能让学生太正襟危坐，捆绑住手脚、思维地作文。要切实地体现人文性、综合性，要发展学生的综合素质。

六、教学语言的激励性：

有效的激励是培养学生积极心态的“助推器”。社会心理学家告诉我们，人的行为一经产生，就希望得到肯定的反应。很多时候，信心是建立在别人对自己的肯定评价基础上的。教学活动中，教师的语言对学生表现充满信心并抱有积极的期望，就会把信心传递给学生，进而唤起他们的自信。在这堂课上，张老师一直充分利用语言激励着学生：

“美食家最会细细品尝，品出特别的味儿。张老师相信我们中间会诞生许多多多的美食家，品出美好的享受。想当美食家的还不快举手。”

“你已经有了一系列的研究成果，真了不起！”

“发现问题的孩子是聪明的，更聪明的还会提出改进意见。”

“这个同学能够联系人生的体验来谈，真是高水平，这个才叫品味。”

“你看得真仔细。”

“你真有想象力”。

……

激励式的话语从张老师口中源源不断地流出来，犹如春风吹拂在学生心田、犹如小溪流进学生的心扉、犹如细雨滋润着幼苗……学生体会到了自信、快乐、激情、力量，“教学不在于知识的传授，而在于激励、唤起、鼓舞”。整堂课学生精神振奋，跃跃欲试，沉浸在意犹未尽的气氛中。这就是张老师教学的魅力。

七、教学过程的延伸性：

学生的主动学习光停留在课堂内是远远不够的。只有促进学生学习向课外延伸，才算真正实现了语文教学主体化。高明的教师不把学生局限在课堂上，更不把学生的学习局限在课本上，他们的教学立足于课堂，面向课外，做到课内带动课外，课外促进课内，课内外相结合，使学生在更广阔的天地中学习语文。在教学中，张老师努力朝着这个目标前进。

张老师以宽松、自然的话题进行课前谈话：如果远方的朋友来做客，你最想把家乡的什么介绍给他们？“一石激起千层浪”大家议论纷纷，有的说家乡的名胜古迹值得介绍，有的说家乡的著名特产不能不说，有的说家乡有许多杰出的人物也要介绍……既展现了家乡的风貌、历史，又张扬了学生自由、开放的个性，有利于消除课前的紧张气氛。这为平湖糟蛋出题留下了伏笔。这种巧妙的延伸，拓展了学生的智力背景，拓展了学生的写作题材。课间老师端出糟蛋让大家品尝时，学生热烈的气氛达到了高潮。张老师冷静地引导大家研究研究，平湖糟蛋究竟是什么味儿？有哪些美好的享受？课尾，又让学生提起笔宣传平湖糟蛋。这种不断延伸话题，延伸思维，延伸情绪体验的手法，激活了课堂教学，课堂焕发了生机，情动而辞发，“我要说”“我要写”成了学生自觉的行动。张老师还扬起手中的磁盘说：“写作时可以到我这儿拷贝，也可以到网络上去查询，到图书馆、爸爸妈妈那里询问……”这样的引导、延伸，对学做现代人，主动适应信息化世界具有积极的意义。最后，老师打破常规让学生自由选择形式，自主命题作文，学生的脸上看不出丝毫的难色。怪不得课后还有一位学生追着老师说：我写外星人爱尝糟蛋可以吗？

八、教学情感的真诚性：

俗话说：无情不成文，同样上课也是如此，无情就不成课。唐代诗人白居易也说：“感人心者，莫先乎情”。听张老师上课，是一种情感享受。从张老师走进课堂的那一刻起，脸上始终洋溢着真诚的笑容，显得和蔼亲切。在学生的眼里，张老师已不是一位高高在上的老师了，而是一位平等的朋友。课前的一段谈话更拉近了师生的距离。“错了不要紧，改正就行。”“别急，慢慢来，能行的！”“闭起眼睛好不好？”“想吃还不快动手啊！”……这样的话语从张老师的口中娓娓道来。转命令式口气为商量式口吻；转责怪的语言为鼓励的话语。课堂上真诚的话语如春雨一样滋润着学生的心田，又如甜甜的蜜融进了学生的心田，让他们饱尝了“甜味儿”。

在语文教学中，作文训练是极其重要求的一环。愿我们能像张老师那样，大胆地尝试、不懈地探索，激活作文课堂教学，引领学生主动参与作文教学，使每一名学生都能主动地写，动情地写，创造地写。

（原载《平湖实验小学六年级教研组》总结材料
2002年6月16日）

第四节 市民讲坛

平湖图书馆“市民讲坛”创办于2007年，是一个为市民提供文化交流休闲场所的品牌栏目，自2007年4月正式推出以来，每月一次，深受广大听众的好评，在市民中也有了一定的知名度。中央电视台《百家讲坛》主讲嘉宾之一阎崇年的“康熙与读书”也做客市民讲坛，让平湖市民有了和专家面对面交流的机会。2009年“市民讲坛”被浙江省文化厅评为“浙江省优秀讲座品牌”（浙江仅两家）。

为了让更多的人了解家乡的特色文化，2010年图书馆安排平湖糟蛋的品牌文化走上“市民讲坛”，图书馆新闻通讯员祝敏锐还为此撰写了“你了解‘糟蛋’吗?”的新闻报道：

你了解“糟蛋”吗?

——“市民讲坛”举办“平湖糟蛋”专题讲座

（2011-01-13 14:03:21　市图书馆 祝敏锐　文）

平湖糟蛋风味独特、醇香飘远，美名播于全国。作为一个平湖人，当你向异地的亲朋好友推荐这个家乡的特产时，除了向他介绍口味好、香味浓之外，还能为他们讲讲糟蛋诞生的来龙去脉，讲讲围绕着糟蛋的传说轶闻，讲讲伴随着醇厚香味飘散着的同样浓郁的乡土文化气息吗?

1月12日下午，市图书馆“市民讲坛”为市民们提供了一个了解糟蛋的机会，栏目邀请平湖市龙牌糟蛋食品有限公司总经理尤明泰先生，为来自我市各社区的100多位听众主讲“平湖糟蛋”的发展历程与文化蕴藏。

讲座上，尤总经理告诉大家，平湖糟蛋诞生200多年来，已从最初试制者饱口福所用，转变为一种商品，到现在又演变为地方文化，在市政府领导的重视和市文体局关心下，建立了平湖市糟蛋制作工艺传承基地。尤总经理通过对地方文献记载、历代文人诗歌赞咏、口口相传的民间传说等各种材料的采撷引证，为听众介绍了平湖糟蛋的起源、糟蛋与文学名著《红楼梦》的渊源等知识，为大家勾勒了平湖糟蛋生产企业自民国时期以来源起、兴盛、衰落、恢复、再兴的全过程，还趣味盎然地向大家讲述了围绕平湖糟蛋享有的三块“牌子”——“清朝贡品”“中华老字号”与“天下第一蛋”——由来的多段趣闻轶事。讲座最末，尤总经理还着重为听众们了阐述了一个围绕平湖糟蛋制作工艺这项非物质文化遗产项目，将糟蛋与糟蛋制作工艺的传承发扬，并进一步展现与光大本土文化的构想。

“市民讲坛”举办“平湖糟蛋”专题讲座

来自各社区的100多位听众在认真听讲“平湖糟蛋”风雨沧桑发展历程

通过尤明泰总经理的讲解，听众们对平湖糟蛋这个本乡本土，熟悉却又未必真正了解的特产，有了更清楚的认识，更对凝结在小小糟蛋上的悠久历史与乡土文化有了深一层的感悟。

平湖市 2010 年市民讲坛计划表

时间	主　　题	讲　师	单位/职务(职称)
1 月 18 日	老娘舅话调解	柏万青	《新老娘舅》明星调解员
2 月 28 日	与爱同行——市民讲坛走进看守所	邢静南	浙江建设职业技术学院 副教授、国家二级心理咨询师
3 月	魅力来自于素质,美丽来自于智慧	田　军	上海师范大学 教授
4 月	平糊糟蛋	尤明泰	平湖市龙牌糟蛋食品有限公司 总经理
4 月 23 日	待定	叶　辛	著名作家
5 月	作家讲座	徐　雁	南京大学信息管理系教授
6 月	红楼梦、情文化	詹　丹	上海师范大学教授
7 月	越界阅读的人生之路(视频)	郝明义	台湾知名出版人
8 月	如何使自己变得更聪明(视频)	马志坚	杭州市建兰中学副校长
9 月	铸造神箭的人	姚爱英	黄姑中学少先队总辅导员
10 月	儿童文学讲座	待定	
11 月	旅游者的权利与维权(视频)	乜　瑛	浙江工商大学副教授
12 月	冬季养生		平湖名中医

以上安排供参考,具体以我馆预告为准。

因为脚本程序没有加载!所以页面显示及有些功能将不正常!

第十七章　报刊选录

从 1980 年代末至 2010 年，平湖糟蛋先后被国内综合性、专业性报刊报道 50 余次。有的报道内容被数次或数十次转载。例陈正玉《平湖糟蛋获金奖、日本前首相田中角荣买了五十罐》的新闻报道，浙江日报 1989 年 1 月 13 日刊登后，上海《文汇报》《上海新闻报》也都在同年 1 月 21 日第一版予以转载。平湖市委报道组陆永林撰写的"贡品・礼品・商品"在 1994 年 11 月 30 日《浙江日报》刊登后，全国先后有《经理日报》(原《厂长经理报》)、《经济参考》《浙江经济报》《上海新闻报》《嘉兴日报》等十余家报社转载。

第一节　综合性报刊

1. 平湖糟蛋获金奖　田中买了五十罐

(作者：陈正玉)

一月五日，平湖食品公司副食品厂接到省食品协会通知，该厂生产的平湖糟蛋荣获首届中国食品博览会金牌奖。

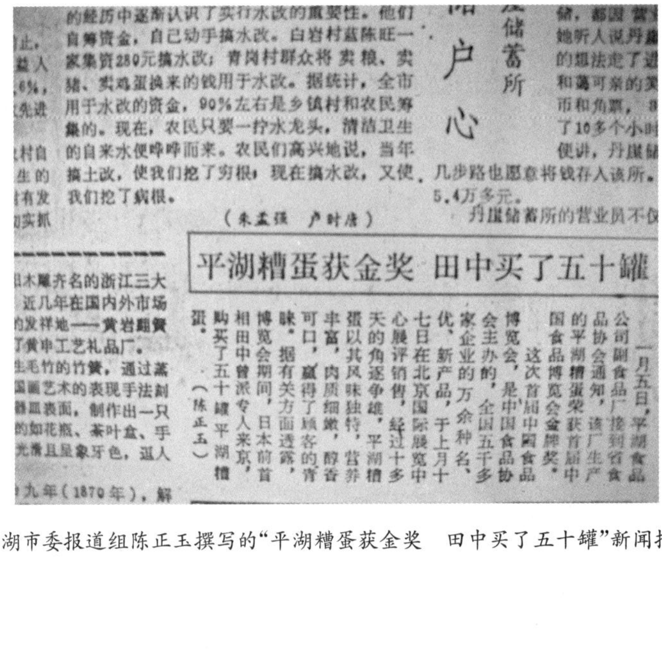
平湖糟蛋获金奖 田中买了五十罐

一月五日，平湖食品公司副食品厂接到省食品协会通知，该厂生产的平湖糟蛋荣获首届中国食品博览会金牌奖。这次首届中国食品博览会，是中国食品协会主办的，全国五千多家企业的万余种名、优、新产品，于上月十七日在北京国际展览中心展评销售，经过十多天的角逐争雄，平湖糟蛋以其风味独特，营养丰富，肉质细嫩，醇香可口，赢得了顾客的青睐。据有关方面透露，博览会期间，日本前首相田中曾派专人来京，购买了五十罐平湖糟蛋。（陈正玉）

平湖市委报道组陈正玉撰写的"平湖糟蛋获金奖　田中买了五十罐"新闻报道

这次首届中国食品博览会，是中国食品协会主办的，全国五千多家企业的万余种名、优、新产品，于上月十七日在北京国际展览中心展评销售，经过十多天的角逐争雄，平湖糟蛋以其风味独特，营养丰富，肉质细嫩，醇香可口，赢得了顾客的青睐。据有关方面透露，博览会期间，日本前首相田中角荣曾派人来京，购买了五十罐平湖糟蛋。

（原载《浙江日报》1989 年 1 月 13 日　第二版）

2. 贡品·礼品·商品

——平湖糟蛋沉浮记

（作者：陆永林）

日本的畜产品加工书籍上常有糟蛋的记载，注明系中国浙江平湖所产。

在“金平湖”有个古老的传说——

清朝雍正年间，县城西门外孟家桥堍，一家专事酿酒的小作坊某年黄梅遇大水，家鸭生的蛋混入酒糟中。数月后，主人敲开蛋壳惊喜地发现，透明的蛋白、橘红的蛋黄凝为一体，酒香扑鼻，回味悠长。

传说固然缺乏考证，但 200 多年来，平湖糟蛋经过不断改善配方，逐渐成为一种色、香、味及营养俱佳的著名特产。平湖糟蛋从贡品、礼品到商品的变化，折射出了时代的变迁。

曾为京牌贡品

在平湖糟蛋厂的陈列室，一块“乾隆京牌”的复制品令人注目。清朝乾隆年间，浙江地方官吏曾以平湖糟蛋作为进贡皇室的贡品，获赏识，特颁金牌，以示褒奖。

传说中的作坊徐源源酒坊确有其店。据记载，糟蛋从徐源源开始，当时的糟蛋属其独家秘制，技术工艺不外传。曾获乾隆京牌，这说明平湖糟蛋在当时已负相当盛名。

上了年岁的平湖人回忆，本世纪初，平湖生产糟蛋的店号不下 10 家，但由于技术不一，质量差别很大。独有徐源源糟蛋以牌子老、技术高、品质好而著称。在对外通商的鼎盛时期，停泊乍浦的商船来自日本、越南、泰国、菲律宾、印尼等国家。徐源源糟坊的糟蛋也随商船远销到这些国家。那时的产品标志是一个手拄龙头拐杖的老寿星，这一形象至今在东南亚地区颇有影响，平湖市工商部门主管商标的同志曾多次建议注册“徐源源”商标。

平湖糟蛋除了获得“乾隆京牌”外，还获得了国内外的许多奖牌。1909 年赢得南洋劝业会金牌；在以后的英国伦敦博览会、中国南京品物会、巴拿马万国博览会上都获过奖牌；80 年代曾 6 次被商业部、浙江省评为优质产品；1984 年被全省广大消费者评为最佳食品；1986 年获浙江省新优名特产品金鹰奖；1988 年荣获首届中国食品博览会金奖……

糟蛋厂的一位负责人曾自信地说，只要有食品博览会，只要我们厂参加，平湖糟蛋准会获奖！笔者问其缘由，他解释道：归根到底是没有可比性，因为生产糟蛋的企业只有平湖一家，不仅全国独此一家，恐怕全球也绝无仅有。

贡品的荣耀,唯我独有的不可比性,使平湖糟蛋近百年来一直处于一种孤芳自赏的境地。

屈作寻常礼品

平湖糟蛋厂厂长尤明泰的办公桌里,保存着一封消费者来信,一位家住上海淮海中路,名叫归敬宗的老人,今年7月来信说:一位80余岁的海外亲戚想再度品尝平湖糟蛋,领略其特有的醇香风味,然而找遍上海几大食品店,均不见平湖糟蛋的踪影……厂里回信解释说,当时正处于糟蛋青黄不接期,市场供应一度断档。

平湖糟蛋曾远销东南亚,国内销售也曾北至齐齐哈尔,南至福建省。然而,近些年来国内市场鲜见平湖糟蛋的原因,显然不仅仅是因为季节性青黄不接。

1992年8月,笔者在北京王府井副食品商场看到平湖糟蛋的销售柜,但货架上卖的是其他食品。

杭州延安路食品商店曾多年经销平湖糟蛋。但从1992年开始,平湖糟蛋在杭州市场也销声匿迹……

近两年,平湖糟蛋的销售圈仅限于嘉兴、苏州、上海等地。

平湖糟蛋为何面临销售萎缩的困境呢?

在计划经济时代,"推销"的观念与平湖糟蛋始终连不到一块。1987年以前的30多年,厂里不设专职供销员。糟蛋厂的上上下下都认为,反正糟蛋产量不是很大,且都在本地及上海销售,不愁产品卖不出去。

已在糟蛋厂工作11年的现任厂长助理盛钧说,以前厂里不太重视产品质量,更缺乏品牌意识。由于糟蛋生产系独家经营,产品质量标准又没有行业可比性,日久天长,慢慢地放松了对质量的把关。去年底,该厂注册商标"龙牌糟蛋"已满十年,需续展,但企业负责人缺乏商标意识,一再延误续展期和宽展期,致使注册商标自动失效,失去法律保护。到头来。只得向工商部门重新申报。

平湖糟蛋近乎成为平湖的一个标志,但平湖人只停留在把糟蛋作为礼品馈赠远道而来的客人上,对这一名特产的发展没有引起足够的重视,更谈不上专业化生产。据了解,近10年来,该厂技改资金的投入仅43.8万元,唯一新添的生产设施是两幢厂房和冬天加工用的温室。现任厂长尤明泰今年上半年上任时,厂里可用资金只有几千元。

诸多缘由,导致平湖糟蛋发展困难重重。

力争畅销商品

如今,外地人来平湖,一出车站便能捕捉到平湖糟蛋的影子。今年7月开始,近百辆人力三轮车,拉着"龙牌金奖、平湖糟蛋"的广告穿梭在大街小巷,格外引人注目,成为平湖街头一个新景观。

平湖糟蛋做广告,石破天惊头一遭。平糊糟蛋厂终于从痛失注册商标的教训中清醒过来,开始注重产品的自我宣传和推销,艰难地闯人了商品流通的市场竞争。

糟蛋厂新的领导班子成立后,一班人重新审视近年来企业发展的不足,形成了"提高质量、改进包装、扩大销路"发展糟蛋生产的思路。

厂里首先从产品质量抓起，增强车间工人的质量意识。在操作中发现质量不好的嫩蛋、水浸蛋、矾蛋等一律剔除，做到次品、废品不出厂。同时改革产品包装，摒弃散装大甏的落后包装，新开发瓷罐礼品化包装，目前已形成塑料罐、陶罐、瓷罐的低、中、高三个档次，为适应大众需求，年内还准备开发真空简易包装。

令人惊喜的是，厂里已开始有了品牌意识和广告意识，在平湖糟蛋厂的财务表上，今年出现了第一笔广告费开支，虽然尚处初级投入，可毕竟亮出了自我推销的姿态，平湖糟蛋招贴已出现在民墙、三轮车和杂志封面上。

今年 5 月，新成立的平湖市食品工贸公司与糟蛋厂合二为一，在平湖地区开设 5 家糟蛋销售连锁店，增加销售窗口。同时利用工贸公司的人才优势，将推销人员增加到 11 人，加强了对外地市场的销售力量。

不过，尤厂长的"醉翁之意"还是想让糟蛋重新走向世界。他认为，平湖糟蛋有出口港澳、远销东南亚的历史，食品专家高度评价糟蛋的营养价值符合现代保健食品的潮流，拓展外销有一定优势，眼下，他正千方百计物色合作伙伴，寻找出口渠道……

相信平湖糟蛋这一古老的名优特产，在社会主义市场经济大潮中将重放异彩！

（原载《浙江日报》1994 年 11 月 30 日　第六版）

3.《糟蛋——广阔市场在召唤》

（本报记者：顾东梁）

"美味的食品，营养的食品"——我国著名营养学家于若木女士对平湖糟蛋的这一高度评价，不仅一语道破 250 多年来糟蛋一直为人们所喜爱的缘由，更使注重健康的现代人明白糟蛋的真正价值。

糟蛋的历史源远流长，在这漫长的历史里程中，糟蛋有过辉煌的一页，也曾经历产销的低谷。在市场竞争激烈的今天，如何使小小糟蛋重振昔日雄风，再现当年异彩？如何使之重新跨出国门，担当起平湖对外交流的"使者"？糟蛋故乡的人们正在为之付出不懈的努力。

辉煌的历史

相传在清朝雍正年间，平湖县城西门外孟家桥堍有一作坊名叫徐源源酒坊。有一年黄梅发大水，酒坊中的鸭蛋被混入酒糟中，数月之后，主人惊喜地发现鸭蛋透明的蛋白、桔红的蛋黄已凝为一体，酒香扑鼻，食来回味无穷，糟蛋便由此而来。

后来，徐源源逐渐改进加工技术，糟蛋质量有了很大提高。在清朝乾隆年间，浙江地方官吏常以徐源源酒坊的糟蛋作为进贡皇室的贡品，并获赏识，得"乾隆京牌"一块。以后，平湖糟蛋又以其独到的工艺技术和色、香、味及营养俱佳的特色赢得 1910 年南洋劝业会金牌，在英国伦敦博览会、中国南京品物会、巴拿马万国博览会上获得奖牌，负有相当盛名；八十年代，糟蛋又先后 6 次被原国家商业部和浙江省评为优质产品。

从糟蛋厂陈列厨里存放的奖牌和彩照足可以看到糟蛋辉煌的历史，它是平湖饮食文化的代表，是平湖人民的骄傲！

不再是“皇帝女儿不愁嫁”

历史的车轮载着昨天的辉煌把糟蛋带进了竞争激烈的市场经济时代。

糟蛋，这全国乃至全世界也独一无二的产品，在市场竞争中并没有受到同类产品的挑战。然而，当今时代对产品质量、包装、营养的高标准要求使糟蛋同样受到了市场的冲击。

与其他国有企业一样，糟蛋厂底子薄、负担重。产品包装的落后以及生产中常出现的嫩蛋、气泡蛋、矾蛋等技术问题，因缺少技改资金和科研部门的支持而不能得到解决，损失较大。特别是原先糟蛋厂的领导班子受计划经济传统思想的束缚，市场观念淡薄，品牌、质量意识缺乏，以一副“老面孔”出现的糟蛋销路无法拓宽。

在各种营养食品繁多的市场中，缺少宣传的糟蛋在逐渐被人们所淡忘，走出嘉兴地区，平湖糟蛋更是鲜为人知，哪有“金华火腿”“嘉兴粽子”这样美名远扬？曾远销东南亚、日本的平湖糟蛋，在跨入九十年代后，竟没有一个能走出国门！糟蛋的销售圈在缩小，目前仅销往江浙沪一带。

有一位海外赤子想再度品尝曾在幼年时尝过的糟蛋独特的口味，却苦于无处购买，只得写信到厂里求购；一位安家于大西北已十载有余的消费者来信说，西安市有不少的江浙人，但没有糟蛋可吃！……这样一种优秀的民族特产却未能让更多的人知道它、品尝它，平湖人民为之感到痛惜！

这又告诉人们，在市场经济的今天，糟蛋不再是“皇帝的女儿不愁嫁”，要使糟蛋再度成为卖方市场，产品的升级换代和宣传意识的加强已刻不容缓。

“打响糟蛋牌子，叫响平湖名字”

糟蛋在某种程度上近乎是平湖的代名词。糟蛋厂厂长尤明泰上任一年来，一直在为平湖糟蛋能与“金华火腿”“嘉兴粽子”拥有同样的声誉、同样的社会效应而努力。

在 1994 年平湖市(北京)发展经济恳谈会上，人大常委会副委员长王光英曾这样说：“我在香港经常吃到平湖糟蛋，我是先认识糟蛋，再认识平湖的！”从一句家常话可以发现，糟蛋牌子的打响、地方名牌产品所产生的效应，对叫响平湖的名字确实起着推波助澜的作用。

今年上半年，市委书记朱千生、市长王新民等市里领导先后来到平湖糟蛋厂，了解糟蛋的生产情况，认为糟蛋是一只“很有希望、很有潜力”的产品，要向“稀、精、贵”的方向发展，并要求厂里加大糟蛋的宣传力度。提高知名度，叫响平湖名字。

不久，糟蛋第一次被搬上了电视屏幕，一句“打响糟蛋牌子，叫响平湖名字”的广告语为糟蛋在家乡父老中树立了新的形象，小小糟蛋将担负起扩大平湖知名度的历史重任，它的所到之处，将使人们记住“平湖”这个名字。

与此同时，糟蛋厂在市委市政府的重视下，得到了市科委的支持，设立了“提高糟蛋质量，增加多种口味”的科研项目，并开发了甜味、辣味糟蛋和鹌鹑糟蛋等新品种。又特地组织一批优质红黄鸭蛋，提高糟蛋质量；引进宜兴的陶、江西的瓷，改进包装，用彩印纸板作为外包装，使糟蛋面貌焕然一新。糟蛋厂又在平湖地区开设了销售连锁店，增加销售窗口，并扩充推销队伍，加强销售力量。

经过努力，今年上半年，糟蛋的销售量达到30万只，与去年同期相比翻了一番，在市场上再度刮起“糟蛋”旋风。同时，厂里加工生产糟蛋57万只，供应下半年的市场需求，并一改以往冬天不产糟蛋的习惯，计划冬酿糟20万只，使糟蛋一年四季都能与广大消费者见面，产量也将创历史量高水平。

厂长尤明泰告诉记者，目前厂里正在寻找国外的销售代理商，架起糟蛋重新“嫁”出国门、走向世界的桥梁。

平湖人民都希望有一天，当我们在外地作自我介绍时，对方会脱口而出地问道：“就是糟蛋的故乡——平湖吗？”

（原载《平湖经济报》1995年9月1日　第三版）

4.《糟蛋　平湖的名片》

（作者：程端麒　查一飞）

1988年底，日本前首相田中角荣访华回国之际，特地关照其秘书要购买平湖糟蛋作礼品。消息传来，平湖即以50罐优质美味糟蛋满足了田中的愿望。

几年后，在1994年平湖市（北京）发展经济恳谈会上，人大常委会副委员长王光英如是说：“我在香港吃到过平湖糟蛋，我是先认识糟蛋，再认识平湖的。”这一事实具体地表明，平湖特色美味的糟蛋，如同平湖的名片，早已投送到了海内外各地。

糟蛋作为平湖地方的特产，凝聚着平湖人民数百年来的勤劳、聪明、智慧。它那传奇般的创造、产生和发展的历史，可以成为平湖悠久的酒食文化的一个代表。

平湖的酿酒业，据地方志史载，早在宋代就有“当湖酒库”的设置，到近代，平湖地方志上城关镇（旧名当湖镇）内仍有“酒甏弄”之地名，从中可窥见酒业发展之一斑。而平湖糟蛋酿制的历史与酒业糟坊的兴盛，有着传奇般的必然联系。

清代雍正年间，相传平湖西门外孟家桥堍，有一家徐源源作坊，有一年黄梅季节发大水，酒糟库房被淹，库房里存放的鸭蛋被大水和酒糟裹入。无奈之中，谁也不去理会。恰是“有心栽花花不开，无心插柳柳成荫”，大水退后，徐老板进入旧库房整理，却惊喜地发现裹在酒糟中的鸭蛋壳已软化，蛋白和蛋黄胶凝在一起，如半透明的糊状液，打开蛋皮尝一口，顿觉甜醇可口，酒香扑鼻。糟蛋便由此而来。后来徐老板不断改善酒糟配方和工艺流程，使糟蛋越做越美，酒与蛋的结晶——糟蛋，也逐步成了平湖特产。

大约到了乾隆年间，平湖地方官将糟蛋作为贡品，专送京师。乾隆皇帝品尝后赞不绝口，赐了一块刻有双龙捻珠图形的京牌，奖掖平湖糟蛋的美味酒食。从此平湖糟蛋声名远播。在宣统元年（1909年），又渡海出国在南洋劝业会上获金牌一枚，徐源源糟坊也因此生意兴隆。

可是，在旧社会里，“万家墨面没蒿莱”，糟蛋文化没有得到很好发展，糟蛋也没有能够进入寻常百姓家。新中国成立后，一度由于受计划经济的局限，平湖糟蛋生产也规模不大，直到八十年代后的改革开放的岁月里，糟蛋故乡的人们才不懈努力，谱写出了糟蛋文化的新篇章。平湖糟蛋在国内先后共 13 次获得了国家商业部和浙江省食品博览会金奖。

“昔日皇家贡品,今日百姓家肴”“美味的食品,营养的食品”。这是中国营养学会著名专家于若木为平湖糟蛋的题词。确实,糟蛋的营养价值特高,研究表明,它含有维持人体新陈代谢必需的 18 种氨基酸,并具有开胃、助消化,促进血液循环等多种功能。资料表明,我国人均缺钙量高达 300 毫克,根据上海食品研究所测定,糟蛋每百克中含钙 248 毫克,每天吃一个糟蛋即可满足人体日需钙量,所以据《中国学生营养报》载,糟蛋已列入中、小学生营养午餐之佳选。平湖食品公司还专门成立了“食品开发科技所”,重点研制开发糟蛋新产品。目前,他们精选优质糯米糟料,联系重点养鸭专业户生产红黄蛋,并改进工艺,已生产出了多口味的糟蛋和鹌鹑糟蛋,销售量将创历史最好水平。

“打响糟蛋牌子,叫响平湖名字。”平湖人民把糟蛋作为平湖传统酒食文化的一张特别的“名片”,传递到世界各地。

(原载《嘉兴日报》1996 年 1 月 26 日　第三版)

5.《科研不停步　质量上等级
平湖副食品厂糟蛋正品率提高二十个百分点》

(记者:沈　岚)

本报讯平湖副食品厂坚持以科技为先导,强化产品质量管理,不断完善工艺、技术、质量指标体系,收到了明显效果。

平湖龙牌糟蛋曾以其蛋形饱满、色白似玉、味香醇和、营养丰富等特点倍受中外消费者的青睐。但是,近年来由于受传统工艺的影响,糟蛋生产周期较长,产品质量不够稳定,影响了糟蛋的正品率和经济效益。面对较为严峻的市场形势,厂部决策层清醒地认识到,质量是企业的生命,只有生产味美质优的产品,才能满足客户需要,实现“打响龙牌牌子,叫响平湖名字”口号。为此,该厂成立了由 5 人组成的质量攻关小组,多渠道培训技术人员,同时高薪聘请上海农学院总工程师指导新产品开发和新课题研制。在“多种口味糟蛋”开发成功以后,1996 年,与市星火食品研究所联合进行“提高糟蛋正品率”课题攻关,经过抽样调查剖析得到,减少气泡蛋是提高糟蛋正品率的关键,而产生气泡蛋主要与原料、工艺有关。于是,该厂及时采取对策,按工艺流程,就原材料检验、工艺控制、酒精中酒药配比等进行逐项试验,探索酒精度、糖度、酸度形成的最佳比例,从而使糟蛋的正品率由原来的 65%提高到 85%以上。

糟蛋正品率的提高,降低了生产成本,提高了经济效益,每百只糟蛋可增加收入 32 元,按年产 60 万只糟蛋计算,每年可为企业多创利 19.2 万元。目前,该厂正投入批量生产。

(原载《平湖报》1997 年 1 月 24 日　第二版)

6.《一瓶软壳糟蛋牵动厂长心》

（作者：海宁市盐官镇顾客　方宝金）

编辑同志：

我老伴喜爱吃平湖特产软壳糟蛋，每年糟蛋上市后，都要吃4～5瓶。1997年10月17日我特地到硖石买一瓶，开封后发现蛋壳完好，上口无酒味，无辣味，认为是一瓶伪劣产品。10月28日我拨通了5113795厂长电话，尤厂长详细询问了这瓶糟蛋情况，向我们解释：这不是伪劣，也不是质量有问题，是属"成熟未彻底"，过段时间会变好的。当时我抱着不信任态度，提出买了不能吃，等到何时可吃？尤厂长当即表示：厂有便车我们上门给你调换。当时我无话可讲，表示感谢，只得在家等候。时到11月1日平湖副食品厂车子果然来了，厂长委托供销科科长查忠玲同志带上三瓶，调换一瓶，二瓶我们买了。平湖副食品厂这种虚心的态度，热情的服务，使人很感动，也是我花甲之年第一次逢到如此称心的事，我感谢平湖副食品厂。事虽然小，但他们热情服务的心是真诚的。我借贵报一角向他们表示感谢。

（原载《平湖报》1998年1月1日　第三版　"读者来信"）

7.《为了"天下第一蛋"
——记平湖副食品厂厂长尤明泰》

（作者：马抱瑾）

"糟蛋的含钙量比普通蛋高40倍，还具有增进食欲促进血液循环等功能。"说起这"天下第一蛋"，尤明泰的话匣子就打开了。到平湖副食品厂虽只有短短5年多时间，但尤明泰已经与糟蛋结下了不解之缘。

1994年，由于产品单一，包装陈旧等多方面原因，平湖副食品厂的生产经营陷入困境。同年4月，尤明泰临危受命出任这家厂厂长。上任伊始，他就着手对产品的包装进行了改进，在塑盒包装的基础上，又开发了瓷瓶、陶器、景泰蓝包装。为进一步拓展市场销路，迎合不同地域消费者的需求，尤明泰又组织人员开展了多种口味新品糟蛋的开发和延长保质期等实验。在市科委等有关部门的指导帮助下，这家厂先后开发了甜味、辣味糟蛋，产品正品率提高了10个百分点，保质期也由过去的3个月延长到了4个月，有效地提高了糟蛋品质，增强了市场竞争力。去年，这家厂糟蛋生产实现产值150万元，利润近30万元。

成绩中凝聚着尤明泰和全厂30余位职工的辛勤汗水。在去年"6·30"洪灾中，这家厂由于地势低，厂区严重受淹，尤明泰带头通宵值班，并和职工们一起抢运沙袋，筑起了一条长堤，保证了冷冻机的正常运转，使企业损失降低到最低限度。

说起今后的发展，尤明泰充满了自信："昔日皇家贡品，今天百姓佳肴"的"天下第一蛋"要利用品牌知名度，提高产品附加值，还需要在口感、质量上力求新突破，改变一年一季的制作方式。去年，"龙牌"糟蛋申请了国家专利，又被嘉兴市旅游局定为旅游商品定点生产企业。但是如何让百年糟蛋雄风长存，依然是尤明泰不懈的追求。

（原载《嘉兴日报平湖版》2000 年 1 月 11 日第一版）

8.《谁来放大糟蛋的名牌效应》

（见习记者：王怡蓝）

近日，记者收到一名读者的来信，信中讲述他从小就爱吃糟蛋，然而在外地却很少见到糟蛋出售，他希望平湖糟蛋这一百年老字号产品能重振雄风。记者由此想起今年 9 月 20 日钱江晚报刊发的《老字号一个也不能少》一文，文中写到全国 1600 多家老字号中已有 300 多家杳无音讯。而平湖糟蛋是否也会步其后尘？

打开百年黄历，平湖糟蛋从皇家贡品到普通商品经历了 270 多年的历史，其制作工艺独特，营养含量丰富。据测定，糟蛋中的蛋白质、钙、铁的含量分别是鲜鸭蛋的 1.1 倍、4.7 倍、0.5 倍，维生素 B_1 高于松花蛋 2.2 倍等，且易于消化吸收，被称为全营养食品。全国著名营养学家于若木给予它较高的评价，全国政协常委原商业部长胡平还为其题字“天下第一蛋”。历年来，平湖糟蛋因此获得了诸多荣誉；今年，平湖糟蛋又一次跻身 2004 年浙江省名牌产品行列。

然而，荣誉背后的平湖糟蛋企业发展却不尽人意。据近期来平的一些上海游客反映，他们对平湖糟蛋充满了好奇，很想参观一下糟蛋制作现场。这应该是宣传企业的好机会，可没想到却被厂里以保护商业秘密为由婉拒了。糟蛋厂负责人向记者道出了原委：其实最主要的理由是不想让游客看到简陋的企业。据这位负责人介绍，虽然目前平湖糟蛋在全国各地有 20 多个销售专柜，但却因为各方面原因导致产品滞销。首先是客观条件的制约。平湖糟蛋生产受温度、鸭蛋等因素制约而有季节性，保质期仅为 4 个月。其次是缺乏新品种，口味单一。另外，宣传不到位也是一个重要因素，虽然平湖糟蛋营养丰富，但由于没有很好的宣传推广，知之者甚少。上述因素一定程度上影响了产品的销售，企业的发展也就受到影响，更谈不上产品的进一步开发。

平湖人坐拥糟蛋这一潜力巨大的产品，却没有从中淘宝，不能不让人遗憾。怎样才能让平湖糟蛋发挥出名牌应有的经济和社会价值？有关专家指出，糟蛋企业的当务之急是寻找一条突破资金瓶颈的有效途径。糟蛋作为平湖唯一的老字号产品，政府部门应加大投入与扶持力度；企业自身不能坐以待毙，应创新思路，通过寻找合作伙伴以联营或股份经营等形式，多渠道融资，满足企业再发展的资金需要；引进新技术开发新产品也是关键所在。此外，还要积极借助合理载体探索产品销售和经营新模式。

与糟蛋历史相当的江苏高邮鸭集团的经验或许值得我们借鉴。高邮鸭集团在咸鸭蛋的基础上开发了双黄蛋、真空小包装等产品，并形成了一体化的禽蛋品牌，以地区代理的形式进行销售，仅杭州市的年销售额就达 150 万元。平湖糟蛋与其原材料相同，完全可以借其成功经验开发如双黄糟蛋等新的产品种类。在嘉兴地区，五芳斋粽子借助旅游与餐饮两大载体进行经营模式转换获得了很好社会和经济效益，这给我市的糟蛋发展提供了一条新的思路。平湖糟蛋有着深厚的历史积淀，完全可以嫁接我市日益发展的旅游业，在旅游活动项目上大挖潜力，将糟蛋“击蛋、落蛋、封坛”等比较容易掌握且有挑战性的工序为一个旅游景点进行开发。类似这种经营方式在杭州龙井茶庄已得到充分运用；并作为纪念品带回家，同时也了解当地的茶文化。

经营好老字号对我市今后其他产品品牌的创立和发展有着极为重要的意义。记者在采访中还了解到，明年上半年我市将举办一次旅游商品设计大赛，这对平湖糟蛋来说也是一次很好的机遇，糟蛋企业可以从中寻找支点，拓展平台，焕发老字号的生命力！

编后：老字号产品包含着丰富的历史积淀，它不单是企业的产品，更是地方传统文化的“代言人”。丢失一个老字号品牌只是朝夕之事，延伸一个老字号则需要长期的用心经营。谁来放大平湖糟蛋的名牌效应，我们期待着。

（原载《嘉兴日报平湖版》2004 年 12 月有 24 日第一版“今日话题”）

9. 发展糟蛋文化　提升旅游业竞争力

——访市政协委员尤明泰

（见习记者：王怡蓝）

在采访平湖糟蛋厂厂长尤明泰的时候，记者才知道，尤明泰是去年 12 月 29 日补选成为政协委员的，至今才 2 个月。用他的话来说：“自己能成为一名政协委员，是与这些年来大力宣传平湖特色文化所作出的努力分不开的。”

尤明泰从 1994 年起就在平湖糟蛋厂工作，目睹了平湖糟蛋的发展过程。在他看来，平湖所拥有文化资源与桐乡乌镇的名人文化、绍兴的酒文化相比毫不逊色，但不同的是他们则把文化作为产品来经营，由此加快了旅游业的发展。作为一个拥有老字号品牌的经营者，尤明泰深深感到平湖文化在这方面的弱点，于是，他以自家产品作为推广平湖的一张名片，利用所有可能的机会向外界宣传平湖，宣传具有平湖地域文化的特色产品，如农产品、光机电产、服装、箱包等。他说：“我要使糟蛋像西藏人的哈达一样成为平湖的代名词。”尤明泰记得这样一件事，有一名外地消费者打电话来说，有个朋友年年都送糟蛋给他，他不会吃都转送给别人。后来一想，年年都送的肯定是好东西，于是便想了解一下糟蛋怎么吃，尤明泰解释完吃法后，对他说：“平湖朋友送给你平湖糟蛋，肯定是把你当成了他最尊贵的朋友。”电话那头听了会心地笑了。无形之中，尤明泰的一句话又提升了平湖糟蛋的价值。

尤明泰说：“现代化的城市大同小异，而文化是区别城市的重要标志。”为此，他以个人的努力，扩大平湖文化知名度，提升城市品位，吸引更多的人来平湖，把发展地域的文化作为一种概念来经营。去年 9 月，杭州一名热心的消费者就平湖糟蛋外地难买一事写信给市领导。市领导对此相当重视，请有关部门调查研究，最终于去年年底前发文拟建立糟蛋文化馆事宜。按照尤明泰的心愿，在这个文化馆内，陈列的不仅仅是糟蛋产品，还要把其他具有平湖特色的产品都汇集于此，让来平湖旅游的人能更清楚地了解平湖。

今年是尤明泰第一次参加“两会”，他已经整理好有关材料，提案的主题是：充分利用现有资源建好平湖糟蛋文化馆，使之成为重点旅游项目之一，提高我市的旅游业的竞争力。

（原载《嘉兴日报平湖版》2005年2月28日　第十版）

第二节　专业性报刊

1.《平湖糟蛋负盛名》

（作者：马　标、富　春）

平湖糟蛋，又名软壳糟蛋或官礼糟蛋，是浙江独具风味的传统食品。

相传，清朝雍正年间，有家姓徐名源源的商人在平湖西门外开了一个制酒的作坊。由于地处水乡，店傍风光秀丽，一年四季，舟楫往来，宾客如云，生意兴隆，还雇用了一个叫枣倌的小伙计。一年的清明，徐老板备船准备上坟祭祖，家里又是煎鱼、煮肉又是烹蛋。因小枣倌年幼嘴馋，便乘机拿了几只鸭蛋埋入一个盛有酒糟的缸里，打算等徐老板全家上船离去后解馋，谁知老板命他同去。等扫墓归来，小枣倌已酒足饭饱，早已把埋鸭蛋的事儿忘得一干二净。时至中秋，徐老板动用装有酒糟的缸蒸酒时，发现有几只似蛋非蛋，颜色晶莹的东西，散发出诱人的香气，食之味道鲜美，徐老板便称它为糟蛋。于是徐老板便做起了“糟蛋”生意。从此糟蛋很快成了应市佳品。有的人把它作为佐餐佳肴，有的人把它当作送礼佳品。

多年之后，海宁县陈家大院来了一位气度非凡的贵客，自称是已故陈老太爷任京官时的学生。陈氏晚辈热情款待，在琳琅满目的杭嘉湖名菜佳肴中，有一盘无壳的蛋放在其中，外边有层半透明的薄膜，中间乳白色蛋清似在蠕动，最里面有一呈橘红色凝固状的蛋黄若隐若现，十分美观。主人向客人介绍说：“这是平湖软壳糟蛋，请先生品尝。”客人尝后立时喜形于色，顿觉满口醇香，清冽畅爽，咸淡适中，微含酒意，回味悠长，连声叫绝。

客人走后不久，平湖县令突然接到一道圣谕“平湖糟蛋列入贡品”。这时才知原来贵客就是三下江南的乾隆皇帝。

后来平湖糟蛋又先后在南洋劝业会、英国伦敦博览会和巴拿马万国博览会上展出均受到好评，并获得了“巴拿马万国博览会金奖”。

解放后，平湖糟蛋由县食品公司经营，建立平湖糟蛋厂。40多年来，在生产实践中，不断改进加工操作技术，厂长谢力耕多次组织技术攻关，一改祖宗200多年前传下来的清明腌蛋，秋春开坛，一年一次，需180天才能出产品的老传统，实现了一年四季都能腌制加工的新工艺。使产品质量显著提高，产量不断增长，现每年产量已达到120万只。1981年和1984年，先后两次荣获商业部和浙江省优质产品称号。1988年荣获首届全国食品博览会金质奖。

据说“日本人很喜欢吃糟蛋”。1988年底，在北京举办首届全国食品博览会。“平湖糟蛋”参加展销。日本前首相田中角荣知后，派人专程飞来买去 50 瓶(每瓶六只)。

(原载《中国食品报》1993 年 11 月 26 日)

2. 昔日皇家贡品 今天百姓佳肴——赞平湖糟蛋

(作者：顾东梁、校春红)

日前，冯美仙副市长将全国著名营养学专家于若木为“平湖糟蛋”的题词赠予平湖副食品厂。于若木(注：陈云夫人)曾于 1991 年 12 月到我市考察小学营养午餐情况，她对平湖传统特产——平湖糟蛋大加赞赏，谓之“美味的食品、营养的食品”。

(原载《平湖经济报》1995 年 3 月 22 日第一版)

3. 糟蛋作“桥”瓜为“媒”

——平湖特产文化记略

(作者：陆永林)

浙北平湖市地美物丰，人称“金平湖”。平湖糟蛋和西瓜都是具有 200 多年历史的著名特产，在长期的演变过程中形成独特的文化内涵。平湖的特产文化在当今的经济活动中起着非常重要的作用。

去年 10 月，平湖市在北京召开经济发展恳谈会，宾客如云。全国人大副委员长王光英开场第一句话就说，他认识平湖就是从糟蛋开始的。早年，王老在香港生活时，每天吃平湖糟蛋；由此，开始了解平湖这个好地方。这开场白令在场的平湖籍人士倍感亲切和自豪。确实，独一无二的平湖糟蛋是世界饮食文化中的一朵奇葩。相传，它创产于 19 世纪初叶，是采用新鲜而个大的鸭蛋，经优良的糯米酒糟糟渍而成。在清朝它曾获“乾隆京牌”，在南洋劝业会、英国伦敦博览会和巴拿马万国博览会都获过奖牌。上了年岁的平湖人回忆说，在平湖乍浦港对外通商的鼎盛时期，傍泊乍浦的商船来自日本、越南、泰国、菲律宾、印尼等国家；当时平湖徐源源糟坊的糟蛋随商船远销到这些国家。在出口糟蛋的同时，也传播了浙北地区的饮食文化。那时的产品标志是一个手拄龙头拐杖的老寿星，这一形象至今在东南亚地区仍颇有影响。精明的平湖人意识到，糟蛋这个“老字号”特产有着几百年的文化积淀，它在海外华人中的影响源远流长；知名度也能产生经济效益。今年初，平湖市委书记朱千生到糟蛋厂了解，要求利用糟蛋的出口优势，打响“平湖牌”，为经济建设服务。

同样，传统名特土产平湖西瓜数百年来也名闻遐迩。平湖种植西瓜最多年份达 8 万多亩，销量居全省第一；曾远销香港等地，被誉为“江南第一瓜”。平湖人民在长期的生产和消费中，培育和发展了独特的瓜文化，其中以“西瓜灯”最具代表性。每年瓜季，人们品尝之余，在整只西瓜表层雕刻图案蔚然成风。西瓜灯是挖出瓜瓤，内藏灯芯，外加装饰品的花灯；瓜灯的基本形态有两类：一类是刮掉深色表皮，在露出的浅色内皮上彩绘国画；另一类直接在西瓜表皮上雕刻出“天女散花”“丹凤朝阳”等图案。发展至今，西瓜灯节已成为瓜乡平湖独特的乡俗文化节，并融入了众多民间艺术。在瓜灯节里，人们竖立牌楼张灯结彩，展出各式制作精致、惟妙惟肖的西瓜灯，跳起精彩的西瓜舞，其乐融融。

平湖市里每遇重大经济活动，总是利用西瓜丰收季节，以瓜灯节为载体，文化搭台，经济唱戏，广邀海内外客商，畅游瓜乡，品尝糟蛋、西瓜等特产；在"个个瓜灯花如锦，盏盏明灯照水乡"的浓浓乡俗文化氛围中，进行经贸洽谈。

以特产为切入口，通过特产文化的传播，提高了平湖的知名度，增强了对海内外客商的吸引力。去年平湖市南下深圳、北上进京的两次大型公关活动取得良好效果，全市推出60多个开发项目，引起国内外众多客商和有识之士的浓厚兴趣，先后签约外资项目17个，总投资1.5亿元，协议利用外资1000多万美元，吸收资金融通400多万元。以特产为"媒"，广招客商，为平湖市的经济发展起到了良好的促进作用。

（原载《经济生活报》1995年4月6日　第四版）

4. 平湖糟蛋

（作者：胡承康）

260多年前，平湖城有一家叫徐源源的酿酒作坊。一年黄梅季节发大水，把家中一些鸭蛋漂入酒糟中。数月后，店主发现敲开蛋壳，却惊喜地看到透明的蛋白里裹着橙红的蛋黄，肉质细嫩，醇香扑鼻，美味无比。店主喜出望外，仿制糟蛋出售，轰动全市。糟蛋便从此降临人间，后升格为乾隆皇帝的贡品。

糟蛋的营养

糟蛋在酒酿里的醇类、糖类、有机酸等逐渐渗入其内，使营养更丰富。几种主要营养素含量均明显高于其他蛋类。其中蛋白质比鲜鸭蛋高过1.1倍，钙、铁高出4.7倍、0.5倍，维生素B_1比松花蛋高2.2倍，维生素PP比咸鸭蛋高5～6倍。同时，糟蛋由于采用发酵工艺制成的，食用的生物价值也大大高于其他蛋类。如果说，蛋类因其营养成分齐全、合乎人体需要而被称为全营养食品之冠。那么，平湖糟蛋则理所当然的是冠中之冠的佳肴。

平湖糟蛋的独特风味

糟蛋由于用优质糯米酒酿糟渍而成，自然产生了独特的鲜美风味。著名营养学家于若木评论说：鸭蛋在酒糟的作用下，分解为多种氨基酸并产生鲜味。此鲜味与醇香、脂香融合为一体复杂的鲜美滋味。所以，又具有营养滋补之功效。

糟蛋的金牌榜

早在清朝雍正年间，平湖糟蛋就被列为进贡皇室的贡品，并获得乾隆皇帝京牌嘉奖。

近百年来，平湖糟蛋更名声大起。先后在南洋劝业会、英国伦敦博览会、南京品物会、巴拿马万国博览会上获得奖牌。

近十年来又连续获得商业部优质产品证书、首届中国食品博览会金奖，以及"玉兔奖""金鹰奖""骏马奖"等二十多个大奖。

糟蛋食用简单，只要破壳，整治干净，切块，稍加糖、几滴白酒拌匀，或和其他食物调配，皆成美食。

平湖糟蛋早就走出国门，远销东南亚一带的国家，给那里的人民增添回味无穷的美食享受。

（原载《中国学生营养小报》1995 年 12 月 20 日　第四版）

5. “龙”牌糟蛋商标失而复得

（作者：程　剑）

去年春天，有着 250 多年历史的平湖传统名产——“龙”牌软壳糟蛋，因未及时续注商标，而痛失“龙”牌这一传统商标一事，在平湖市引起了轰动。经平湖市有关部门的多次申请，目前，平湖“龙”牌软壳糟蛋又被重新注册，“龙”牌又回到了平湖人的手中。

生产平湖“龙”牌糟蛋的平湖副食品厂，从痛失商标的事件中，吸取了深刻的教训，他们一边重新申请“龙”牌商标，一边提出了“打响糟蛋牌子，叫响平湖名字”的口号，开发了“龙”牌系列产品，改变了糟蛋的单一口味。目前，该厂生产的辣味糟蛋、甜味糟蛋、红黄糟蛋受到了消费者的喜爱。

“龙”牌商标失而复得，对平湖副食品厂来说是一件大喜事。在高兴之余，厂长尤明泰深有感触地说：“企业一定要保护好无形资产，千万不要走我们的老路。”

（原载《浙江经济报》1995 年 11 月 3 日　第一版）

6. 于若木赞誉平湖糟蛋

（作者：平　食）

本报讯　最近，全国著名营养学专家于若木为平湖“龙”牌糟蛋题词“昔日皇家贡品，今天百姓佳肴”。

于若木曾到平湖市考察工作，她对地方传统产品糟蛋很赞赏，称它是美味、营养的食品。

（原载《浙江商报》1995 年 7 月 12 日　第一版）

7. 浙货：光荣与梦想

编者按：今天，我们以两个整版的篇幅刊发有关领导和我省部分参加“96 上海全国商品交易会”的知名企业负责人，以及经济分析人士的文章。浙江产品有着光荣的历史，我们对浙江产品的未来有着许多美好的梦想。让我们共同努力，使美好的梦想成为现实，使浙货走向全国，走向世界，再创辉煌。

8. 贡品●礼品●商品

（作者：平湖市副食品厂厂长　尤明泰）

在“金平湖”，有个古老的传说——

清朝雍正年间，县城西门外孟家桥堍，一家叫“徐源源”的酒坊某年黄梅遇大水，家鸭生的蛋混入酒糟中。数月后，主人敲开蛋壳惊喜地发现，透明的蛋白、橘红的蛋黄凝为一体，酒香扑鼻，回味悠长。

清朝乾隆年间，浙江地方官吏曾以平湖糟蛋作为进贡皇室的贡品，获赏识，特颁“乾隆京牌”，以示褒奖。

平湖糟蛋曾经远销东南亚，国内销售也曾北至齐齐哈尔，南至福建省。然而，近年来国内市场鲜见平湖糟蛋的原因，显然不仅仅是因为季节性青黄不接。

杭州延安路食品商店曾多年经销平湖糟蛋。但从1992年开始，平湖糟蛋在杭州市场也销声匿迹……

近两年，平湖糟蛋的销售圈仅限于嘉兴、苏州、上海等地。

平湖糟蛋近乎成为平湖的一个标志，但平湖人只停留在把糟蛋作为礼品馈赠远道而来的客人上，对这一名特产的发展没有引起足够的重视，更谈不上专业化生产。据了解，近10年来我厂技改资金的投入仅43.8万元，唯一新添的生产设施是两幢厂房和冬天加工用的温室。

诸多缘由，导致平湖糟蛋发展困难重重。如今，我厂以“提高质量、改进包装、扩大销路”为发展糟蛋生产的思路加入了商品流通的市场竞争。

厂里首先从产品质量抓起，增强车间工人的质量意识。在操作中发现质量不好的嫩蛋、水浸蛋、矾蛋等一律剔除，做到次品、废品不出厂。同时改进产品包装，摒弃散装大甏的落后包装，新开发瓷罐等礼品化包装，目前已形成塑料罐、陶罐、瓷罐的低、中、高三个档次。为适应大众需求，年内还准备开发真空简易包装。

去年5月，新成立的平湖市食品工贸公司与副食品厂合二为一，在平湖地区设5家糟蛋销售连锁店。同时，加强了对外地市场的销售力量。

相信平湖糟蛋这一古老的名优特产，在社会主义市场经济大潮中将重放异彩！

（原载《浙江商报》1996年11月20日　第二版）

9. 浙江名牌："龙"牌糟蛋

“龙”牌糟蛋，平湖人对外交往的文化使者。

“我在香港经常吃平湖糟蛋，通过糟蛋再认识你们平湖。”这句话是全国人大常委会副委员长王光英两年前接见平湖市党政领导时说的。平湖“龙”牌糟蛋已有260多年历史，平湖糟蛋这个独一无二的产品，其魅力在哪里？全国著名营养专家于若木精辟论述：“糟蛋在酒糟作用下分解为多种氨基酸，并产生出鲜味，此鲜味与醇香、脂香融合为一种复杂的鲜美滋味。所以糟蛋食之是回味无穷的享受，又具营养滋补之功效。”

1988年至今，平湖“龙”牌糟蛋10多次荣获部优、省优产品称号。凭借名牌优势，最近一两年，平湖副食品厂开发“龙”牌系列产品有：红心盒装咸蛋、五香牛肉、烧鸡、麻鸭、糟蛋酱等。

（原载《浙江商报》1997年4月11日第三版）

10. 平湖糟蛋寿命延长啦！

（通讯员：金　星，记者：李宗陶）

日前，经平湖市科委鉴定，素有"天下第一蛋"之称的平湖糟蛋的保质期从三个月延长至四个月。这是平湖糟蛋厂以科技兴产业、向科技要效益的又一成果。

该厂 1995 年在增加口味、提高品质上作文章，1996 年主攻提高糟蛋正品率的课题，继今年解决了延长糟蛋保质期的问题之后，1998 年又将把加快糟蛋成熟周期作为攻关课题。

据检测，已有 260 多年历史的平湖糟蛋每 100 克可食部分含蛋白质 15.8 克、脂肪 13.1 克、碳水化合物 11.7 克、钙 248 毫克、磷 111 毫克、铁 3.1 毫克、维生素 A234 国际单位以及多种氨基酸。味道鲜美，有开胃口、助消化、促循环之功效。平湖糟蛋在国内外评比中曾屡获殊荣，而今平湖人又借科技的力量将这一饮食文化的宝贵遗产发扬光大。愿这朵奇葩越来越美地盛开在寻常百姓的餐桌上。

（原载《浙江商报》1997 年 12 月 26 日第六版）

11. 平湖糟蛋又飘香

（作者：徐晓军）

已有 250 多年历史的平湖软壳糟蛋可以说是平湖的一个标志。然而，曾为"京牌贡品"，并多次在国内外获奖的它，前几年却面临销售萎缩的困境。究其原因，就在于平湖糟蛋一直处于一种孤芳自赏的境地，优势似乎反而成了劣势——产品生产的独家经营，唯我独有的不同比性，再加之计划经济时代形成的"皇帝女儿不愁嫁"观念，导致了平湖糟蛋的发展愈加困难重重。

去年，国有平湖糟蛋厂新的领导班子成立后，一班人重新审视近年来企业发展的不足，形成了"提高质量、改进包装、扩大销路"发展糟蛋生产的思路。更令人惊喜的是，厂里已有了品牌意识和广告意识。在平湖糟蛋厂财务上，今年出现了第一笔广告费开支，亮出了自我推销的姿态，"龙牌金奖、平湖糟蛋"的招贴正出现在民墙、三轮车和杂志封面上。同时起动的是增强车间工人的质量意识，提高产品质量。在操作中发现质量不好的嫩蛋、水浸蛋、矾蛋等一律剔除，做到次品、废品不出厂。同时改进产品包装，摒弃散装大甏的落后包装，新开发瓷罐等礼品化包装，目前已形成塑料罐、陶罐、瓷罐的低、中、高三个档次。

新任厂长尤明泰更想让糟蛋重新走向世界。他认为，平湖糟蛋有出口港澳、远销东南亚的历史，食品专家高度评价糟蛋的营养价值符合现代保健食品的潮流，拓展外销有一定优势。眼下，他正千方百计物色合作伙伴，寻找出口渠道。

（原载《浙江市场导报》1995 年 9 月 13 日第二版）

12.《金色的平湖——平湖软壳糟蛋》

（作者：平湖物价局专版组稿）

平湖软壳糟蛋已有 260 多年历史，属天下独一无二的产品，是我国杰出的、优秀的民族地方特产。平湖糟蛋在清朝被列为贡品，并远销东南亚地区。平湖糟蛋在悠长的历史中，解放前曾先后三次获国际大奖，八十年代后10余次获部优、省优产品，是人间一份不可多得的美味食品。

全国著名营养学家于若木赞平湖糟蛋为“美味的食品，营养的食品”，经权威部门鉴定，糟蛋中含有人体新陈代谢必需的18种氨基酸，特别是含钙量和维生素PP的含量是普通禽蛋的几十倍，前者是对儿童、孕妇的不可缺少补钙及老人的骨质疏松补钙能起重要作用，后者对维持人体神经系统的正常功能和保持皮肤白嫩也起到积极的作用。

（原载《嘉兴经济信息报》1997年3月13日第四版）

第七编

建国后生产企业概况

从 1963 年 1 月起至 2002 年 5 月，糟蛋生产由国有企业独家经营。

其实，时间还可往前追溯，1956 年初全国实行的“公私合营”已和国有企业没有实质性的区别，其运营模式就是国有企业模式，合营中的资本家、私方人员与普通员工都是月薪制，政治、经济权利相等。“公私合营”运营模式延续至 1962 年底。1963 年全国实行各“公私合营”企业与归口国营企业合并。从此终结“公私合营”企业。

从 1956 年算起，国有企业经营糟蛋生产长达近半个世纪。

第十八章　国有企业

在国际惯例中，国有企业仅指一个国家的中央政府或联邦政府投资或参与控制的企业。我国的国有企业还包括由地方政府投资参与控制的企业。政府的意图和利益决定了国有企业的行为。国有企业作为一种生产经营组织形式同时具有营利性和公益性的特点。其营利性体现为追求国有资产的保值和增值。其公益性体现为国有企业的设立通常是为了实现国家调节经济的目的，起着调节国民经济各个方面发展的作用。

第一节　企业沿革

一、数种性质变化

1.“私私合营”时期：1950年6月7日，《人民日报》发表题为《私营工商业应当力求改造》的社论后，各地政府大力倡导发展地方工业。平湖县工商联筹备委员会（1950年5月成立，取代旧商会）及时组织学习，鼓励在自愿基础上联合经营。1951年5月，由同兴、新万祥、成兴源、老万源、刘永兴等从事腌鲜行业（腌腊制品与禽蛋加工）的十余家店号组成了“腌鲜业同业公会”，主任陈嘉瑞（城区共有49个同业公会），其作用是方便税收，同行议价，余缺调剂。是年6月，县人民政府成立工商科，实施对工商业的管理。

2.“公私合营”时期：1955年11月《中共中央关于资本主义工商业改造问题的决议》（草案）公布，平湖县人民政府按照中央决议“一面前进、一面安排、前进一行、安排一行”的指示，全面开展对私营工商业社会主义改造，方法如下：

（1）资金2 000元以上，职工2人以上的私营商业，参加全行业“公私合营”。

（2）公私合营户的全部资本，包括固定资产和流动资金，采取自盘、自估、自报的办法进行清产核资后，转归合营企业使用，根据赎买政策，按年息五厘（即5%）付给资本家定息，对定息前后的盈余处理，合营前盈余听其自便，愿意定息者可以付息，要求“四马分肥”（国家所得税、企业公积金、工人福利费、资方红利）的也可以。

（3）公私合营前之商业网点，基本不动，个别调整。

（4）公私合营户的从业人员，包括资方实职人员在内，原则上全部留店工作，保留原来的工资。

（5）不够合营条件的小商，本人有要求，合营企业需要，个别的可作为从业人员，不带资本财产参加同行业“公私合营”。

(6)“公私合营”后以行业建立总店，实行全行业统一核算，由国营商业派出公方代表参加企业领导，总店经理一般从私方人员中产生，副经理一般从职工中产生。各店称门市部，仍用原来店名，店主任由该原店主或其他私方人员及职工担任。

国民经济恢复时期的经销、代销，虽然是对资本主义商业进行社会主义改造的一种较好形式，但是并没有根本改变原来的生产资料所有制性质，企业仍是私有的。全行业实行“公私合营”，它使生产关系发生了根本变化，资本家只是领取定息，与企业的盈亏不再发生联系，这种“公私合营”商业同社会主义国营商业已经没有实质性的区别，参加“公私合营”企业的资本家、私方人员和职工一样，从1956年1月1日起，已经成为企业的一名工作人员。

1951年5月成立的“私私合营”腌腊制品与禽蛋加工的十余家店号组成的“腌鲜业同业公会”，1956年起转为“公私合营”企业，归口平湖县商业局管理。

3. 国有企业时期：1963年1月，根据中央政策规定，全县各“公私合营”企业全部与归口国营公司合并，“公私合营”平湖腌腊蛋品加工厂与平湖县食品公司合并。

4. 市属企业时期：1997年6月，企业与外商合资，合资公司法人代表由商业局主要领导兼任。同年5月，在商业系统对所属企业进行经营机构改革中，企业从食品公司划出，为商业局直属企业。

5. 股份制企业时期：2002年5月，根据平湖市人民政府部署，企业由国有公司改制为股份有限公司。

二、数度更名变化

1. 1951年5月，“私私合营”的腌腊制品与禽蛋加工十余家店号组成的“腌鲜业同业公会”，对外简称“合众”。

2. “公私合营”归口平湖县商业局管理后，1958年5月正式建厂，更名为“平湖腌腊蛋品加工厂”。

3. 1963年1月，平湖腌腊蛋品加工厂与平湖县食品公司合并，更名为“平湖县食品公司副食品加工厂”。

4. 1991年7月1日平湖撤县设市，企业全称中删去“加工”二字，更名为“平湖市食品公司副食品厂”。

5. 1993年，食品公司为扩大经营范围之需，成立“平湖市食品工贸公司”(食品公司下属机构)，1994年5月，食品工贸公司与副食品厂合并，实行二块牌子、一套班子的运营模式。

6. 1996年6月，为了提高平湖糟蛋产品知名度，扩大生产，拓展外销，企业与高达贸易(香港)公司实行“浙港合资”，注册成立“嘉兴汤氏食品有限公司”，删去原有企业名称中“食品公司”四字，更名为“平湖市副食品厂”，同时注销“平湖市食品工贸公司”，对外仍采用二块牌子、一套班子运营模式。

7. 2001年，因各种原因，经有关部门批准，终止“嘉兴汤氏食品有限公司”运营，企业保留“平湖市副食品厂”法人名称。

8. 2002 年 5 月，平湖市人民政府平政发(2002)56 号文件《平湖市人民政府关于平湖市副食品厂改制方案的批复》，明确由六个自然人全额出资，由国有企业改制为股份有限公司，清产核资后，原有职工全部转换身份，企业更名为“平湖市龙牌糟蛋食品有限公司”。

三、数次易址变化

1. 1956 年“公私合营”企业生产场所设在食品公司南门仓库(平湖大厦对面)3 号仓内。

2. 1957 年 8 月搬迁至平湖城关镇宝塔桥西堍一座仓库内(归属平湖县文化用品公司，1957 年 5 月公司撤销，县政府将其划入商业局，作为商业办厂工业用房)。

3. 1958 年全国开展工农业生产大跃进，企业的再制蛋加工数量成倍增长，同时商业局为了解决急宰生猪的处理和加工咸肉之需，5 月在城关镇孟秀浜(后更名为虹桥路)东侧建起新厂房，占地 7.78 亩。

4. 2000 年末因城市建设开发东湖之需，根据政府安排，企业搬迁至平湖六店工业经济园区(乍王公路 16K-3)，一座停办企业的场所内(原平湖南国实业有限公司)，占地 2.9 亩。

1958 年，食品公司副食品加工厂建址在当湖镇虹桥路 57 号，占地 7.78 亩

2001 年 1 月，东湖开发，企业搬迁至平湖经济开发区六店工业园区(乍王公路 16K—3)，占地 2.9 亩

第二节 生产概况

一、传统型产品

糟蛋是企业主要产品。

松花皮蛋、咸蛋是企业传统产品。

醉鲤珠、糟青鱼是企业附属产品(地方特色传统产品)。

醉鲤珠计划经济时期由 1956 年成立的平湖水产公司生产，企业从 1989 年起小批量生产。糟青鱼为独家生产，起始于 1963 年，其间断断续续，从 1992 年开始稳定生产。

二、服务型产品

1955 年“公私合营”成立至 1997 年 6 月，其工作重点是为主管部门(商业局 1956—

20世纪80年代企业生产场景（工人在整理鲜蛋）

1962年、食品公司1963—1997年5月）做配套工作。

1. 处理急宰猪（非正常宰杀）。主要三种类型，仓库饲养、购入待宰、途中卸载（路过平湖境内的外地食品公司运输车）。处理方法为高温加工后零售或炒制肉松、剥皮熬油、挖坑深埋（传染性病死猪）。

2. 加工猪皮、熬油。

1965年起至1996年，为城乡各屠宰点开剥的猪皮进行去膘、修割、腌制。对从猪皮中剔下来的油膘，城关各鲜肉门市部分割下来的油膘、水网油熬油。分食用级与非食用级，前者销给当地饮食业及食品加工企业，后者调配给杭州东南化工厂（制洗衣皂）。

3. 支农商品

计划经济时期，每年根据县政府下达给商业部门支农商品计划，企业进行咸肉、松花皮蛋、咸蛋的加工生产。春、夏二季农忙时，由各公社食品公司下属部门用手推车或肩挑直接送至农村。

三、花式型产品

1965年开始试制香肠，1968年从东阳聘请技师制作火腿，两者生产数量都比较小，香肠平均每年加工3000余斤，火腿年平均加工1000余只。到1980年底停止生产。

四、开发型产品

1994年，全国经济形势发展迅猛，食品公司对企业新增投资70万进行厂房、设备改造。其中建50吨冷库一座，真空包装机3台和开发熟食真空系列产品的其他设备。开发的新产品有五香牛肉、五香茶叶蛋、烧鸡、酱鸭、凤尾鱼、猪爪、蛋松等。使1995、1996年的产值翻倍增长。

历年主要产品加工、产值、利润表

年份	彩蛋（只）	咸蛋（只）	糟鱼（公斤）	醉鲤仔（公斤）	火腿（只）	香肠（公斤）	猪皮（张）	猪油（公斤）	咸肉（公斤）	产值（万元）	利润（万元）
1949											
1950											
1951											
1952											
1953											
1954											
1955											
1956	120190	51510							3045		
1957	425100	283400							1343		

续表

年份	彩蛋（只）	咸蛋（只）	糟鱼（公斤）	醉鲤仔（公斤）	火腿（只）	香肠（公斤）	猪皮（张）	猪油（公斤）	咸肉（公斤）	产值（万元）	利润（万元）
1958	140070	60030							1757		
1959	319800	213200							340		
1960	103560	69040							446		
1961	280000	208100							176		
1962	326630	175870							347		
1963	429785	51150	210						2588		
1964	386160	125393							6501.5	64.04	3.03
1965	559100	421208				97.2	8891	17733	4933	78.17	2.85
1966	279629	486360	536			67.1	52326	90553.5		161.43	3.65
1967	228469	236634	730			179.6	49369	70392.5	172547	180.16	2.03
1968	573202	228322			101	144.25	43136	46452.5	60310	192.60	5.46
1969	614555	387292			1371		52147	55604	2576	195.99	5.94
1970	684077	529550					49829	44798	94069	194.62	4.96
1971	406513	481200	1549.75				35204	34193	99638.5	179.72	2.90
1972	632008	711050	404			712.75	52745	42449.5	296811	200.69	0.77
1973	747338	630400			1078	1042	48175	47891.5	159976	113.53	－1.58
1974	788930	400738			555	1174	28511	48793.5	161731.45	81.14	0.19
1975	563045	393764			632		22348	34522	141819.5	58.46	0.79
1976	325305	58200	553.5			1044	10064	41257.5	130838.5	45.38	－0.27
1977	242528	26000	1778.25		1160	3108.35	4458	45465	146126.7	40.48	0.53
1978	514622	73635			2135	3325.5	2740	46153.5	112016	53.22	0.70
1979	661842	77465			1519	1812.5	538	236384	163287.5	101.25	13.03
1980	741939	134265			3021	2079.5		367512.5	127579.5	172.80	26.78
1981	346924	51625			763	6683		201539	143572.5	108.69	8.42
1982	816820	146682			1965	3584.5		194633.5	116224	106.34	7.41
1983	978436	223755			2649	7952		112228.5	107964.5	97.93	5.32
1984	1497193	213917			4537	6093.5		125621	139284	109.90	11.20
1985	2431208	640989			4902	1639		127947.5	72794.5	162.85	12.26
1986	1629055	425818				187.25		141809	23166.5	141.59	9.14
1987	2341987	488180						124602	35252	144.26	14.03
1988	3623906	1296600				239.75		65551	262	254.59	14.57
1989	2583959	1416357		1565				40334		284.19	12.51
1990	2633750	2825158		7125				49364		291.17	10.41
1991	3120368	506486						43058		235.31	15.53
1992	2382261	1504141	2489	2035				48448		223.56	13.22
1993	3845694	1185392	10063	4115				43389		309.81	10.02
1994	1513966	1028497	3595	261				28139		275.44	－2.53
1995	1058878	1182142	3382.5	3550				14769		540.82	16.74
1996	1311322	1422780		1899						567.63	26.65
1997	309730	1611860		2162.5						420.39	0.14

续表

年份	彩蛋（只）	咸蛋（只）	糟鱼（公斤）	醉鲤仔（公斤）	火腿（只）	香肠（公斤）	猪皮（张）	猪油（公斤）	咸肉（公斤）	产值（万元）	利润（万元）
1998	269470	793130	195	1496						245.47	0.36
1999	217078	655620	840	2210						188.04	0.28
2000	112710	716643	75	651.5						145.96	0.38
2001	58336	315676	525	2070						153.37	−7.83
2002	51381	385270	275	1345						151.90	0.78
2003	47087	327520	622	2140						152.73	1.32
2004	32048	239259	900	557.5						168.03	2.08
2005	19472	250990	1116	625						184.91	3.69
2006	14596	14596	705	571						203.56	3.73
2007	12620	96960	675	440						224.18	5.76
2008	5600	123567	737.5	720						252.82	24.98
2009		118834	1131	350						293.02	25.18
2010	6760	77752	1400	393.5						348.78	20.00

注：糟蛋产销参见单项列表。

第三节　调整行政隶属

从1963年1月起，副食品厂隶属平湖食品公司归口管理。1990年起商业系统对所属企业进行经营机构改革，在这次经营机构改革调整中，1997年6月企业从食品公司分离，为商业局直属企业。

平湖市商业局在1997年6月3日以平商(1997)25号《关于印发〈副食品厂与食品公司分离工作的方案〉的通知》中，对副食品厂与食品公司分离工作的方案作如下规定：

一、人员划分

1. 在职人员划分，按1996年底副食品厂在册人员为准核定人员数额，其中食品工贸公司人员原则上凡生猪经营人员（含个体挂靠户），连业务均留在食品公司，经核定副食品厂在册39人，内除赵富云留在食品公司，由公司安排外，余38人划给副食品厂。38人中的原食品工贸公司人员，在解放路改造网点被拆除后，适时部分人员由局里统一调剂安排。

2. 退休人员划分。食品公司划给副食厂退休人员8名（即原由该厂代发退休费人员）、发遗属补助2名，计划内外用工晚年发生活费2名（即原由该厂代发人员）。

二、财务分离

1. 商业局集资款由食品公司按厂现有职工集资金额6万元移交副食品厂。

2. 上交局网点建设基金和管理费，食品公司划出8万元归副食品厂负担。

3. 应付工资按食品公司 1996 年末账面结余数 158.29 万元(扣除 1997 年发 1996 年年终部分)按 1996 年底工资总额分摊,由食品公司划交副食品厂 16.15 万元。

4. 所有者权益划分如下:

(1) 实收资本按副食品厂 1996 年末账面数移交。

(2) 资本公积食品公司应将副食品厂占用已估价入账的土地移交副食品厂入账。

(3) 由食品公司划交副食品厂原作为投入后劲资金 62 万元,其余借款由副食品厂订出还款计划分期归还,占用期间由厂按银行贷款利率付息给公司。

5. 财务报表划分时间为 1996 年 12 月 31 日,1997 年有关财务往来请按各自应负担的部分结算。

三、实行管理和分割

以副食品厂最近的国有资产评估为基础,按实分割。

附 1:(食品公司划副食品厂 38 人名单)

尤明泰　盛　钧　朱黛娥　柴勤华　查忠玲　费佩华　徐以政
叶明宝　黄　丽　林　群　姚秀明　孙铭生　王龙英　朱稼明
唐良元　屠菊芽　高凤祥　沈建伟　顾德浩　马骏超　陈云华
沈都丽　方玉明　徐炳娥　汪蓉珍　徐胜华　付金其　吴伦其
陈佩虹　李老夫　姚海舟　许　京　王笑春　赵　云　屠龙观
吴来根　全妹妹　张明珠(退休)

附 2:(食品公司划副食品厂 8 名退休人员名单)

姚静娟　刘玉珍　王景英　裴福林　陈福明　潘惠芬　周　济
林天珍

同时商业局任命:尤明泰同志任商业集团总公司食品工业科副科长并兼任副食品厂厂长。

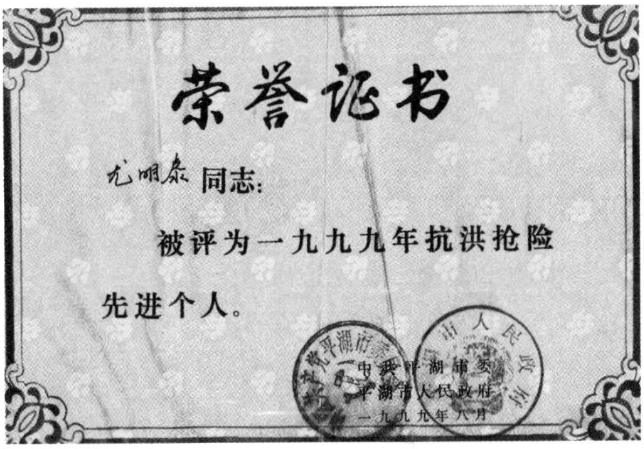

1999 年平湖遭遇特大水灾,企业主要领导被市人民政府评为抗洪抢险先进个人

第四节　历任企业负责人名册

序号	企业名称	职　务	姓　名	任　期	备　注
1	腌鲜业同业公会(合众)	主　任	陈嘉瑞	1951.3—1955.2	私私合营
2	腌鲜业同业公会(合众)	负责人	包其明	1955.2—1958.5	公私合营
3	平湖腌腊蛋品加工厂	厂　长	姚富昌	1958.5—1963.1	公私合营
4	平湖县食品公司副食品加工厂	厂　长	赵纪庆	1963.1—1964.10	国有企业
5	平湖县食品公司副食品加工厂	厂　长	侯宗沛	1964.10—1972.9	国有企业
6	平湖县食品公司副食品加工厂	厂　长	王庭荣	1972.9—1978.1	国有企业
7	平湖县食品公司副食品加工厂	厂　长	裴福林	1978.1—1986.6	国有企业
8	平湖县食品公司副食品加工厂	厂　长	谢力耕	1986.6—1994.4	国有企业
9	平湖市食品公司副食品厂	厂　长	尤明泰	1994.5—1997.6	国有企业
10	平湖市副食品厂(市属企业)	厂　长	尤明泰	1997.6—2002.5	国有企业
11	平湖市龙牌糟蛋食品有限公司	总经理	尤明泰	2002.5—	股份公司

第五节　企业用工制度

1963年企业归口食品公司管理，单独建立财务账册，至2000年底，财务报表体现企业用工性质呈多样化。

1. 国营企业职工(俗称全民职工)。1951年成立的“私私合营”企业过渡到1956年“公私合营”，然后根据政策规定在1963年1月与国有食品公司合并，企业经营人员成为国营企业职工。

2. 集体企业职工。平湖商业系统的集体企业，分老集体企业和新集体企业。老集体企业是五十年代组织起来走集体化道路的合作商店和合作小组，新集体从业人员主要是八十年代初返城知青人员和老集体人员顶班子女。主管单位在1980年后陆续安排调入的集体性质职工，以返城知青人员为主。

3. 计划用工。1979年起，我国经济发展迅速，企业在拓展经营中无用工权。计划工的含义是经过上级主管部门批准的临时性用工，作用是计划工的劳动工资可纳入主管部门当年度职工工资许可范围内。

4. 合同制职工。1986年7月根据国务院发布《国营企业实行劳动合同制暂行规定》条例后，主管单位招工性质明确规定是合同制职工，然后分配给下属企业。

5. 临时工。企业根据生产需要，季节性临时用工。临时工不需要审报批准，但其工资不列入主管部门的当年度职工工资许可范围内，其工资进入企业成本自行承担。

6. 退休留用：亦称退休返聘。因工作需要而继续留用。企业退休留用人员，主要是生产技术人员和财务人员，其工资进入企业成本自行承担。

2002 年 5 月国有企业改制，国有企业全民用工、集体性质用工、合同制用工，其置换工龄补偿金、距退休不足五年国资承担的个人安置费、退休金的计算方法，三者无区别。

1980 年《浙江画报》第二期封底照

附：历年劳动工资表

1963 年末在册职工用工类别 劳动工资表

序号	姓　名	性别	月工资（元）	用工类别	序号	姓　名	性别	月工资（元）	用工类别
1	赵纪钦	男	51.50	全民	8	徐志春	男	51.50	全民
2	沈菊生	男	51.50	全民	9	曹慰文	女	39.00	全民
3	赵铭熙	男	39.00	全民	10	陈福明	男	44.50	全民
4	殷云寿	男	44.50	全民	11	陶阿昌	男	51.50	全民
5	曹根荣	男	51.50	全民	12	姚进才	男	44.50	全民
6	贾士贤	男	51.50	全民	13	陈付荣	男	44.50	全民
7	沈新章	男	44.50	全民	14	熊酉明	男	34.00	全民

注：月工资包括粮贴 1.50 元

1965年末在册职工用工类别　劳动工资表

序号	姓　名	性别	月工资（元）	用工类别	序号	姓　名	性别	月工资（元）	用工类别
1	侯宗沛	女	47.00	全民	9	徐志春	男	51.50	全民
2	沈菊生	男	51.50	全民	10	陈福明	男	44.50	全民
3	赵铭熙	男	39.00	全民	11	王景英	女	34.00	全民
4	曹慰文	女	39.00	全民	12	姚进才	男	44.50	全民
5	陈付荣	男	44.50	全民	13	贾士贤	男	51.50	全民
6	朱永生	男	39.00	全民	14	殷云寿	男	44.50	全民
7	沈士金	男	44.50	全民	15	曹根荣	男	51.50	全民
8	王庭荣	男	34.00	全民					

注:月工资包括粮贴1.50元

1970年末在册职工用工类别　劳动工资表

序号	姓　名	性别	月工资（元）	用工类别	序号	姓　名	性别	月工资（元）	用工类别
1	侯宗沛	女	49.00	全民	19	徐志春	男	56.50	全民
2	沈菊生	男	56.50	全民	20	沈士金	男	49.50	全民
3	汤阿二	男	44.00	全民	21	陈福明	男	49.50	全民
4	严永昌	男	31.50	全民	22	王景英	女	39.00	全民
5	赵铭熙	男	44.00	全民	23	姚祝镛	男	55.00	全民
6	方增其	男	44.00	全民	24	徐以政	男	28.00	全民
7	姚静娟	女	28.00	全民	25	冯志明	男	34.00	全民
8	陶美英	女	30.00	全民	26	曹根荣	男	56.50	全民
9	贾士贤	男	56.50	全民	27	陈付荣	男	49.50	全民
10	朱勇生	男	44.00	全民	28	姚俊才	男	49.50	全民
11	杨阿浩	男	47.00	全民	29	谢金海	男	47.00	全民
12	李柳春	男	32.00	全民	30	顾中明	男	15.00	临时工
13	沈福明	男	15.00	临时工	31	姜玉良	男	25.00	临时工
14	王老虎	男	15.00	临时工	32	高跃增	男	15.00	临时工
15	严正元	男	15.00	临时工	33	顾仁法	男	15.00	临时工
16	沈照根	男	15.00	临时工	34	戈阿海	男	15.00	临时工
17	姚文华	男	10.00	临时工	35	谢付根	男	15.00	临时工
18	陆金仁	男	15.00	临时工					

注:月工资包括粮贴1.50元

1975 年末在册职工用工类别　劳动工资表

序号	姓　名	性别	月工资（元）	用工类别	序号	姓　名	性别	月工资（元）	用工类别
1	王庭荣	男	46.00	全民	10	王景英	女	49.50	全民
2	方增其	男	49.50	全民	11	刘玉珍	女	36.50	全民
3	赵铭熙	男	44.00	全民	12	陈福明	男	49.50	全民
4	周　济	男	50.30	全民	13	金明华	女	36.50	全民
5	吴留金	男	52.00	全民	14	徐以政	男	36.50	全民
6	徐志春	男	56.50	全民	15	姚静娟	女	36.50	全民
7	蔡绳致	男	51.46	全民	16	裴福林	男	49.50	全民
8	沈士金	男	49.50	全民	17	冯志明	男	34.00	临时工
9	沈菊生	男	56.50	退休留用					

注：月工资包括粮贴 1.50 元

1980 年末在册职工用工类别　劳动工资表

序号	姓　名	性别	月工资（元）	用工类别	序号	姓　名	性别	月工资（元）	用工类别
1	裴福林	男	62.80	全民	16	王景英	女	64.40	全民
2	刘玉珍	女	48.90	全民	17	朱福明	男	58.30	全民
3	赵铭熙	男	62.80	全民	18	陈福明	男	64.40	全民
4	蔡绳致	男	65.76	全民	19	周　济	男	65.20	全民
5	周增祥	男	62.80	全民	20	吴留金	男	61.90	全民
6	徐以政	男	55.30	全民	21	徐炳娥	女	34.00	全民
7	姚静娟	女	51.40	全民	22	谢力耕	男	51.40	全民
8	方玉明	男	32.50	全民	23	潘秋生	男	43.90	全民
9	查忠玲	女	46.40	集体	24	张明珠	女	40.90	集体
10	屠菊芽	女	40.90	集体	25	黄　丽	女	32.00	集体
11	叶明宝	女	32.00	集体	26	陈学红	女	40.90	集体
12	林　群	男	46.78	集体	27	吴二观	男	40.00	计划工
13	全妹妹	女	32.50	计划工	28	徐志春	男		退休留用
14	沈都丽	女	27.00	学徒工	29	徐元晦	男	67.50	临时工
15	江宝林	男	67.50	临时工					

注：月工资包括 1.50 元粮贴、卫生费 3 元、副食补贴 5 元

1985 年末在册职工用工类别　劳动工资表

序号	姓　名	性别	月工资（元）	用工类别	序号	姓　名	性别	月工资（元）	用工类别
1	裴福林	男	83.30	全民	16	王景英	女	83.40	全民
2	许勇强	男	70.90	全民	17	朱福明	男	79.30	全民
3	沈都丽	女	63.00	全民	18	陈福明	男	83.40	全民
4	蔡绳致	男	85.30	全民	19	许　超	男	64.90	全民
5	周增祥	男	83.30	全民	20	徐娟飞	女	63.00	全民
6	徐以政	男	77.30	全民	21	徐炳娥	女	64.90	全民
7	盛　钧	男	63.00	全民	22	谢力耕	男	72.40	全民
8	方玉明	男	64.90	全民	23	潘秋生	男	70.90	全民
9	陈云华	女	63.00	全民	24	何玉华	女	85.80	全民
10	贾　俊	男	53.00	全民	25	冯志明	男	72.40	全民
11	姚海舟	男	53.00	全民	26	张明珠	女	70.90	集体
12	查忠玲	女	70.90	集体	27	黄　丽	女	64.90	集体
13	屠菊芽	女	64.90	集体	28	陈学红	女	70.90	集体
14	叶明宝	女	64.90	集体	29	林　群	男	69.00	集体
15	全妹妹	女	60.53	计划工	30	吴二观	男	59.50	计划工

注：月工资包括粮贴 1.50 元、卫生费 5 元、副食补贴 12 元、液化气补贴 4 元、书报费 4 元、肉贴 4 元

1990 年末在册职工用工类别　劳动工资表

序号	姓　名	性别	月工资（元）	用工类别	序号	姓　名	性别	月工资（元）	用工类别
1	谢力耕	男	156.50	全民	25	朱福明	男	170.50	全民
2	沈都丽	女	136.00	全民	26	陈福明	男	177.50	全民
3	徐以政	男	163.50	全民	27	徐炳娥	女	142.50	全民
4	盛　钧	男	130.00	全民	28	方玉明	男	142.50	全民
5	潘秋生	男	156.50	全民	29	陈云华	女	136.00	全民
6	何玉华	女	177.50	全民	30	许　超	男	142.50	全民
7	费佩华	女	156.50	全民	31	华　炜	男	121.00	全民
8	姚海舟	男	137.00	合同制	32	吴来根	男	169.50	合同制
9	许　京	男	128.00	合同制	33	王笑春	男	126.00	合同制
10	赵　云	女	112.00	合同制	34	全妹妹	女	121.00	计划工
11	潘伟英	女	99.50	计划工	35	张龙英	女	116.00	计划工
12	沈金祥	男	104.50	计划工	36	盛卫权	男	104.50	计划工
13	林天珍	女	146.50	集体	37	林　群	男	145.00	集体
14	查忠玲	女	146.50	集体	38	屠菊芽	女	140.50	集体
15	陈学红	女	140.50	集体	39	张明珠	女	146.50	集体
16	黄　丽	女	140.50	集体	40	叶明宝	女	140.50	集体
17	吴福根	男	85.50	计划工	41	闻纪宝	女	71.50	计划工
18	陈林根	男	85.50	计划工	42	吴二观	男	35.80	退休留用
19	陈宝根	男	80.50	临时工	43	金锦其	男	80.50	临时工
20	钟福荣	男	80.50	临时工	44	徐玉勤	女	66.50	临时工
21	金大妹	女	66.50	临时工	45	奚水康	男	61.50	临时工
22	沈美华	女	61.50	临时工	46	张水华	女	61.50	临时工
23	范玲秀	女	61.50	临时工	47	方娟娟	女	61.50	临时工
24	刘玉珍	女		退休留用	48	王景英	女		退休留用

注：月工资包括粮贴 1.50 元、卫生费 8 元、副食品补贴 16 元、副食补贴 5 元、液化气补贴 8 元、书报费 4 元、物价补贴 10 元、肉贴 4 元

1995 年末在册职工用工类别　劳动工资表

序号	姓　名	性别	月工资（元）	用工类别	序号	姓　名	性别	月工资（元）	用工类别
1	尤明泰	男	299.50	全民	36	高凤翔	男	336.50	全民
2	盛　钧	男	265.00	全民	37	顾德浩	男	306.50	全民
3	朱黛娥	女	299.50	全民	38	张明珠	女	282.50	集体
4	查忠玲	女	290.50	集体	39	屠菊芽	女	282.50	集体
5	赵付云	男	388.50	全民	40	沈都丽	女	273.00	全民
6	徐以政	男	317.50	全民	41	徐炳娥	女	200.25	全民
7	黄　丽	女	282.50	集体	42	赵佩芬	女	282.50	集体
8	傅金其	男	330.50	集体	43	陈佩红	女	286.50	集体
9	沈铭生	男	320.50	集体	44	吴来根	男	312.50	合同制
10	沈建伟	男	298.00	全民	45	王笑春	男	255.00	合同制
11	林天珍	女	274.50	集体	46	屠龙观	男	194.00	合同制
12	马骏超	男	282.50	全民	47	全妹妹	女	208.00	计划工
13	陈云华	男	273.00	全民	48	盛卫权	男	183.50	计划工
14	方玉明	男	200.25	全民	49	陈林根	男	121.50	计划工
15	汪容珍	女	294.50	全民	50	过建玲	女	171.50	计划工
16	吴伦其	男	294.50	集体	51	张龙英	女	85.00	退休留用
17	姚海舟	男	270.00	合同制	52	殷翠娟	女	190.00	计划工
18	许　京	男	255.00	合同制	53	陈宝根	男	170.00	计划工
19	赵　云	女	231.00	合同制	54	沈万观	男	169.00	计划工
20	沈金祥	男	183.50	计划工	55	潘志英	女	170.00	计划工
21	潘卫英	女	177.50	计划工	56	张引娟	女	170.00	临时工
22	吴福根	男	121.50	计划工	57	郭汝萍	女	175.00	临时工
23	闻纪宝	女	107.50	计划工	58	陈金龙	男	95.00	退休留用
24	吴二观	男	85.00	退休留用	59	陆　叶	女	170.00	临时工
25	俞丽娟	女	150.00	计划工	60	王付根	男	170.00	临时工
26	姜爱权	男	200.00	计划工	61	周　济	男	100.00	退休留用
27	金锦其	男	180.00	计划工	62	吴广和	男	500.00	退休留用
28	陈建华	女	307.50	全民	63	陈红叶	女	170.00	临时工
29	黄跃强	男	273.00	全民	64	徐　萍	女	172.50	临时工
30	柴勤华	女	213.00	全民	65	汤建华	女	170.00	临时工
31	徐胜华	男	326.50	全民	66	金大妹	女	170.00	临时工
32	费佩华	女	299.50	全民	67	钟福荣	男	150.00	计划工
33	叶明宝	女	282.50	集体	68	姜阿冲	男	150.00	临时工
34	林　群	男	289.00	全民	69	王蓉燕	女	230.00	计划工
35	姚秀明	女	294.50	集体					

注：月工资包括粮贴 1.50 元、卫生费 8 元、副食品补贴 42 元（新增）、副食补贴 15 元、液化气补贴 15 元、书报费 4 元、肉贴 4 元、粮油补贴 14 元、住房补贴 4～6 元（根据个人工资高低而定）

2000年末在册职工　劳动工资表

序号	姓　名	性别	工资总额	用工性质	序号	姓　名	性别	工资总额	用工性质
1	尤明泰	男	535.50	全民	14	朱黛娥	女	521.50	全民
2	许　京	男	401.00	合同制	15	屠龙观	男	295.00	合同制
3	姚海舟	男	428.00	合同制	16	盛　钧	男	442.00	全民
4	柴勤华	女	335.00	全民	17	费佩华	女	521.50	全民
5	方玉明	男	346.50	全民	18	沈都丽	女	474.00	全民
6	马骏超	男	491.50	全民	19	李老虎	男	535.50	合同制
7	吴伦其	男	521.50	集体	20	汪蓉珍	女	521.50	全民
8	王笑春	男	401.00	合同制	21	屠菊芽	女	491.50	集体
9	吴海龙	男	627.50	全民	22	金锦其	男	15元/天	临时工
10	吴来根	男	535.50	合同制	23	江善忠	男	15元/天	临时工
11	陈宝根	男	15元/天	临时工	24	沈　宏	男	15元/天	临时工
12	黄大荣	男	80.00	临时工	25	陈林根	男	254.50	计划工
13	吴福根	男	176.50	计划工					

注：月工资包括粮贴1.50元、卫生费8元、副食补贴75元、液化气补贴15元、书报费4元、住房补贴4～6元(根据个人工资高低而定)

第六节　“龙”牌系列产品简介

一、平湖软壳糟蛋

平湖软壳糟蛋始创于清雍正年间(1723～1735)。产品以软壳为特点，其质腴而柔软，个大而丰实。蛋白为乳白色软嫩的胶冻状，蛋黄带橘红色呈半凝固状，有浓郁醇厚的酒香，其味鲜美嫩甜，食味沙香可口。食后余味绵绵不绝，往往使品尝者赞不绝口。又因富于营养，且具开胃之功效，尤为一般老年人和孕妇所喜食。

1. 产品包装

产品包装分高、中、低、散装，以适应不同消费层次。

2. 食用、保管方法

糟蛋为冷食食品，打开即可。宜放阴凉通风处，保质期四个月，忌冷藏。

二、无铅松花皮蛋

我国的皮蛋加工技术及生产数量在国际上享誉很高，但传统工艺加工的皮蛋含铅量较高，特别对儿童的生长发育影响较大。本厂改进工艺配方，采用对人体有益的微量元素铜、锌等来代替氧化铅，系无铅工艺。因此早在1992年浙江名优、新农产品展销会中，被评为畅销产品。产品出口南韩等地。

1. 皮蛋的特点及功效

蛋白晶莹且富弹性，朵朵松花飘逸，蛋黄柔软糖心，香味醇厚，起到开胃润喉，亦能“泻热醒酒，去大肠火，治泻痢，能散能敛”。若添醋食用，还能有助于清热消炎，解暑止渴治高血压，温补等功效。

2. 食用及保管方法

剥去蛋壳，酌加酱油、味精即可。如欲更突风味，可添醋、麻油等佐料。皮蛋储藏置干燥、阴凉通风处，保质期四个月。

3. 产品包装

包装分散装竹筐、八枚装彩盒、八枚装塑盒三类。

三、红黄咸鸭蛋

咸蛋中红黄咸鸭蛋首推为上品，蛋鸭必须喂食含有大量动物质饲料后才能产下红黄蛋，因此其鲜味及营养价值是普通圈养鸭的几倍。本企业生产的红黄咸蛋，其蛋黄颜色在11级以上(最高15级)，完全符合出口标准。

1. 红黄咸蛋的特点

采用传统工艺草木灰包装，每只外用塑料袋包装，每盒装28枚。咸蛋咸淡适中，蛋黄橙红色。煮熟后蛋黄起沙，并有轻度油渗出。

2. 食用方法和保管

洗净后锅内用清水浸没咸蛋，文火煮透。宜存放阴凉避光处，保质期三个月。

四、醉鲤珠

该产品历史悠久，风味独特，具有助消化、舒肠胃、增食欲等特点。

本产品是在冬季选用上好的鲜活鲤鱼宰杀腌制，晒干后用优质曲酒、明矾等由传统工艺制作而成。烹饪后肉质红润，酒香微醺，风味别致，高温天隔夜不走味，尤其深受中老年人的偏爱。

1. 醉鲤珠营养价值

醉鲤珠在高度曲酒的作用下，不但保持了鱼的鲜味及营养成分，还在醇的作用下分解为多种氨基酸，并产生出鲜味，食之回味无穷。并极具营养价值，是高血压、胆固醇及中老年人理想的滋补品。

2. 食用及保管方法

用清水浸软去鳞，红烧或鲜肉馅嵌均可，烹调方法与红烧鲫鱼相同。加少许白糖风味更佳。

五、糟青鱼

糟青鱼系采用活杀青鱼、优质糯米酒糟糟渍而成，加工历史源远流长，北魏时期的贾思勰所著《齐民要术》一书中有糟鱼的制作方法。它以风味别致，独具风格深受消费者的欢迎，是夏季宴席和家庭餐桌上的名贵佳肴。

1. 糟青鱼营养价值

糟青鱼具有鲜鱼的营养成分，在酒糟糖化发酵作用下，不仅改善了风味，而且产生丰富的卵磷脂，对大脑发育十分有益。同时糟鱼含有丰富的蛋白质、微量元素矿物质，是不可多得的纯天然食品，具有“补虚开胃，平肝益脾，滋肾健足”之功效，能促进儿童的智力发育，防止老年痴呆症。

2. 食用及保管方法

食用方法:取糟青鱼若干(不必清洗)配以葱、味精、白糖等辅料,添加少量植物油蒸熟即可(辅以新鲜猪肉馅铺底味更佳)。糟青鱼宜冷藏,且鱼需浸没糟中,保质期六个月。

六、五香牛肉

五香牛肉是本厂开发的新产品之一。1995 年 10 月经平湖市科委组织有关专家鉴定通过,认为该产品配方科学,工艺合理,产品的色、香、味俱佳,各项指标均达到国家规定的有关标准。目前产品畅销江、浙、沪等地区。

五香牛肉是选用优质黄牛肉为原料,经十几道工序的精工细作,并辅以调理人体功能的多种名贵中草药及天然佐料加工而成。本产品的营养价值很高,含有丰富的蛋白质、微量元素和多种维生素等人体所需的各种营养物质,具有开胃健脾、补中益气、强壮筋骨的功效。所以本产品不仅营养丰富,食味鲜美,而且还有很好的食补食疗作用。经常食用,可以增强体质,使人精力充沛,延年益寿。

本产品制作工艺先进,将传统工艺与现代科技融为一体,具有色、香、味俱佳,保质期长,携带方便之特点。实为居家餐宴、酒席冷盆、外出旅游、馈赠亲友的上等佳肴与高尚礼品。

本产品经真空保鲜,高温灭菌处理,启封后即可食用(带内袋加热后食用味道更加鲜美)。

本产品包装规格有:325 克、210 克、120 克。保质期为六个月。

七、"三鲜"凤尾鱼

鲚(jì)鱼名:硬骨鱼纲,体侧扁,尾部延长,银白色,口大。主要分布在西太平洋、朝鲜、日本、中国、菲律宾和印度。

我国有四个品种:凤鲚(凤尾鱼)、刀鲚、七丝鲚和短颌鲚。其鱼特性春夏集群,溯河产卵,形成鱼汛,产卵后又返归海中。鲚鱼中尤以凤鲚的食用价值最大。

三鲜凤尾鱼是选用新鲜的凤鲚为原料,按国标精工细作,并辅以调理人体功能的多种名贵中草药及天然佐料加工而成。本产品的营养价值很高,含有丰富的蛋白质、微量元素和多种维生素等人体所需的各种营养物质。据李时珍《本草纲目》:鲚鱼、味甘、性温,作用是开胃爽脾。所以本产品不仅营养丰富,食味鲜美,而且还有很好的食补食疗作用。经常食用可以增强体质,精力充沛。

本产品制作工艺先进,将传统工艺与现代科技融为一体,具有色、香、味俱佳,保质期长,携带方便之特点。实为居家餐宴、酒席冷盆、外出旅游、馈赠亲友的上等佳肴与高尚礼品。

鲜:"献"。《礼记·月令》:(仲春之月)天子乃鲜羔开冰、先荐寝庙。取名"三鲜"即把选料新鲜、口味鲜美的食品献给广大消费者。

本产品包装 170 克,保质期十个月。

八、五香茶叶蛋

五香茶叶蛋是根据市场需求而开发的旅游熟食小包装食品。

1. 五香茶叶蛋的特点

本产品以新鲜鸡蛋为原料精制而成。其品质特点是:营养丰富,咸淡适中,香气浓郁,美味可口,方便卫生。

2. 五香茶叶蛋的食用方法

本产品经精心加工,真空包装,高温灭菌处理,保质期长,携带方便。随吃随取,启封后即可食用,冷食热食都可以,唯热食风味更佳。

九、五香烧鸡

五香烧鸡是以鲜、冻鸡肉为原料,经过漂洗、油炸、烧煮、调味、浸泡、真空包装、高温灭菌制作而成。属软包装方便食品。

本产品外形块状,鸡皮呈金黄色或棕黄色,鸡肉白色,香气浓郁,具有咸、酥、嫩、香、滑等显著口感。且鸡肉的蛋白质含量颇高,是属于高蛋白低脂肪食品。

本产品营养丰富,味道极佳,保质期长,携带方便,是居家餐饮,酒宴冷盆,出外旅游,馈赠亲友的上等礼品。

本产品真空保鲜,启封即可食用(如带内袋加热,则香味更加浓郁)。

本产品包装规格为400克/袋,保质期四个月。

十、五香酱鸭

五香酱鸭运用独特的烹煮手艺,工艺先进、用料考究、口味独特,具有“色泽褐红、味道鲜美、油而不腻、酥而不烂”的特色而深受广大消费者的青睐。

本产品营养丰富,味道极佳,保质期长,携带方便,还具有清热解毒、滋阴降火、止血痢和滋补之功效,是居家餐饮,酒宴冷盆,出外旅游,馈赠亲友的上等礼品。

本产品真空保鲜,启封即可食用(如带内袋加热,则香味更加浓郁)。

本产品包装规格为400克/袋、800克/袋,保质期四个月。

第十九章　合资企业

九十年代中期，全国经济日新月异，企业经营普遍遇到资金不足难题，缓解方式其中之一是积极利用外资来发展本国经济。我国利用外资，还包括来自中国香港、澳门和台湾地区的资金。平湖利用外资的主要方式有：

1. 外商直接投资举办中外合资企业；

2. 中外合作经营企业；

3. 外商独资经营企业。

利用外资，是中共中央根据经济发展规律和我国国情制订的一项重大政策，也是平湖实行对外开放的重要内容之一。利用外资的基本目的，就是以资金为载体，引进国(境)外先进技术和科学的经营管理经验，优化生产要素组合，加快经济发展。

九十年代是平湖外向型经济加速发展时期，平湖市委、市政府分别出台了《鼓励外商投资的若干规定》《平湖六店工业区招商引资优惠政策》《关于进一步加大招商引资力度的若干意见》等有关规定，形成平湖全方位对外开放的格局，推进平湖的对外开放。

本企业与国(境)外合营，还旨在借鉴他们的先进技术和科学经营管理经验，方便糟蛋自行出口，合营企业开发的新产品更能赢得市场的欢迎。

本企业与国(境)外合营，是本企业用所属部分固定资产与其合营成立新公司，两个运营主体财务独立申报，各自自负盈亏。

从 1997 年 1 月与香港高达贸易公司签订合同至 2000 年 12 月，合作营运 4 年，糟蛋出口因境外代理商不能达成一致而没有实施，合营期间所开发的新产品五香牛肉、五香茶叶蛋、烧鸡、酱鸭、凤尾鱼、猪爪、蛋松等，深受市场欢迎。

合营中止是因糟蛋出口无法实施和企业拆迁(占地 7.7 亩)至新址(占地 2.9 亩)，新产品开发停止之故。

1996 年 7 月，经平湖商业集团总公司部署，企业与香港高达贸易公司经过一年的磋商，决定双方共同投资 100 万港元(企业以厂房、设备折价投入，港方以货币投入)，在嘉兴市工商局注册成立“嘉兴汤氏食品有限公司”。

第一节　合资意向　合同

一、合资意向书

甲方：中国浙江省平湖市食品公司副食品厂

乙方：香港高达贸易公司

甲乙双方按《中华人民共和国中外合资经营企业法》有关规定，在平等互利原则基础上，经双方友好洽谈达成意向如下：

一、合资企业名称：中外合资汤氏食品有限公司。

二、合资企业地址：平湖市虹桥路57号。

三、合资企业性质：在中国境内注册，具有法人资格的中外合资企业。

四、投资比例：项目总投资150万港币，注册资金100万港币(换汇率1∶1.08计，下同)。

甲方投资75.6万人民币(折合港币70万)，占注册资本的70%。

乙方投资30万港币，占注册资本的30%。

五、出资方式：

甲方以现有设备、厂房、辅助设施作投入。

乙方以现汇投入，主要用于购买生产原料等。

六、合资期限：双方商定为12年。

七、企业规模：

1. 经营范围：生产各类蛋制品、肉类制品及糟醉冷饮制品、糖果、糕点等。

2. 生产能力：年产值(现价)1000万。

3. 产品销售：外销比例25%。

八、组织机构：

合资企业董事会由七名人员组成，甲方四名，乙方三名。董事长由甲方担任，副董事长由乙方担任。

合资企业实行董事会领导下的总经理负责制，设总经理一名，由甲方担任，副总经理两名，甲、乙双方各一名担任。

九、利润分配：合资企业的盈亏均按投资比例分配。

经济效益预测表

项目＼金额＼年份		第一年	第二年	第三年	第四年	第五年	第六年	第七—十二年	合　计
1. 产值/万元/外销		1000/250	1000/250	1000/250	1000/250	1000/250	1000/250	6000/250	12000/3000
2. 销售总成本/万元(%)		800	800	800	800	800	800	480	9600
3. 工商统一税/万元(13%—17%)		35	35	35	35	35	35	210	420
4. 销售收入	外汇/万美元	29.4	29.4	29.4	29.4	29.4	29.4	176.4	352.8
	人民币/万元	750	750	750	750	750	750	4500	9000
5. 税前利润/万美元		7.5	7.5	7.5	7.5	7.5	7.5	45	90
6. 所得税/万美元(12%)		/	/	0.9	0.9	0.9	0.9	5.4	10.8
7. 三项基金/万美元(20%)		1.5	1.5	1.5	1.5	1.5	1.5	9	18
8. 可分配利润/万美元		6	6	5.1	5.1	5.1	5.1	30.6	63
9. 中方分利/万美元(70%)		4.2	4.2	3.57	3.57	3.57	3.57	21.42	44.1
10. 外方分利/万美元(30%)		1.8	1.8	1.53	1.53	1.53	1.53	9.18	18.9

二、合同

第一章　总　则

平湖市食品公司副食品厂与香港高达贸易(香港)公司,根据《中华人民共和国中外合资经营企业法》有关规定,本着平等互利原则,通过友好协商,同意在中华人民共和国浙江省平湖市举办合资经营企业嘉兴汤氏食品有限公司。

第二章　合营各方

第一条:本合同各方为:

中国浙江平湖市食品公司副食品厂(以下简称甲方),在中国浙江省平湖市登记注册,其法定地址在平湖市城关镇虹桥路57号。

法定代表:尤明泰　职务:厂长　国籍:中国

香港高达贸易(香港)公司(以下简称乙方)在香港注册,其法定地址在香港湾仔藏士敦道148—150(13G)

法定代表:汤福光　职务:董事长　国籍:中国香港

第三章　成立合资经营公司

第二条:合资双方根据《中华人民共和国中外合资经营企业法》有关规定,同意在中国境内建立合资经营公司嘉兴汤氏食品有限公司(以下简称合营公司)。

第三条:合营公司的名称

中文:嘉兴汤氏食品有限公司

英文:JIAXING　TANGSHI　FOODS　CO;　LTD

合营公司的企业所在地:浙江省平湖市城关镇虹桥路57号

第四条:合营公司的一切活动,必须遵守中华人民共和国的法律、法令和有关条例规定,合营公司为中国法人。

第五条:合营公司的组织形式为有限责任公司,甲、乙双方以各自认缴的出资额对合营公司的债务承担责任,各方按其出资额注册资本的比例分享利润和承担亏损。

第四章　生产经营目的、范围及规模

第六条:合营公司目的,本着加强经济合作和技术交流,市场信息反馈原则,采用先进的科学管理方法,生产出在质量和价格等方面都具有国际市场竞争能力的产品,扩大出口,提高经济效益,使投资双方获得满意的经济效益。

第七条:合营公司生产经营范围:各类蛋制品、肉类制品及糟醉、冷饮制品、糖果、糕点等。

第八条：合营公司生产规模；年产值1000万元。

第五章　投资总额与注册资本

第九条：合营公司总投资为140万港币（折合人民币151.2万元）（换汇率为1∶1.08计，下同）。

第十条：甲、乙双方的出资额为100万港币（折合人民币108万元），以此为合营公司的注册资本，其中：甲方出资人民币75.6万元（折合港币70万元）占注册资本的70%；乙方出资30万港币（折合人民币32.4万元），占注册资本的30%。

注册资本与总投资之差50万港币，由合营公司商请银行贷款解决，用作生产流动资金。

第十一条：甲、乙双方将以下出资：

甲方：以现有厂房、设备、配套设施及其他，共计75.6万人民币（折合港币70万）。

乙方：以现汇30万港币（折合人民币32.4万元）作出资，主要用于购买生产原料等。

第十二条：合营公司出资额均由甲、乙双方按其投资比例在合营公司营业执照领取后二个月内交清。

第十三条：合营双方的出资额均由中国注册会计师验资，并出具验资报告。

第十四条：在合营期内，合营公司不得减少注册资本金额。

第十五条：合营公司注册资本的增加或转让，应由董事会一致通过，并报原审批机构批准，向原登记机构办理变更登记手续。

第十六条：甲、乙任何一方如向第三者转让其全部或部分出资额，须经对方同意，并报原审批机构批准，一方转让其全部或部分出资额时，另一方有优先购买权。

第六章　合营各方的责任

第十七条：合营各方应各自完成以下事宜：

甲方责任：

1. 按第十一条规定提供现有设备、厂房等；

2. 办理为设立合营公司向中国有关部门申请批准登记注册，领取营业执照等事宜；

3. 向土地管理局办理土地使用权手续；

4. 办理合营公司机械设备、车辆进口报关手续；

5. 指派人员会同乙方在国、内外选购设备及了解行情等；

6. 负责合营公司改善通讯、交通、水电等设施和供应；

7. 协助合营公司招收管理、技术等有关人员；

8. 协助合营公司委托其他有关事宜。

乙方责任：

1. 按照第十一条规定缴纳出资额；
2. 提供合营公司的产品外销渠道及25%的外销业务；
3. 办理进口设备和交通工具等到中国上海港；
4. 办理合营公司委托在国内外选购生产设备及交通工具等；
5. 协助合营公司委托的其他有关事宜。

第七章　产品销售

第十八条：合营公司的产品在中国境内外市场上销售，乙方负责25%的产品销往国际市场，产品外销价格以国际市场上的销售价格为依据，产品不涉及国家配额及许可证管理。

第十九条：为了在中国境外销售产品和进行售后服务，经中国有关部门批准，合营公司可在中国境外设立销售服务分支机构。

第二十条：合营公司委托乙方的销售合同，须订立国际贸易合同。

第二十一条：合营公司的产品使用商标由董事会另行确定。

第八章　董事会

第二十二条：合营公司注册登记之日，为合营公司董事会成立之日。

第二十三条：董事会由七人组成，其中甲方委派四人，乙方委派三人，董事长一名由甲方担任，副董事长一人，由乙方担任，董事任期五年经委派方继续委派可以连任。

第二十四条：董事会是合营公司的最高权力机构，决定合营公司的一切重大事宜，其职权如下：

1. 合营公司章程的修改；
2. 合营公司的时间延长、终止；
3. 合营公司注册资本的增加，各方出资额的转让，出资比例的变更；
4. 讨论决定合营公司的停产，终止或与另一个经济组织的合并；
5. 决定总经理、副总经理、工程师、会计师及技师等高级职员的任免；
6. 财务决算的认可，三项基金的提取比例，利润分配亏损处理的决定；
7. 决定设立分支机构；
8. 负责合营公司终止和期满时的清算工作；
9. 其他应由董事会决定的重大事宜。

以上事项由董事会一致通过方能生效。

1. 决定、批准生产计划，年度营业报告，扩大生产发展计划以及由总经理提出的重要报告；

2. 决定批准产品销售计划，产品外销渠道和方式；

3. 决定批准超出平常业务需要的较大贷款；

4. 讨论决定劳动工资计划、职工奖励、福利等事宜；

5. 讨论通过公司的重大规章制度；

6. 其他由董事会决定的有关事宜。

以上事项由董事会半数以上董事通过决定，但必须按照平等互利的原则，有双方董事通过才有效。

第二十五条：董事长是合营公司的法人代表，董事长因故不能履行其职时，临时书面授权副董事长，或其他董事为代表。

第二十六条：董事会会议由董事长召集并主持，董事会至少每年召开二次，经三人以上董事提议，可召开临时会议，会议记录由全体到会董事签字后归档保存。

董事在接到召集董事会会议通知时，如不能按照出席，将视作弃权，但仍需履行董事会所作出的决议。

第九章　经济管理机构

第二十七条：合营公司设经营管理机构，负责公司日常经营管理工作，合营公司实行董事会领导下的总经理负责制，经营管理机构设总经理一名，由甲方推荐，副总经理一名，由乙方推荐。

第二十八条：总经理的职责是执行董事会会议的各项决议，组织领导合营公司的日常经营管理工作。副总经理协助总经理工作，经营管理机构可设若干部门经理，分别负责各部门的工作，办理总经理和副总经理交办的事项，并对总经理和副总经理负责。

第二十九条：总经理、副总经理有营私舞弊或严重失职的，经董事会决定，可随时撤换。

第三十条：合营公司所需的原材料、配件、运输工具和办公用品在条件相同情况下尽量优先在国内购买，必要进口的原材料由合营公司委托乙方办理，也可双方共同办理。

第三十一条：合营公司需从国外购买的设备，必须从经济上、技术上同质比价后进行选购。当合营公司在国外购买设备时，应由合营公司按本合同规定的原则，与设备输出方签订设备买卖合同，合营公司委托乙方在国外市场定购设备时，应邀请甲方人员参加，价格根据报价经董事会讨论审查后办理订购手续。

第十章　劳动管理

第三十二条：合营公司职工在当地招收、工资、劳动保险、生活福利和奖惩等事项，按照《中华人民共和国中外合资经营企业劳动管理规定》及其实施办法办理，经董事会研究制定方案，由合营公司和合营公司的工会，组织集体或个人分别订立劳动合同加以规定，劳动合同订立后，报当地劳动部门备案。

第三十三条：甲、乙双方推荐的高级管理人员聘请和工资待遇、社会保险、福利、差旅费报销标准等，由董事会讨论决定。

第十一章　税务、财务、审计

第三十四条：合营公司按照中国的有关法律和条例规定缴纳各项税金。

第三十五条：合营公司职工按照《中华人民共和国个人所得税法》缴纳个人所得税。

第三十六条：合营公司按照《中华人民共和国中外合资经营企业法》的规定提取储备基金，企业发展基金，职工福利奖励基金，每年提取的比例由董事会根据公司经营情况讨论决定，但最低不能低于净利润的20%。

第三十七条：合营公司的会计年度从每年的1月1日起至12月31日止，一切记账凭证、单据、报表、账簿用中文书写，合营公司使用人民币为记账本位币。

第三十八条：合营公司的财务审计聘请在中国注册的会计师审查、稽核、并将结果报告董事会和总经理，如乙方认为需要聘请其他国家的审计师对年度进行审查，甲方应予以同意，其所需要的一切费用由乙方负担。

第三十九条：每一营业年度的前三个月，由总经理组织，编制上一年度的资产负债表，损益计算书和利润分配方案，提交董事会会议审查通过。

第十二章　合同期限

第四十条：合营公司的期限为拾贰年，合营公司营业执照签发之日起为合营公司成立之日。

经一方提议，董事会会议一致通过，可在合营期满六个月前向原审批机构申请延长合营期限。

第十三章　合营期满财产处理

第四十一条：合营期满或提前终止合营，合营公司应依法进行清算，清算后的财产，根据甲、乙双方投资比例进行分配。

清算机构由董事会组织并提出清算程序的原则，报本公司主管部门批准后进行清算，清算费用应由本公司现有财产中优先支付。

第十四章　财产保险

第四十二条：合营公司的各项保险均在中国人民保险公司投保，投保险别、保险价值、保险期限等按照中国人民保险公司的规定由合营公司董事会讨论决定。

第十五章　合同的修改、变更和解除

第四十三条：对本合同及其附件的修改，必须由甲、乙双方签署书面协议，并报审批机构批准，才能生效。

第四十四条：由于不可抗力，使合同无法履行或由于公司连年亏损，无力继续经营，经董事会一致通过，并报原审批机构批准，可以提前终止合营期限和解除合同。

第四十五条：由于一方不履行合同章程的义务，或严重违反合同章程的规定，造成合营公司无法达到合同规定的经营目的，则视作违约方终止合同，对方除有权向违约方索赔外，并有权按合同规定报审批机关批准，提前终止合同，如甲、乙双方继续经营，违约方应赔偿合营公司的经济损失。

第十六章　违约责任

第四十六条：甲、乙双方任何一方未按合同第五章的规定按期如数出资时，即构成违约方，对方应催违约方在半个月内缴清出资额，到期如仍未交清，视同违约方放弃在合营公司的一切权力，自动退出合营公司，除违约方向守约方缴清应交出资的10%违约金外，守约方可以依法要求违约方赔偿因未缴清出资造成的经济损失。

第四十七条：由于一方的过失，造成本合同及其附件不能履行或不能完全履行时，由过失一方承担违约责任。如属双方过失，因视其过失程度分别承担各自应负违约责任。

第十七章　不可抗力

第四十八条：由于地震、台风、火灾、战争以及其他不能预见并对其发生和后果不能防止或避免的不可抗力，致使直接影响合同履行或者不能按约定的条件履行时，遇有上述不可抗力的一方，应立即电告另一方，并应在十五天内提供不可抗力详情及合同不能履行或部分不能履行或需延期履行理由的有效证明文件，此项证明文件应由不可抗力发生地区的公证机关出具，按其对履行合同的影响程度，由双方协商解决是否解除合同或者部分免除履行合同的责任，或延期履行合同。

第十八章　适用法律

第四十九条：本合同的订立、效力、解释、履行和争议的解决均受中华人民共和国法律的管辖。

第十九章　争议的解决

第五十条：凡因执行合同发生的或与本合同的有关争议，各方应通过友好协商解决，如协商不能解决的，应提交北京中国国际经济贸易仲裁委员会，根据该会的仲裁程序进行仲裁，仲裁裁决是终审的，对各方均有约束力。

第五十一条：在仲裁过程中，除各方有争议正在进行仲裁的部分外，本合同继续履行。

第二十章 文 字

第五十二条：本合同用中文书写

第二十一章 合同生效及其他

第五十三条：本合同及其附件均须经中华人民共和国对外经济贸易部或者委托的审批机构批准，自批准之日起生效。

第五十四条：双方发送通知的方法，如用电报、电传通知时，凡涉及各方权力的，应随之以书面信件通知，合同中所列双方的法定地址即为甲、乙双方的收件地址，凡一方迁移地址，须书面通知另一方。

第五十五条：本合同于 1997 年 2 月 24 日，由双方的授权代表在中国浙江省平湖市签字。

甲方：平湖市食品公司副食品厂

代表：尤明泰

乙方：香港高达贸易(香港)公司

代表：汤福光

左汤福光(港商)右尤明泰(中方法人代表)

第二节　双方出资　董事会名单

中方出资证明

1997年2月28日

<table>
<tr><td>中方名称</td><td colspan="5">平湖市副食品厂</td></tr>
<tr><td>主管部门</td><td colspan="3">商业集团公司</td><td>经济性质</td><td>国有</td></tr>
<tr><td rowspan="2">企业实有资金</td><td>日期</td><td>实有资金</td><td>固定资金</td><td colspan="2">自有流动资金</td></tr>
<tr><td>97.2.20</td><td>125.8万元</td><td>75.8万元</td><td colspan="2">50万元</td></tr>
<tr><td colspan="3">在合资(合作)企业中认缴出资额</td><td>75.8万元</td><td>占注册资本比例</td><td>70%</td></tr>
<tr><td rowspan="2">出资来源</td><td>拨(借)单位名称</td><td>款项名称</td><td>拨(借)金额</td><td>拨(借)期限</td><td>拨交日期</td></tr>
<tr><td>本企业</td><td>固定资产</td><td>75.8万元</td><td>12</td><td></td></tr>
<tr><td colspan="6">有权确定该笔拨(借)资金部门的证明：
以我企业现有固定资金作价投入

同意作价投入

负责人签名：殳云根　　公章：</td></tr>
<tr><td>说明</td><td colspan="5">1. 拨(借)款单位名称，指出资来源的单位，如本企业、主管部门、××银行等；
2. 款项名称，为出资来源单位列支的财会科目，如自有流动资金、××基金、××贷款；
3. 拨(借)期限，拨(借)日期为双方约定的使用期限和拨款日期；
4. 出资来源有若干个单位的，应分别填表。</td></tr>
</table>

中方出资清单

名　　称	数　　量	单　　价	金额(人民币)
一、设备类			
真空包装机	2	12000.00	24000.00
食品消毒柜	2	4500.00	9000.00
封塑机	1	1100.00	1100.00
可倾式夹层锅	1	13800.00	13800.00
0.3T 锅炉	1	29000.00	29000.00
连续封口机	1	2400.00	2400.00
50T 低温冷库	1	280000.00	280000.00
合计			369200.00
二、建筑类			
3 幢			251200.00
合计			251200.00
三、办公类			
电话机	3 台		10000.00
传真机	1 台		5400.00
办公桌	12		3600.00
沙发、茶几	6 * 2		3400.00
合计			22400.00
四、其他类			
国产客货二用车一辆			30000.00
辅助用房 300 m^2			60000.00
平板车 5 台			500.00
磅秤 4 台			1200.00
电子秤 3 台			12000.00
停车棚 40 m^2			11500.00
合计			11.52 万元
总计：			75.8 万元

华侨商业银行出具的高达贸易(香港)公司资信

华　僑　商　業　銀　行　有　限　公　司　　　中銀集團成員
HUA CHIAO COMMERCIAL BANK LTD。　　　AMEBERO
INCORPORATED IN HONG KONG　　　BANK OF CHINA GROUE

(97)僑信中字第 012 號
一九九七年一月六日

致:浙江省平湖市商業局副食品廠

高達貿易(香港)公司資信

高達貿易(香港)公司成立於一九八一年七月,東主爲湯福光先生。

該司於一九八二年九月在我行開立支票往來户,往來情況正常。我行並給予該司抵押授信額達港幣高陸位數字,其用款情況正常。

上述資料,僅供參考,請予保密,我行不負任何責任。

For HUA CHIAO COMMERCIAL BANK LTD.

....

Authorized Signature(s)

華　僑　商　業　銀　行

信　貸　部

浙江省平湖市商业集团总公司
委　派　书

经研究，委派殳云根、吕志辉、朱祖华、尤明泰四位先生在中外合资嘉兴汤氏食品有限公司担任职务如下：

董事长：殳云根

总经理：尤明泰

董　事：吕志辉

　　　　朱祖华

　　　　尤明泰

平湖市商业集团总公司

1997.2.14

委　任　书

高达贸易（香港）公司兹委任以下三名为“嘉兴汤氏食品有限公司”董事：汤福光、汤卫靖、汤　飞，其中汤福光任副董事长。

特此委任

签名：汤福光 1997 年 2 月 12 日

附：嘉兴汤氏食品有限公司董事会人员名单

职　务	姓　名	委派方	性别	年龄	原　职
董事长	殳云根	甲方	男	41	局　长
副董事长	汤福光	乙方	男	66	董事长
董　事	吕志辉	甲方	男	45	副局长
	朱祖华	甲方	男	48	总经理
	尤明泰	甲方	男	42	厂　长
	汤　飞	乙方	男	38	经　理
	汤卫靖	乙方	女	31	工商硕士

左起：张雪其、许荣兴、朱祖华、汤福光、殳云根、吕志辉、尤明泰

第三节　公司章程

第一章　总　则

第一条：根据《中华人民共和国中外合资经营企业法》的有关规定，中国浙江省平湖市食品公司副食品厂（以下简称甲方）；香港高达贸易（香港）公司（以下简称乙方）于 1997 年 2 月在浙江省平湖市签订了建立中港合资汤氏食品有限公司（以下简称合营公司），现制定本公司章程。

第二条：合营公司名称：

中文：嘉兴汤氏食品有限公司

英文：JIAXING TANGSHI FOODS CO；LTD

合营公司企业地址：平湖市城关镇虹桥路 57 号

第三条：合营双方的名称、法定地址：

甲方：平湖市食品公司副食品厂　　平湖市城关镇虹桥路 57 号

乙方：高达贸易（香港）公司　　香港湾仔藏士敦 148—150(13G)

第四条：合营公司为有限责任公司。

第五条：合营公司为中国法人，受中国法律管辖和保护，其一切活动必须遵守中国的法律、法令和有关条例规定。

第二章　企业宗旨　经营范围

第六条：合营公司宗旨：本着加强经济合作和技术交流、市场信息反馈的愿望，根据平等互利的原则，采用先进的技术和科学的管理方法，并在质量和价格等方面在国际市场上具有竞争能力，从事食品制造为主的生产经营及有关业务，把公司办成有较高的科学管理水平，产品适销对路，合营各方都获得比较满意的企业。

第七条：合营公司的经营范围：生产各类蛋制品、肉类制品及糟醉、冷饮制品、糕点等。

第八条：合营公司的生产规模：年产值1000万元。

第九条：合营公司向中国境内外市场销售其产品，乙方负责产品25%的外销业务，75%的产品由合营公司在国内外市场销售，产品价格由合营公司自行核定，并择优销售，外销价格原则上不低于中国同类产品在国际市场上的价格。

第三章　投资总额和注册资本

第十条：合营公司的总投资为140万港币（折合人民币151.2万元，换汇率为1∶1.08，计下同），合营公司的注册资本为100万港币（折合人民币108万元）。

第十一条：甲、乙双方出资如下：

甲方：认缴出资金额为人民币75.6万港币（折合港币70万元），占注册资本的70%，以设备、厂房、辅助设施作价投入。

乙方：认缴出资额为30万港币（折合人民币32.4万元），占注册资本的30%。

投资总额与注册资本的差额50万港币（折合人民币54万元），由合营公司商请当地银行贷款解决，作生产流动资金。

第十二条：投资的各方按合同规定的期限缴清各自出资额。

第十三条：合营各方缴付出资额后，经合营公司聘请在中国注册的会计师验资出具验资报告后，由合营公司据此发给出资证明书，出资证明书主要内容有：合营公司名称、成立日期、合营各方名称及出资额、出资日期，发给出资证明书日期等。

第十四条：合营期内合营公司不得减少注册资本金额。

第十五条：合营公司任何一方转让其出资额，不论全部或部分都须经另一方同意，并报原审批机关批准，一方转让时，另一方有优先购买权。

第十六条：合营公司注册资本的增加转让，应由董事会一致通过后，报审批准机构批准，向原登记机构办理变更登记手续。

第四章　董事会

第十七条：合营公司设立董事会，董事会是合营公司的最高权力机构。

第十八条：董事会决定合营公司的一切重大事宜，其职权主要如下：

1. 合营公司章程的修改；

2. 合营公司的经营延长、终止；

3. 合营公司注册资本的增加，各方出资额的转让，出资比例的变更；

4. 讨论决定合营公司的停产，或与另一个经济组织的合并；

5. 决定总经理、副总经理、工程师、会计师及技师等高级职员任免；

6. 财务决算的认可，三项基金的提取比例，利润分配及亏损处理的决定；

7. 决定设立分支机构；

8. 负责合营公司终止和期满时的清算工作；

9. 其他应由董事会决定的重大事宜。

第十九条：董事会由七名董事组成，其中甲方委派四名，乙方委派三名，董事长任期五年，经委派可以连任。

第二十条：董事长由甲方委任，副董事长由乙方委任一名。

第二十一条：各方在委派或更换董事人选时，应书面通知董事会。

第二十二条：董事会例会每年召开二次，经三分之一以上的董事提议，可以召开董事会临时会议。

第二十三条：董事会会议由董事长召集并主持，董事长缺席时，可以书面委托副董事长召集并主持。

第二十四条：董事长应在董事会召开前三十天书面通知各董事，写明会议内容、时间、地点。

第二十五条：董事因故不能出席董事会会议，可以书面委托代理人出席董事会会议，如届时未出席也未委托他人出席，则视为弃权。

第二十六条：出席董事会会议的法定人数为全体董事的三分之二以上，但必须按照平等互利的原则，要有各方董事参加，不够三分之二人数或一方缺席时，其通过的决议无效。

第二十七条：董事会每次会议，必须做详细的书面记录，并由全体出席董事签字，代理人出席时，由代理人签字，记录文字使用中文，该记录由合营公司存档。

第二十八条：董事在接到召开董事会通知时，如不按时出席，将视作弃权，但仍需履行董事会作出的决议。

第五章 经营管理机构

第二十九条：合营公司设置如下经营管理机构：财务部、生产技术部、经营部、质检部、行政部等部门。

第三十条：合营公司设总经理一名，首届总经理由甲方推荐，副总经理由乙方推荐，总经理、副总经理均由董事会聘任。

第三十一条：总经理直接对董事会负责，执行董事会各项决定，组织领导合营公司的日常生产、技术和经营管理工作，副总经理协助总经理做好工作，当总经理不在时，代理行使总经理的职责。

第三十二条：合营公司日常工作中重要问题的解决，应由总经理和副总经理联合签署方能生效，需要联合签署事项，由董事会具体规定。

第三十三条：总经理、副总经理的任期为二年，经董事会聘任，可以连任，在聘用期内，因故不能适应担任职务时，董事会随时可以解聘，由董事会另行聘请。

第三十四条：董事长、副董事长经董事会聘请，可以兼任合营公司的总经理、副总经理及其他高级职务。

第三十五条:总经理、副总经理不得参与其他经济组织对本合营公司的商业竞争行为。

第三十六条:合营公司设工程师、会计师、审计师各一名,技师若干名,由总经理提名,董事会同意后,由总经理任免,受总经理领导。

工程师负责合营公司的技术,新产品开发,全面质量管理等工作。

会计师负责领导合营公司的财务会计工作,组织合营公司开展全面经济核算,实施经济责任制。

审计师负责合营公司的财务审计工作,审查稽核合营公司的财务收支和会计账目,向总经理并向董事会作出报告。

第三十七条:经理、副总经理、工程师、会计师、审计师、技师和其他高级人员请求辞职时,应提前向董事会提出书面报告。

以上人员如有营私舞弊或严重失职行为的,经董事会决议可以随时解聘,如触犯刑律的,要依法追究刑事责任。

第六章　财务会计

第三十八条:合营公司的财务会计按照中华人民共和国财政部制订的中外合营经营企业法财务会计制度规定办理。

第三十九条:合营公司的会计年度采用公历年度制,自 1 月 1 日起至 12 月 31 日止为一个会计年度。

第四十条:合营公司的一切凭证、账簿、报表用中文书写。

第四十一条:合营公司采用人民币为本位币,人民币同其他货币换算,按实际发生之日中华人民共和国外汇管理局公布汇价折算。

第四十二条:合营公司在授权经营管理外汇的银行开立外币账户。

第四十三条:合营公司采用国际通用的权责发生制和借贷记账法记账。

第四十四条:合营公司财务账簿上记载如下内容:

1. 合营公司所有现金收入、支出数量;
2. 合营公司所有物资出售及购入情况;
3. 合营公司注册资本与负债情况;
4. 合营公司注册资本缴纳时间,增加及转让情况;
5. 其他有关情况。

第四十五条:合营公司财务部门应在每年前三个月编制上一个会计年度的资产负债表和损益表,经中国注册会计师审核签字后,提交董事会会议通过。

第四十六条:合营双方有权自费聘请审计师查阅合营公司财务报表,查阅时,合营公司应提供方便。

第四十七条:合营公司按照《中华人民共和国外商投资企业和外国企业所得税法施行

细则》的规定，由董事会决定其固定资产的折旧年限。

第四十八条：合营公司的一切外汇事宜，按照《中华人民共和国外汇管理暂行条例》的有关规定以及合营合同的规定办理。

第七章　利润分配

第四十九条：合营公司从缴纳所得税后的利润中，提取储备基金，企业发展基金和职工奖励及福利基金，提取的比例由董事会根据经营情况讨论决定，不低于净利润的20%。

第五十条：合营公司依法缴纳所得税和提取各项基金后的利润，按照双方在注册资本中的出资比例进行分配。

第五十一条：合营公司每年分配利润一次，每个会计年度后三个月内公布利润分配方案和各方应得利润额。

第五十二条：合营公司上一个会计年度亏损未弥补前不得分配利润，上一个会计年度未分配的利润，可并入本会计年度利润分配。

第八章　职　工

第五十三条：合营公司职工的招收、招聘、辞退、辞职、工资、福利、劳动保险、劳动保护、劳动纪律等事宜，按照《中华人民共和国中外合资经营企业法劳动管理规定》和其他有关规定办理。

第五十四条：合营公司所需要的职工，可以由当地劳动部门推荐或者经劳动部门同意后由合营公司公开招收，择优录取，合营公司职工实行劳动合同制。

第五十五条：合营公司有权对违反劳动纪律和规章制度的职工给予警告、记过、降薪的处分，情节严重的可以除名，除名职工名单应报当地劳动部门备案。

第五十六条：职工的工资待遇，参照中国的有关规定，并根据公司的生产经营情况及职工业务能力和技术水平，由董事会讨论决定，并在劳动合同中具体规定。合营公司随着生产经营的发展，职工业务能力和技术水平的提高，应适当提高职工的工资。

第五十七条：职工的福利、奖金、劳动保护、劳动保险等事宜，合营公司分别在有关制度中加以规定，确保职工的权利。

第九章　工会组织

第五十八条：合营公司职工要按照《中华人民共和国工会法》建立工会组织，开展工会活动。

第五十九条：合营公司工会是职工利益的代表，它的任务是依法维护职工的民主权利和物质利益，协助合营公司安排和合理使用福利、奖励基金、组织职工学习政治、业务、科学技术知识，开展文艺体育活动，教育职工遵纪守法，履行合同努力完成合营公司的各项经济任务。

第六十条：合营公司工会代表职工和合营公司签订劳动合同，并监督合同的执行。

第六十一条:合营公司工会负责人有权列席有关讨论合营公司的发展规划,生产经营活动等问题的董事会会议,反映职工的意见和要求,参加有关职工工资、福利、劳保等问题的讨论。

第六十二条:合营公司工会参加调解职工和合营公司之间发生的争议。

第六十三条:合营公司每月按合营公司职工实际工资总额的2%提交工会经费。合营公司工会按照中华全国总工会制定的《工会经费管理办法》,使用工会经费并监督使用职工福利经费,开展职工文体活动,丰富职工的业余文化生活。

第十章　期限终至　清算

第六十四条:合营期限为拾贰年,自营业执照签发之日计算。

第六十五条:合营各方如一致同意延长合同期限,经董事会会议作出决定,应在合营期满前六个月向原审批机构提交书面申请,经批准后方可延长,并向原登记机构办理变更登记手续。

第六十六条:合营公司发生下列情况之一时,任何一方有权依法终止合同。

1. 甲、乙任何一方未按规定期限如数交清出资额时。

2. 由于一方违反合同,履约方可按合同第四十五条规定,终止合同,并要求违约方赔偿经济损失。

3. 因合同中规定的不可抗力使合营公司遭到严重损失,无法继续经营。

第六十七条:如合营双方一致认为终止合营符合双方最大利益时,可提前终止合营。提前终止合营,必须经董事会召开全体会议作出决议,并报原审批机构批准。

第六十八条:合营期满或提前终止合营时,董事会应提出清算程序,原则和清算委员会人选,组成清算委员会,对合营公司财产进行清算。

第六十九条:清算委员会的任务是对合营公司的财产、债权、债务进行全面清查,编制资产负债表和财产目录,制订清算方案,提请董事会讨论通过后执行。清算时,清算委员会对合营公司资产,应根据账面折旧程度参照当地价格重新作价。

第七十条:清算期间,清算委员会代表公司起诉或应诉。

第七十一条:清算费用和清算委员会成员的报酬,应从合营公司现有财产中优先支付。

第七十二条:清算委员会对合营公司的债务全部清偿后,其剩余的财产按各方在注册资本中的出资比例进行分配。

第七十三条:清算结束后,合营公司应自向原审批机构提出报告,并向原登记机构办理注销登记手续,缴回营业执照,同时对外公告。

第七十四条:合营公司终结后,各种账册,由甲方保存。

第十一章　规章制度

第七十五条:合营公司董事会制定的规章制度有:

1. 经营管理制度(包括所属各管理部门的职权与工作程序);

2. 生产管理制度(包括生产程序、工艺操作规程);

3. 职工守责;

4. 劳动工资制度;

5. 职工考勤、升级与奖励制度;

6. 职工福利制度;

7. 财务制度;

8. 公司解散时的清算程序;

9. 其他有关的规章制度。

第十二章　附　则

第七十六条:本章程的修改权属于合营公司董事会,必须经董事会会议一致通过,并报原审批机构批准。

第七十七条:本章程用中文书写。

第七十八条:本章程须经中华人民共和国对外经济贸易部或其委托的审批机构批准后才能生效。

第七十九条:本章程于 1997 年 2 月 14 日,由甲、乙双方授权代表在浙江省平湖市签字。

甲方:平湖市食品公司副食品厂　　乙方:高达贸易(香港)公司

代表:尤明泰　　代表:汤福光

1997 年 2 月 14 日

附:合资企业申报及批文

1. 关于上报中外合资嘉兴汤氏食品有限公司合同、章程、董事会名单的报告

平商(1997)1 号

市外经委:

我司下属平湖市食品公司副食品厂与香港高达贸易(香港)公司合资举办的“嘉兴汤氏食品有限公司”总投资为 140 万港币,注册资本为 100 万港币,其可行性报告已经平湖市外经委、平湖市计经委(11.27 号文件)批准,合资双方本着互利原则、多次协商,现已签订合同、章程,现将合同、章程、董事会名单以及附件一并上报,望予转批为荷。

平湖市商业集团总公司

1997 年 2 月 14 日

2. 关于中外合资"嘉兴汤氏食品有限公司"可行性研究报告的批复

平外经资(97)11号

平计经技(97)27号

市商业局:

你局转报的关于中外合资"嘉兴汤氏食品有限公司"可行性研究材料收悉,经研究现批复如下:

一、同意平湖市食品公司副食品厂(以下简称甲方)与香港高达贸易公司(以下简称乙方)合资兴办"嘉兴汤氏食品有限公司",合营公司住所在平湖市城关镇虹桥路57号。

二、同意拟定的投资规模等:

总投资为140万港币,注册资本为100万港币,其中:甲方出资额为70万港币,占注册资本的70%,以现有厂房、设备作价投入;乙方出资额为30万港币,占注册资本的30%,以现汇投入。

三、经营范围及生产规模:

合营公司生产经营各类蛋制品、肉类制品及糟醉冷饮制品、糖果、糕点等,年产值为人民币1000万元。

四、产品销售及外汇平衡:

合营公司产品25%由乙方负责外销,企业外汇收支应自行平衡。

五、合营期限:十二年。

六、预期经济效益:

合营公司投产后可实现年销售收入人民币1000万元,利润40万元。

希接文后抓紧做好合同、章程的起草签约工作,及时上报。

此复。

平湖市对外经济贸易委员会

平湖市计划经济委员会

1997年2月25日

3. 关于浙港合资"嘉兴汤氏食品有限公司"合同、章程及董事会名单的批复

平外经资(97)12号

市商业集团总公司:

你公司平商(1997)1号文收悉,经研究现批复如下:

一、同意平湖市食品公司副食品厂(以下简称甲方)与香港高达贸易公司(以下简称乙方)合资兴办"嘉兴汤氏食品有限公司"所上报的合同、章程及董事会名单,其董事长为殳云根(甲方);副董事长为汤福光(乙方)。

二、该项目的总投资为140万港币，注册资本为100万港币，其中：甲方出资额为70万港币，占注册资本的70%，以现有厂房、设备作价投入；乙方出资额为30万港币，占注册资本的30%，以现汇出资。

三、该项目生产经营各类蛋制品、肉类制品及糟醉冷饮制品、糖果、糕点等，年产值为人民币1000万元。

四、产品销售及外汇平衡，合营公司产品25%由乙方负责外销，企业外汇收支应自行平衡。

五、合同期限：十二年。

此复。

平湖市对外经济贸易委员会

1997年3月3日

第二十章　股份制企业

平湖国有商业改革，起步于1980年代初期，整个改革进程分三个阶段，第一个阶段侧重于经营体制改革。1983年，商业局对所属企业进行四个方面改革：一是改革核算体制，将公司统一核算改为以自然门店为核算单位，独立自主、自负盈亏；二是改革经营体制，按照政策规定将企业分为三小企业和大中型企业，增加这些企业的经营自主权，改变原来由公司统包统管的经营体制；三是改革分配形式，实行经营承包责任制，采取利奖挂钩和工效挂钩的办法，打破分配上的平均主义；四是改革领导体制，推行企业经理（厂长）负责制。

第二阶段从1990年起，商业系统进行经营机构改革，在这次经营机构改革中，1997年6月企业从食品公司分离，转变行政隶属关系，为商业局直属企业。企业名称中删除“食品公司”四字，更名为平湖市副食品厂。

第三阶段进行产权制度改革。1997年商业局进行试点，摸索积累改革经验。2000年平湖市委、市政府及有关部门，先后出台了《关于进一步加快和深化国有企业改革的试行意见》《印发关于进一步加快和深化国有企业改革涉及有关问题处理办法的通知》《关于国有企业改制中职工劳动关系和社会保障等问题的处理办法》《关于国有企业改制中租用直管公房的处置办法》《关于改制企业住房公积金的支取办法》等有关政策性条款，商业局经过试点工作后，全面推行了产权制度的改革。

企业相应成立了产权制度改革领导小组，2000年9月29日召开了职工代表大会，进行清产核资，制订方案。

改制中共涉及人员49人，其中全民企业职工22人、合同制职工7人、计划内临时用工8人、退休人员11人、因病非农遗属1人。

补偿办法：

全民企业职工17人，每年补600元；

全民企业职工5人，（距退休不足五年）每人8000元安置费，交社保中心；

合同制职工7人，每年补600元；

计划内临时用工8人，每年补160元；

退休人员11人，每人8000元，款项与关系移交社保中心；

因病非农遗属1人，每年补160元（实领5年按5年计）。

改制中涉及因工受伤2人：

全二女子，伤残等级8级，一次性补6000元；

潘惠英，伤残等级6级，一次性补32000元。

改制时企业总资产：

截至2000年12月31日净资产评估值1401014.12元，其他存量国有资产227336.31元，合计1628350.43元。

改制中需剥离，预提国有存量资产929891.77元，其中：

1. 预提职工身份置换金712020元；

2. 销售坏账37871.77元；

3. 企业搬迁费用及停产损失费180000元。

两者相抵尚存国有资产698458.66元，按平财国资(2001)21号文件规定，由改制企业新股东以现金支付。一次性交付按市政府平政发(2000)54号文件规定，给予15%优惠，实际交纳593689.87元。

改制后新公司由尤明泰等六名自然人共同投资组成。

公司名称：平湖市龙牌糟蛋食品有限公司

公司性质：有限(责任)公司

公司住所：平湖市六店工业园区

法人代表：尤明泰

注册资本：伍拾万元人民币

经营范围：加工销售蛋制品、糟醉腌腊制品、熟食包装制品

注册日期：2002年5月20日

2008年1月(地点平湖大厦)，根据《劳动法》规定，
企业与员工第二次续签无固定期限劳动合同

第一节　改制部署

时间进入2000年后，平湖商业系统的产权制度改革到了关键阶段，全系统有九个单位尚未改制。5月16日，商业局召开企业中层干部动员大会，局主要领导对下一步企业改制作如下部署：

根据市委、市政府的统一部署和商业企业的实际，经局党委、局行政班子研究决定召开全系统进一步加快和深化企业改革动员大会。会议的主要目的是：认真贯彻党的十五届四中全会精神，研究和部署市委、市政府关于进一步加快和深化企业改革工作的意见，动员全系统广大干部职工，明确商业企业实施改革的重要性和紧迫性，统一思想，以积极姿态投身到这场改革中去，努力开创商业工作的新局面。

一、认清形势、客观分析我系统企业在改革和发展方面所存在的严重困难和面临的严峻形势

首先，宏观经济环境发生了根本变化。过去的卖方市场，发展到了现在一定程度上的买方市场；过去的短缺经济发展到了一定程度上的过剩经济；目前消费品市场呈现供大于求的局面，居民消费选择性大大增加，市场缺乏消费热点，商品销售旺季不旺。特别是近年来，随着企业改革的深入，困难企业、下岗职工增多、职工收入下降、农民收入增长缓慢，而房改、医疗、教改等各项改革措施出台，居民预期消费支出增加，购买力下降，消费需求不旺的现象短期内难有较大的改变。

其次，市场竞争不断加剧。随着社会主义市场经济的初步建立，市场流通格局已发生了显著的变化。来自多种经济成分以及多个经营主体，多条流通渠道、多种经营方式的激烈竞争，给国有流通企业带来了很大冲击。在我市社会消费品零售总额中，国有商业系统所占比重从1993年的17.3%下降到1999年的7.42%。个私经营企业凭借其明晰的产权、灵活的机制，已在竞争中显示了明显的优势，市场占有份额迅速扩大。像“农工商”等实力强大的外地商户“登陆”平湖，其他产销见面，厂方直销等也冲击着以商场为主体的国有流通企业。原来计划经济条件下国有商业独霸天下，变成了现在个体摊贩冲击低档商品，直销专卖冲击名牌产品，专业市场冲击服务家电，连锁超市冲击副食品、日用百货的情况。随着我国加入WTO，经济全球化的影响肯定会加剧这种冲击。因此，国有流通企业将面临更加残酷的市场竞争，客观形势给商业流通企业带来了空前的巨大压力，迫使我们必须改革体制和机制，发展新型营销方式。

第三，国有流通业经营日趋困难。主要表现在：

一是国有流通逐年萎缩。根据统计报表反映，从1996年～1999年我市社会零售额从15.17亿元上升到18.9亿元，年平均递增7.6%，而国有商业同口径同期比较，零售额从1.93亿元下降到1.40亿元，降幅27.5%，零售额占全市比重已从1993年的17.3%下降至1999年的7.42%，净减少了9.88个百分点。以现价计算，全系统销售收入从1997年开始连续二年下降，1998年比1997年下降28%，净减12219万元，1999年又比1998

年下降30.3%，减少9534.4万元。1999年全系统销售收入比1995年要少16596.68万元，减幅为43%。而在这5年中调入、招收职工300多人，工资总额增加，企业负担加重。这充分反映了国有商业原有的经营优势逐渐失去，经营阵地逐步退出、市场份额正在萎缩，而经营领域、经营阵地、经营方式却拓展不力。

二是经济效益不理想。企业账面利润从1997年开始全系统连续三年出现红字，到1999年末全系统账面亏损100万元，待摊挂账费用上升，实际亏损已达到5042万元。利费倒挂，资金周转困难，存货周转率下降，1999年流动资产周转率仅1.2次，总资产周转率仅为0.64次，而资产负债率却直线上升，1999年末全系统账面资产负债率平均为94.08%。未改制企业在剔除不良资产后实际权益已负5737.92万元。总负债22659.95万元。按这些单位1232名在职职工计算人均负债18.4万。如果将这些企业净资产抵进去，人均净负债也将达到4.6万元。

商业系统一贯以企业毛利来衡量企业的经济效益。我系统从1995年后毛利额连年下降，以全系统1995年毛利额5517.25万元为基准，1996年减少442.32万元，减幅8.01%，1997年比1996年又减少647.7万元，减幅12.76%，1998年又比1997年减少454.84万，减幅10.27%，1999年下降趋势更明显，比1998年又减少1066.66万元，减幅27%。如果以1999年与1995年毛利额直接比较，从1995年经过四年全系统毛利额净减2611.52万元，减幅达47.33%，减少接近一半。造成的直接后果是经营缺少资金，适销商品不能及时进货，职工收入逐年下降，有的甚至不能及时按月发放，企业管理由此日益松懈，干部群众关系不融洽，造成企业恶性循环，有的已到了难以为继的地步。

三是国有流通企业包袱沉重。由于国有商业历史悠久，职工多，原来在计划经济情况下，国有商业有利润全额上交，设施建设投入不多，许多经营网点也都是“直管公房”，历史遗留给国有流通企业的是机制老、观念旧、债务重、离退休人员多等问题，严重制约了企业的发展。如我系统在职职工2252人，而离退休（包括遗属、精简工）等1567人，两者之比为1.44∶1（嘉兴市本级在职职工与离退休之比为1.7∶1）。如果这次改革按规定，卖断工龄，在职职工计50840年工龄需支付补偿金3050.4万元，再加上离退休等1503人非统筹部分支出需2893.72万元，两者相加共计5944.12万元，这对扣除不良资产后已严重资不抵债的商业系统而言，确实是一个巨大的包袱。据粗略估计，此次改革缺口资金1.6亿元。有人讲近几年新建的网点不是值几千万，吃个十年八年也吃不完吗？这些网点名义上确实是商业系统的，但它从购进或建造的第一天起，就是用银行的钱办起来的，银行贷款要抵押，现在全系统基本上能抵押的已全部抵押了，抵押的东西在抵押贷款归还前能算完全是自己的吗？光抵押还不算，庞大的贷款每天都要付利息，利息付不出，还要利上滚利。例如有一个商业网点是全额负债购进和建造的，基建完工时贷款2200多万，局投进1506万，基建缺口负债2400多万，三年营业又负了新债，这幢大厦所有权应该是谁的呢？在改革前我们要求大家要实事求是看待问题，不要“只见树木不见森林”，要透过现象认识到目前的困境，在改革中要舍得丢包袱，不要怕被不明真相的人骂“败家子”。商业系统再不消肿，丢掉早该丢掉的包袱，商业系统不会再有出路。

在职职工中年龄老化，文化程度偏低也是制约我们改革和发展的问题之一。据统计，在职职工中50岁以上占21%，大专以上文化只有61人占职工总数只有2.71%，而初中以下文化程度有1534人，占职工总数比率达68.12%，其中小学和文盲199人，占职工总数的比例为8.8%。比年龄和文化更为严重的是，还有相当一部分职工"身在曹营心在汉"，他们的心里主要是放在自己一块上，或者另外开店，或者另外通商路。总之，吃里爬外，损公肥私的事时有耳闻。这种情况只有在吃"大锅饭"的国有、集体企业才有，所以也应算是国有企业的一个包袱。

第四，思想认识不足，观念落后，转变滞后。一些企业的干部职工受长期计划经济的影响，思想保守，安于现状，对积累性的矛盾缺乏有效的办法和啃硬骨头的勇气，放松管理，纪律松懈，"等、靠、要"的思想仍然较为严重。对当前企业面临的困难，一味归咎于市场疲软和竞争秩序不规范，缺乏立足自身在改革中求生存、图发展的信心和决心。还有少数同志求稳、怕乱、随大流，经营者怕承担风险、怕失权不愿改，职工怕改制后下岗分流失业不愿改。再是作为主管部门我们思想也不解放，对进一步加快和深化企业改革缺乏主动服务精神，有时过分拘泥于条条框框，缺乏从实际出发，灵活运用政策支持企业改革的态度。例如对已改制的企业改革不彻底，股权配置不够合理，相当的负资产没有采用适当的途径解除掉。一些职工明明待岗在家也不去办理进市中心享受政策的优惠照顾。

因此，尽管前几年我们系统在企业改革发展方面做了大量工作(在党代会报告中已作了总结)，也取得了一定进展。但从目前全系统企业的现状看，压力很大，难度极大，刻不容缓。要解决存在的困难和问题，根本出路在于加快、加深企业改革，除此之外，别无选择。

二、统一思想、提高认识、切实增强企业改革的紧迫感

当前，我市国有商业流通企业面临的困难和问题是客观存在的。如何使困难企业走出困境，根本的途径在于加快和深化企业改革。我们必须统一思想，明确国有商业流通企业改革的紧迫性和必要性。这是因为：

1. 现在大家都有一种感觉，就是生意越来越难做。老经验碰到了新问题，老流通面临着新挑战。这个生意难做的背后，恰恰意味着改革到了攻坚阶段，发展到了关键时刻，意味着经济社会发展已处于重大的转型时期。因此，流通企业改革正是对宏观环境发生深刻变化而必须采取的长久之计，不改革无以求新路，不改革无以图发展。

2. 目前我市国有商业流通企业的发展现状并不乐观，市场竞争越来越激烈，这个竞争不但面临着市内经营灵活的广大个体私营经济的竞争，还面临着市外实力雄厚的流通企业集团，名牌商品和专卖店等的竞争。而我们国有商业由于体制、机制等方面存在的问题和底子薄、包袱重等原因，导致商品无特色，促销无良策，竞争无实力，顾客分流，销售额下降。不改革，国有流通企业就难以在激烈的市场竞争中求得发展。要解决这些问题，唯有从体制上，从动力机制上找原因，自觉地加快推进企业改革的步伐。

3. 根据我系统未改制的9个企业实际存在的销售下跌，利润倒挂红字，职工收入减少，甚至连基本工资不能按时发放，流动资金极度贫乏，债高如山，财产抵尽的情况，再按照老路子拖下去，后果不堪设想。现实情况已经告诉我们，改革已经到了等不及，等不起

的时候了，早改早主动，不改就被动。唯有加快，加大改革力度，加深改革进度，才能解决这些现实问题。越是困难的时候，越要加快改革步伐，在改革中找出路，变压力为动力，把困难当机遇，彻底改革才有出路。因此，我们每位同志面临的改革，不是你想不想改、要不要改的问题，而是必须自觉改、不得不改的问题。要增强改革的紧迫感，要正视现实，丢掉幻想、不等不靠，从改革中找出路、求发展。因此，改革对我们商业系统每个企业、每个干部、每个职工来讲不是灾难，而是生存发展的一次良好机会，十分迫切、十分必要。

三、加强领导、统一部署、分类指导、扎实搞好我系统企业的改革

这次改革怎么搞？平湖市委、市政府最近颁布了平委(2000)11号《关于进一步加快和深化国有企业改革的试行意见》，平政发(2000)54号《印发关于进一步加快和深化国有企业改革涉及有关问题处理办法的通知》等文件。根据市委市府的总体要求，并结合我系统的特点，局党委、局行政领导班子在进行大量调查的基础上提出以下总体实施意见：

(一) 指导思想

1. 以邓小平理论和党的十五届四中全会精神为指导，以建立现代企业制度为目标，以产权制度改革为核心，以“三个有利于”为标准，以规范职工身份促进职工分流再就业为重点，以优化股权结构实行资产重组为动力，加大改革力度，转换经营机制，实现增资减债、减员增效，使企业真正成为自主经营、自负盈亏、自我发展、自我约束的市场主体，促进商业企业的有效解困、繁荣发展。

(二) 加快推进商业企业产权制度改革

2. 全系统现有未改制企业(百货公司、五交化公司、中央广场、国商大厦、商业协作公司、乍浦商业公司、副食品厂、商业联营公司、盐业公司)共9家，除盐业公司垄断性行业部分根据上级规定报市政府批准后再确定外，其余都必须实施产权制度改革。改革的目的是将国有资本从一般性竞争行业中退出，将企业改组成以个人投资为主体的多元化投资企业。

3. 进一步深化和完善已改制企业的改革，按照《公司法》的规定规范运作。重点做好“优化股权结构、转换职工身份和存量资产(剥离资产)的处置”工作。

4. 系统的改制工作在局党委、行政班子的统一领导下进行，坚持依法公开、公平、公正原则，不搞“暗箱”操作。各企业的法人代表负本企业改革的总责，并相应成立本企业的领导小组和工作班子。

(三) 企业的改制形式

5. 根据商业企业的不同情况，因企制宜、一企一策；紧扣产权、多种形式。可采用“组一块、活一块、停一块、破一块”的改制办法，确保商业系统改制中大稳定，尽量减少社会震荡。

(四) 规范职工身份，完善社会保障

6. 企业改制后，原有的国有(集体)企业已不再存在。因此，企业改制应同时转换职工身份，职工的原国有(集体)企业职工身份不再保留。

职工身份转换的目的：是调整企业与职工原有的劳动关系，使职工身份由原来的按所有制划分的全民职工、集体职工、基本工，转换为市场经济条件下，以合同契约为基础的企业职工，重新建立职工与企业之间的新型劳动关系。

职工身份转换的意义：是为了进一步加快和深化企业改革，对现行企业劳动用工制度实施改革，取消由政府包揽职工就业的做法。通过身份转换，使企业职工由“单位人”转化为“社会人”，使劳动力真正形成市场化、企业用工制度契约化。形成劳动力有序流动的机制，劳动岗位竞争的机制，纠正现行体制中劳动用工制度上的“大锅饭”“铁饭碗”，使企业职工能进能出，劳动力资源得到优化配置。

（五）股份设置

7. 未改制企业在改制时鼓励经营者持大股、控股，也可由一个或几个法人和自然人买断，不搞职工人人有股、避免出现新的“大锅饭”。

已改制企业可采取“股权转让、增资扩股、收购回购、减资缩股”等方式促进股权流动，使股权向经营者和骨干集中，不断合理股权配置，优化股权结构，增强股权活力，增强经营者和骨干责任心。在股本金处置中，严格按《公司法》规定规范运作，必要时提前修改和完善《企业章程》。

四、实施步骤(详见日程表)

已改制企业“回头看、回头改”工作进度除宣传发动工作同步外，其他阶段可参照实行。

五、精心组织、落实责任

（一）这次全系统在企业改革的具体工作中，要注意把握好以下三条原则

1. 要做到改革必须与发展相结合。改革是动力，发展是目的。因此，我们不能为改革而改革，搞形式主义走过场，必须着眼于发展，着眼于长远，统筹规划，全面考虑，因地制宜，分类操作。

2. 要做到改革必须与转换经营机制、加强企业管理相结合。企业改制不仅仅是实现体制的变革，同时必须尽快转换经营机制，建立健全规范的法人治理结构，就是平时我们所讲“新三会”制度，形成企业内部激励和约束机制。特别要注重企业领导班子建设，真正把熟悉企业情况，得到职工信赖，具有较强经营管理能力的优秀人才选拔到新的企业领导班子中来。同时要改变目前疏于企业管理的弱点，强化企业内部管理，促进企业管理水平有新的提高。

3. 要做到改革必须与稳定相结合。改革工作是一项复杂的系统工程，涉及面广、政策性强，遇到的矛盾和问题多。实施中要紧紧依靠职工群众，做好过细的工作，及时化解各种矛盾，充分考虑广大职工群众，包括离退休人员的正当利益和合理要求，实事求是地处理有关问题，尽量减少社会震荡，确保社会稳定和改革的顺利进行。

（二）落实责任制的三点具体要求

一是局里计划在 10 月 1 日前基本完成全系统企业改革任务，这是对所有企业要求，没有特殊情况，每个单位都要按时完成改制工作。企业在制订改制方案时，一定要慎重，要充分听取职工群众意见，争取大多数职工群众的支持。方案一经确定，批准，就要认真实施，一抓到底；

二是企业改革既是对企业的工作要求，更是对企业经营者，包括财会人员的考验，希望大家以全局为重，依法办事，不要因主观原因，人为地干扰企业改革。如果出现这种情

商业系统企业改制日程安排表

时期	序号	主要工作内容	时间	责任人
第一阶段：准备 发动 培训 提出改制预案阶段	1	召开局企业产权制度改革领导小组联席会议	5月13日	局改制领导小组
	2	确定局改制组成员改制联系点	5月13日	局改制领导小组
	3	编印企业改制专辑，宣传改制新政策	5月13日～18日	局改制办
	4	召开系统改制动员大会	5月16日	局改制领导小组
	5	政策培训：人事分管领导及人事负责人	5月20日前	局改制办
		政策培训：财务分管领导及财务负责人	5月25日前	局改制办
	6	市改制指导组，局改制组相关人员到企业开展思想发动工作	5月25日前	市改制指导组、局改制领导小组、各企业改制领导小组
	7	提出企业改制预案并论证	5月30日前	
第二阶段：清产核资、资产评估、职工身份转换、方案制订、募股、选举阶段	8	清产核资：清理不良资产，统一格式填报，报局改制组及市国有资产管理局审批	6月20日前	企业、局改制组、国资局
	9	计提职工经济补偿金和离退休等人员保障费用	6月10日前	企业、局改制组、劳动局、财政局
	10	资产评估：(1) 评估立项 (2) 委托评估机构评估 (3) 评估确认	7月10日前	企业、局改制组、评估机构、国资局
	11	国有存量资产处置	7月20日前	企业、局改制组、国资局
	12	职工身份转换	9月	
	13	企业制并上报改制方：(1) 制订(修改)企业章程	7月21日～31日	企业改制组 局改制组 市改制指导组
		(2) 股权设置		
		(3) 募股方案		
		(4) 董事会、监事会产生办法等		
	14	方案论证并等批复	8月1日～10日	市改制领导小组
	15	募股(已转制企业集中股权)	8月11日～20日	企业改制组、局改制组 市改制指导组
	16	召开股东会、通过章程、选举董事会、监事会	8月30日前	
	17	召开股东会、选举董事长、副董事长、聘任正副总经理	8月30日前	
第三阶段：注册、创立、完善阶段	18	验资、注册登记	9月15日前	企业董事会 监事会 经理班子
	19	召开创立大会	9月20日前	
	20	新企业内部各项配套改革措施的制订和完善	9月30日前	

况，组织上必然会采取坚决的措施；

三是今年对企业工作业绩考核的重点主要是看这次改革工作开展和产生的实际效果。

同志们，商业流通业是第三产业中的重要产业，没有发达的商贸流通，就没有发达的市场经济。通过今天会议，希望全系统干部、职工，统一思想，明确这次企业的改革要求，以主人翁的积极姿态，投身到改革中去，打好攻坚战，闯出一条我市商业流通企业新的发展路子来。

第二节　资产确认　审批

一、资产确认

2001年12月25日，市财政局、商业局、国土资源局经平湖信华资产评估有限公司对副食品厂国有资产的评估，市商业局对评估结果组织了为期五天的公示，确认经预提、调整、剥离后的企业国有资产尚存525704.66元。并以[平财国资(2001)21号]文件进行确认：

你厂《关于存量国有资产处置等有关问题的请示》[平副食(2001)第9号]收悉。按照市委平委(2000)11号、市政府平政发(2000)54号等文件精神，为加快和深化你厂产权制度改革步伐，经研究，对你厂深化产权制度改革中存量国有资产处置、职工身份置换等问题批复如下：

1. 经平湖市信华资产评估有限公司评估，市商业局对评估结果组织了公示，公示后无公众反映意见，市国资局项目合规性确认，你厂截至2000年12月31日评估价值(含拆迁安置购入土地资产)为：资产5468086.32元(其中：土地使用权经地产评估中心评估为393250.80元)，负债4067072.20元，所有者权益1401014.12元。

2. 同意你厂受让改制时核销的国有资产550050.12元，受让价格54582.31元。

3. 根据你厂与市城镇建设拆迁办公室2000年11月13日拆迁补偿安置协议精神从原当湖镇宝塔桥拆迁入原市南国旅游社的实际情况，经商业局核准、同意，预提你厂拆迁费用、停产损失、坏账等共计217871.77元，相应调减存量国有资产，其中：拆迁费用及停产损失80000元，因自来水水质造成产品损失100000元；坏账37871.77元。

4. 经市劳动局核准，你厂本次深化产权制度共需预提职工身份置换金712020元，其中：国资负担数为712020元。

5. 经预提、调整后，你厂本次产权制度改革存量资产为525704.66元，按现行改制政策由新股东以现金予以置换，一次性支付的按市政府平政发(2000)54号文件精神优惠15%。

6. 对你厂无形资产(龙牌糟蛋商标权)暂不作价转让，具体处理办法另定。

请你厂在改制方案批复后10日内将置换款解缴市国有资产收益收缴专户，否则，根据规定按日加收5‰的滞纳金。并按市财政局、工商局、国资局平国资(2001)116号文件规定做好有关产权出让合同签订、财务会计处理、工商变更等工作。

附件:深化企业产权制度改革存量国有资产处置明细表

平湖市财政局
平湖市商业局
平湖市国土资源局
2001年12月25日

深化企业产权制度改革存量国有资产处置明细表

企业名称:平湖市副食品厂　　基准日:2000年12月31日　　金额单位:列至角分

项　　目	资　产	负　债	所有者权益	备　　注
一、资产评估价值(含拆迁购入土地使用权)	5468086.32	4067072.20	1401014.12	平湖信华资产评估有限公司平信资评报(2001)221号,土地使用权由市土地评估中心评估,评估价为393250.80元
二、核销资产作价调增存量资产	+54582.31		+54582.31	
应收款项	+422.72		+422.72	核销8454.30元,作价率5%
固定资产	+752.55		+752.55	核销7525.47元,作价率10%
流动资产	+53407.04		+53407.04	核销534070.35元,作价率10%
三、预提剥离资产合计	−217871.77	+712020	−929891.77	
(一)预提职工身份置换金		+712020	−712020	市劳动局、商业局核准
1. 在职职工		+357500	−357500	
其中:距退休不足5年		+40000	−40000	
2. 退休人员		+88000	−88000	
3. 精保遗长四种人		+241320	−241320	
4. 其他人员(残病)		+6000	−6000	
(二)其他调减资产	−217871.77		−217871.77	
1. 企业拆迁费用及停产损失	−80000.00		−80000.00	市商业局核准同意
2. 因搬迁,自来水水质不符要求,造成产品损失	−100000.00		−100000.00	市卫生防疫站检验,商业局核准同意
3. 坏　　账	−37871.77		−37871.77	市商业局核准同意
四、存量国有资产	5304796.86	4779092.20	+525704.66	一次性支付,优惠15%

在国有产权改革过程中,企业的生产运营与行政开支都遇到资金周转困难,2002年初,企业出售水洞埭9号楼6、7两间门面用房,出售比评估价增殖(剔除中介费与税费后)172754元,经调整并入尚存国有资产中,总计为698458.66元。平湖财政局、商业局、国土

资源局再次以[平财国资(2002)11 号]文件给予确认：

你厂《关于要求调整国有存量资产出让价格的请示》[平副食(2002)第 5 号]收悉。根据市政府《平湖市人民政府关于平湖市副食品厂改制方案的批复》[平政发(2002)56 号]精神，经研究，对你厂深化产权制度改革中涉及门面房价格调整等有关情况批复如下：

（一）调增资产：

鉴于你厂改制中涉及水洞埭 9 号楼 6、7 两间门面 164 平方米营业房已出售且出售价为 588000 元，比原平湖资产评估有限公司平信资评报(2001)221 号资产评估值 377200 增值 210800 元的实际情况，对增值部分 210800 元相应调增你厂存量国有资产出让价格。

（二）预提剥离资产

1. 对你厂出售上述营业房时支付的中介费 6000 元允许在上述调增资产中进行剥离，相对调减你厂存量国有资产出让价格。

2. 鉴于你厂对出售上述营业房尚未结转收入的实际情况，同意预提出售上述房产须交纳的营业税和有关附加计 32046 元，相应调减你厂存量国有资产出让价格。

经调整后，你厂本次改制共调增存量国有资产出让价格 172754 元，连同市财政局、商业局、国土资源局平财国资(2001)21 号确定的存量国有资产出让价格 525704.66 元，共计 698458.66 元仍按平财国资(2001)21 号文件精神办理。即由新股东以现金予以置换，一次性付款的按市政府平政发(2000)54 号文件精神优惠 15%计 104768.79 元，经优惠后，你厂应一次性上交 593689.87 元。对本次预提的营业税和有关附加请在本文件下达后下月 10 日前解缴。

请你厂在本文下达后 30 日内将置换款解缴平湖市国有资产收益收缴专户，否则，根据规定按日加收 5‰的滞纳金。并按市财政局、工商局、国资局平国资(2001)116 号文件规定做好有关产权出让合同签订、财务会计处理、工商变更等工作。对你公司截至 2000 年 12 月 31 日的应付工资、应付福利费结余额待处置办法明确后另行批复。

此复。

平湖市财政局
平湖市商业局
平湖市国土资源局
2002 年 5 月 17 日

二、审批

平湖市人民政府[平政发(2002)56 号]文件，对商业局报送的副食品厂改制方案审批同意后，对有关问题作了明确规定：

市商业局：

你局平商[2001]2 号《关于上报平湖市副食品厂改制方案的请示》悉。经研究，批复如下：

1. 原则同意上报的方案。

2. 改制资产中涉及水洞埭 9 号楼 6、7 两间门面 164 平方米营业房，按市场价格对原评估价格予以调整，并经市国资管理部门确认。

3. 企业“龙”牌商标及其无形资产（含产品配方及其他技术产权）归政府所有，由商业局代为管理，企业有偿使用。

4. 职工身份置换费用，企业在三年内付清。如职工离开企业，应立即付清。企业应缴商业局的管理费须在批复后10天内如数缴清。

5. 在具体操作中要严格按市委(2000)11号、平政发(2000)54号，以及市企业产权制度改革领导小组的有关文件规定执行。

企业改制和职工身份置换工作面广量大，政策性强，在具体实施过程中如遇到问题，请及时与市有关部门联系。

此复。

2002年4月27日

第三节　国有产权转让

平湖市商业局与新公司签订《企业国有产权转让合同》，并对产权转让后的职工安置方式、债权债务处理及其他约定事项作了详细规定，并对涉及企业的知识产权进行特别约定。

出让方：平湖市商业局

受让方：平湖市龙牌糟蛋食品有限公司

合同编号：　　　　号

签约日期：2002年5月30日

本合同双方当事人：

出让方(以下简称甲方)：平湖市商业局

地址：当湖镇建国南路64号　　电话：5022620

法定代表人：胡星琦　　职务：局长　　邮编：314200

经济性质：国有

开户银行：工商银行　　账号：1204080209225000181

受让方：(以下简称乙方)：平湖市龙牌糟蛋食品有限公司

地址：平湖市六店工业园区　　电话：5113795

法定代表人(或自然人姓名)：尤明泰

职务：董事长、总经理

经济性质：有限责任　　邮编：314200

开户银行：农业银行营业部　　账号：30140169872001695

第一条　产权转让标的与价款

一、产权转让标的：

甲方所属企业平湖市副食品厂(以下简称该企业)的国有整体产权。

二、产权转让价款：

经甲乙双方约定，甲方将上述标的人民币698458.66元，以现金方式转让给乙方，具体涉及资产、负债等明细如下：

（一）该企业本次深化产权制度改革中存量国有资产698458.66元，其中：

1. 截至2000年12月31日净资产评估值1401014.12元；

2. 其他存量国有资产227336.31元，其中：

（1）核销应收款项作价422.72元；

（2）核销固定资产作价752.55元；

（3）核销其他流动资产作价53407.04元；

（4）水洞埭营业房出售增值172754元。

（二）剥离、预提存量国有资产计929891.77元，其中：

1. 预提职工身份置换金712020元；

2. 其他剥离、预提存量国有资产计217871.77元；

（1）企业拆迁费用及停产损失80000元；

（2）因搬迁，自来水水质不符要求造成产品损失100000元；

（3）坏账37871.77元。

第二条　产权转让时职工安置方式

经双方约定，采取如下方式处理：

（1）原国有企业职工身份不再保留，乙方与职工重新签订劳动合同（分流人员外）；

（2）距退休不足5年的职工，乙方不解除其劳动关系，变更或重新签订的劳动合同期限为无固定期限（合同期至正常退休）；

（3）离退休人员，"精、保、遗、长"等四种人按规定移交市社保中心管理；

（4）其他有关职工及安置方式明确如下：

按照平湖市政府平政发（2000）54号文件规定，继续留在改制企业的职工，转换身份后尚未支付的经济补偿金，由乙方按规定支付。

第三条　产权转让的债权债务处理

经双方约定，该企业原所有债权债务（含或有负债）均由乙方承接。

第四条　产权转让价款的支付方式与期限

经甲乙双方约定，乙方应于本合同生效后按第一条所规定的款项向平湖市国有资产收益收缴专户支付价款，在2002年6月17日前一次性支付的，可按市政府平政发（2000）54号文件精神，优惠15%。

第五条　产权交割责任

由甲、乙双方按照《财产交割清单》共同进行产权转让的财产交割和权证变更手续。

财产交割和权证变更手续应在产权转让合同生效后办理。交割期间，甲方有责任将转让产权（或财产）最终完整地移交给乙方，否则应承担经济、法律责任。

第六条 产权转让的违约责任

1. 乙方如未能按期支付产权转让价款，每逾期一天，应按逾期部分总价款2‰的比例向市国有资产收益收缴专户支付违约金。

2. 甲方如未能按期交割所转让的产权（或财产），每逾期一天，应按逾期未交割产权（或财产）价款2‰的比例向乙方支付违约金。

第七条 产权转让纠纷的处理

甲、乙双方发生履约争议，且自行协商无效时，一方当事人可提请平湖市工商行政管理机关调解，调解无效的，可依法向平湖市人民法院起诉。

第八条 产权转让合同的变更和解除

凡合同变更或解除，甲、乙双方必须签订变更或解除合同协议，并送平湖市国有资产管理部门备案。当发生下列情况之一时，可以变更或解除合同；

1. 由于情况发生变化，经当事人双方协商同意，并且不因此损害国家和社会公共利益；

2. 由于不可抗力致使本合同的全部义务不能履行；

3. 由于另一方在合同约定的期限内没有履行合同；

4. 由于合同中约定的变更或解除合同的情况出现。

第九条 双方约定的其他事项

企业“龙”牌商标及其无形资产（含产品配方及其他技术产权）按市政府平政发（2002）56号文件精神，由甲方代为管理，并另行签订有偿使用协议。

第十条 本合同自双方当事人签字、盖章之日起生效。

本合同及附件一式六份，甲乙双方各执二份，国有资产管理部门二份。

出让方（盖章）：平湖市商业局　　受让方：平湖市龙牌糟蛋食品有限公司

法定代表人（签字）：胡星琦　　法定代表人（签字）：尤明泰

委托代理人（签字）：______　　委托代理人（签字）：

第四节 公司章程

第一章 总 则

第一条 为规范公司的组织和行为，保障公司股东的合法权益，根据《中华人民共和国公司法》和有关法律、法规规定，结合公司的实际情况，特制定本章程。

第二条　公司名称：平湖市龙牌糟蛋食品有限(责任)公司

第三条　公司住所：浙江省平湖市六店工业园区

第四条　公司由尤明泰、吴海龙、盛钧、朱黛娥、屠菊芽、柴勤华等六名自然人股东共同投资组建。

第五条　平湖市龙牌糟蛋食品有限(责任)公司依法在浙江省平湖市工商行政管理局登记注册，取得法人资格。

第六条　公司为有限(责任)公司，实行独立核算，自主经营，自负盈亏，股东以其出资额为限对公司承担责任，公司以其全部资产对公司债务承担责任。

第七条　公司坚决遵守国家法律、法规及本章程规定，维护国家利益和社会公共利益。接受政府有关部门监督。

第八条　公司依法组建中国共产党基层组织，依照《中国共产党章程》办理。公司党组织要充分发挥党的政治核心作用，保证党和国家的方针政策在本公司贯彻执行。

第九条　公司依法组建工会组织，支持公司职工依照《工会法》健全工会组织，支持工会开展工作。工会依照法律开展活动，担负起维护职工合法权益的责任。

第十条　公司的宗旨，以建设有中国特色的社会主义理论为指导，以经济效益为中心，贯彻执行党的路线、方针和政策，建立与社会主义市场经济相适应的现代企业制度，依靠全体员工的共同努力，以发扬光大地方特产为依托，紧紧围绕糟醉制品和其他小包装食品的加工销售，兼顾其他经营，加强企业管理，努力扩销增效、增强经济实力、促进企业发展。

第十一条　本公司章程对公司、股东、董事、监事、经理均具有约束力。

第十二条　本章程经全体股东讨论通过，在公司注册后生效。

第二章　经营范围和方式

第十三条　经营范围：蛋制品、糟醉制品、熟食制品、腌腊制品

第三章　股东组成注册资本及出资方式

第十四条　本公司注册资本为50万元人民币，全部为个人股50万元。

第十五条　本公司由六个自然人股东组成，以现金出资，总额50万，占注册资本100%，现金投入：

股东	姓　名	股本金(元)
1	尤明泰	270000
2	吴海龙	80000
3	盛　钧	50000
4	朱黛娥	50000
5	屠菊芽	30000
6	柴勤华	20000

第四章　股东的权利和义务

第十六条　股东享有的权利

1. 根据其出资额享有表决权；

2. 有选举权和被选举权；

3. 查阅股东会议记录和财务会计报告的权利；

4. 依照法律、法规和公司章程规定取得红利；

5. 依法转让出资、优先购买公司其他股东转让的出资；

6. 优先购买公司新增的注册资本；

7. 公司终止后，依法取得公司剩余财产权。

第十七条　股东具有的义务：

1. 缴纳所认缴的出资；

2. 依其所认缴的出资承担公司的债务；

3. 公司办理工商登记后不得抽回出资；

4. 遵守公司章程规定。

第五章　股东转让出资的条件

第十八条　股东之间可以转让其部分或全部出资

第十九条　股东向股东以外的人转让出资

1. 必须要有半数以上股东票数同意；

2. 不同意转让的股东应当购买该转让的出资、若不购买转让的出资，视为同意转让；

3. 在同等条件下，其他股东有优选购买权；

第六章　公司的机构及其产生办法、职权、议事规则

第二十条　公司股东会由全体股东组成，股东会是公司的权力机构，依法行使下列职权：

1. 决定公司的经营方针和投资计划；

2. 选举和更换执行董事，决定有关执行董事的报酬事项；

3. 选举和更换由股东代表出任的监事，决定有关监事的报酬；

4. 审议批准执行董事的报告；

5. 审议批准监事的报告；

6. 审议批准年度财务预决算方案；

7. 审议批准公司的利润分配方案和弥补亏损方案；

8. 对公司增加或减少注册资本作出决议；

9. 对公司发行债券作出决议；

10. 对股东向股东以外的人转让出资作出决议；

11. 对公司合并、分立、变更公司形式，解散和清算等事项作出决议；

12. 修改公司章程；

第二十一条　股东会的议事方式

股东会为股东会会议的方式议事，应有三分之二以上（含三分之二）的股东参加，因事不能参加，可以委托他人参加，委托他人参加的应出具书面委托书。

第二十二条　股东会的表决等程序

（一）会议事由

1. 召开定期会议：股东会议一年召开一次；

2. 召开临时会议：代表四分之一以上（含四分之一）表决权的股东，可以提议召开临时会议。

（二）会议主持

股东会会议由执行董事主持，执行董事因特殊原因不能履行职务时，由执行董事指定的其他股东主持。股东会的首次会议由自然人出资最多的股东召集和主持，依照《公司法》规定行使职权。

（三）会议表决

股东会会议以举手方式对方案进行表决，每项议案的表决权的股东通过规定如下：

1. 股东会对公司增加或者减少注册资本、分立、合并、解散或者变更公司形式作出决议，必须经代表三分之二以上（含三分之二）表决权的股东通过；

2. 公司可以修改章程，修改公司章程的决议必须经代表三分之二以上（含三分之二）表决权的股东通过；

3. 股东会的其他决议必须经代表三分之一以上表决权的股东票数通过。

（四）会议表决权

股东会会议由股东按照出资比例行使表决权。每5000元股本，享有一票表决权。具体如下：

股东姓名	股　本	票　数
尤明泰	27万	54
吴海龙	8万	16
盛　钧	5万	10
朱黛娥	5万	10
屠菊芽	3万	6
柴勤华	2万	4

（五）会议纪要

召开股东会会议，应当于召开十五日之前通知全体股东，并详细作出会议记录，形成会议纪要，股东必须在会议纪要上签字。

第二十三条　公司执行董事是股东会的具体执行者，股东会选举产生。

第二十四条　执行董事对股东会负责，并行使下列职权：

1. 负责召集股东会，并向股东会报告工作；

2. 执行股东会的决议；

3. 决定公司的经营计划和投资方案；

4. 制订公司的年度财务预算方案，决算方案；

5. 制订公司的利润分配方案和弥补亏损方案；

6. 制定公司增加或减少注册资本的方案；

7. 拟订公司分立、合并、变更公司形式、解散的方案；

8. 决定公司内部管理机构的设置；

9. 聘任或者解聘公司总经理，根据总经理提名，聘任或者解聘公司副总经理、财务负责人，决定其报酬事项；

10. 制定公司的基本管理制度；

第二十五条　公司设总经理一人、副总经理若干人，总经理向执行董事负责，副总经理向总经理负责，总经理、副总经理任期三年，可连选连任。总经理行使下列职权：

1. 主持公司的生产经营管理工作；

2. 贯彻执行股东会的决议、决定和指示，定期向股东会汇报工作；

3. 组织实施公司年度经营计划和投资方案；

4. 拟订公司发展规划与年度经营计划草案；

5. 拟订公司内部管理机构设置方案和公司的基本管理制度、制定公司的具体规章；

6. 聘任或者解聘由执行董事聘任或解聘以外的部门负责人、管理人员；

7. 行使执行董事授予的其他职权和承担相应的责任；

8. 遇有重大紧急事件，在法定职权内可先行办理，再上报执行董事追认。

第二十六条　公司设监事壹名，监事由公司股东会选举产生。

第二十七条　监事的任期每届三年。监事任期届满，可以连选连任。

第二十八条　监事行使下列职权：

1. 检查公司财务；

2. 对正、副总经理执行公司职务时违反法律、法规或公司章程的行为进行监督；

3. 当正、副总经理的行为损害公司的利益时，要求正副总经理予以纠正；

4. 提议召开临时股东会；

5. 监事行使职权时，可以委托律师、注册会计师、执行审计师等专业人员协助，其费用由公司承担。

第七章　公司的法定代表人

第二十九条　执行董事是公司的法定代表人。

第八章　公司财务、会计

第三十条　公司依照法律、行政法规和国务院财政主管部门的规定，建立公司的财务会计制度。

第三十一条　公司在每一会计年度终了时制作财务会计报告，并依法经过审查验证。财务会计报告应包括下列报表及附属的明细表：

1. 资产负债表；

2. 损益表；

3. 现金流量表；

4. 财务情况说明表；

5. 利润分配表；

第三十二条　公司分配当年税后利润时，应按以下程序进行：

1. 支付滞纳金、罚款；

2. 纳税(所得税)；

3. 弥补亏损，先用法定公积金弥补上年度亏损，若不足、则用本年利润弥补；

4. 提取法定公积金，比例为 10%，当法定公积金相当于注册资本的 50%，可不再提取；

5. 经股东会决议，可以提取任意公积金，具体提取比例在每年年终财务决算后股东会作出决议；

6. 提取法定公益金，提取比例为 5%—10%，提取比例由每年年终财务决算后由股东会作出决议；

7. 分配股东在当年利润扣除上述 1～6 项后的余款全额分配，在每年年终财务决算后由股东会作出决议，原则上利润按股东的出资比例进行分配。

第三十三条　公司的公积金用于弥补公司的亏损，扩大公司生产经营或者转为增加公司资本，但法定公积金转为资本时，所留存该项公积金不得少于注册资本的 25%。

第三十四条　公司提取的法定公益金用于本公司职工的集体福利。

第三十五条　公司除法定的会计账册外，不得另立会计账册。对公司的资产，不得以个人名义开立账户存储。

第九章　人事和劳动工资管理

第三十六条　公司保护职工的合法权益，加强劳动保护，实行安全生产，采取多种形式加强职工的职业和岗位培训，提高职工素质。

第三十七条　公司员工的招收、招聘、辞退、工资、福利、劳动保障、劳动保护、劳动纪律等事宜，均按国家有关规定及其实施办法结合公司的实际办理。

第三十八条　公司有权对违反企业规章制度和劳动纪律的职工给予警告、记过、降薪、除名的处分，情节严重的可给予开除处分，并报有关部门及主管部门备案。

第三十九条　公司员工的工资、福利、奖金、劳动保护和劳动保险等事宜分别由各单项制度和规定予以明确，确保职工在正常条件下从事经营和工作。

第四十条　公司在职、退休员工不得从事有损于公司利益的活动，不得从事糟蛋生产经营,违反者按第三十八条规定处理。

第十章　公司的解散事由和清算办法

第四十一条　公司有下列情形之一的应予解散:

1. 股东会决定解散;

2. 因合并和分立需要解散;

3. 违反国家法律、行政法规被依法责令关闭的;

4. 其他法定事由需要解散。

第四十二条　公司依照上述规定解散的,应在十五日内成立清算组,清算组人选由股东会确定。

第四十三条　清算组在清算期间行使下列职权:

1. 清理公司财产、分别编制资产负债表和财产清单;

2. 通知或者公告债权人;

3. 处理与清算有关的公司未了结的业务;

4. 缴纳所欠税款;

5. 清理债权、债务;

6. 处理公司清偿债务后的剩余财产;

7. 代表公司参与民事诉讼活动。

第四十四条　清算组应当自成立之日起十日内通知债权人,并于六十日内在报纸上至少公告三次,债权人应在接到通知书之日起三十日内,未接到通知的在第一次公告之日起九十日内向清算组申报其债权。

债权人申报其债权,应当说明债权的有关事项,并提供证明材料,清算组应当对债权进行登记。

第四十五条　清算组在清理公司财产、编制资产负债表和财产清单后,应当制定清算方案,并委托审计部门对公司的资产进行审计,最后报股东会确认。

公司财产能够清偿公司债务的、分别支付清算费用、职工工资和劳动保险费用、缴纳所欠税款、清偿公司债务。

公司财产按前款规定清偿后的剩余财产,公司按照股东的出资比例分配。

清算期间、公司不得开展新的经营活动。公司财产在未按第二款的规定清偿前,不得分配给股东。

第四十六条　因公司解散而清算,清算组在清理公司财产,编制资产负债表和财产清单后,发现公司财产不足清偿债务的,应当即向人民法院申请宣告破产。

第四十七条　公司清算结束后,清算组应当制作清算报告,报股东会确认,并报送公司登记机关,申请注销公司注册登记,公告公司终止。

第十一章　附　则

第四十八条　本章程未说明事项,由股东会讨论通过作出决议。

第四十九条　本章程一式15份(均为原件,复印无效),其中每个股东各持一份,报有关部门6份,公司留底3份。

附:中共平湖市委、市府、有关部门重要文献

1. 关于进一步加快和深化国有企业改革的试行意见

平委〔2000〕11号

为深入贯彻落实《中共中央关于国有企业改革和发展若干重大问题的决定》,进一步加快我市国有企业的改革步伐,在我市前几年企业产权制度改革实践的基础上,现就进一步加快和深化国有企业改革提出如下意见:

一、加快推进企业产权制度改革

1. 除涉及国家安全、自然垄断和提供重要公共产品和服务的行业,全市所有一般竞争性领域中的企业都必须实施产权制度改革。在企业改制中调整国有资本布局,合理资源配置。

2. 各主管部门都要在2000年底前基本完成企业产权制度改革工作。改制的目标是,国有资本从一般竞争性领域企业中退出。如有涉及需要国有资本控股的企业,由主管部门报市企业产权制度改革领导小组审批。

二、规范职工身份,完善社会保障

3. 企业改制应同时转换职工身份,职工的原国有企业职工身份不再保留。改制后的新企业应与职工重新变更或签订劳动合同,前后缴费年限(含视作缴费年限)合并计算。

4. 原资产所有者与改制企业签订职工终止或解除原国有企业职工身份后的经济补偿和带资安置协议,其补偿金和带资安置费的标准分别为:①企业改制时原固定工身份的职工按每满一年工龄600元计算,不满一年的,按一年计算;②合同职工按每满一年工龄600元计算,不满一年的,按一年计算,最高不超过7200元;③距退休年龄不足5年的职工,改制企业必须聘用其工作到达退休年龄,政府给予企业8000元/人的带资安置费。

以企业改制日为界限,职工在国有企业工作期间的经济补偿金,在企业国有存量资产中计提,在改制企业工作期间的补偿金,由改制企业负担。

5. 企业改制后职工离开企业的,经济补偿金由改制后的企业按规定一次性发放。

继续留在改制企业工作的职工转换身份后,有条件的企业应将补偿金一次性发放给职工;暂不具备条件的企业可分期分批发放;企业国有净资产(含改制挂账亏损)加市财政返回的土地出让金之和仍不足支付补偿金的企业,可暂缓发放补偿金,企业原有的国有资产由主管部门集中到系统管理,职工被终止或解除劳动关系离开企业时,其在国有企业工作期间的补偿金由主管部门发放。

职工转换身份补偿金的发放,不论是一次性发放还是分期分批发放,均采取由企业先以现金发放后,再由国资局拨付国有资产(含土地)的方式进行。具体由企业提出方案,经主管部门审核,市改制办批准后实施。未发放补偿金的企业,由市国资局制订国有存量资产专项管理办法，报市政府批准后实施。

6. 企业改制时，原企业的退休职工按 8000 元/人的标准计提保障费用。对目前继续在发放统筹外费用的企业，2000 年仍按企业实际标准发放（最高不得超过 600 元），2001 年减半发放，2002 年不再发放。精简退职、土地保养、遗属补助、长临工晚年生活补助人员的所需费用，按省定现行标准计提到 75 周岁，并适当计提部分不可预见费。企业在一次性缴足上述费用后，上述人员移交劳动部门新组建的"离退休人员社会保障服务中心"，实行社会化保障。离退休人员的日常管理仍由企业负责，以后逐步创造条件移交社区管理。

土地征用工养老金缴费年限不足 10 年的，由企业为其补缴足 10 年后，享受城镇职工待遇。

7. 距退休年龄不足 5 年的职工的带资安置费、离退休职工的保障费用、四种对象（精简退职、土地保养、遗属补助、长临工晚年生活补助人员）所需费用、土地征用工补缴养老金费用，在企业国有存量资产中计提。

8. 企业改制后的全部从业人员必须按规定参加社会保险，及时足额缴纳各项保险基金，其中原企业职工基本养老保险缴费年限（含视作缴费年限）前后合并计算。

9. 改制企业职工自谋职业或进入社会失业的人员，可以"自由职业者"身份继续参加基本养老保险和大病医疗费用社会统筹，前后缴费年限（含视作缴费年限）可合并计算。退休时按实际缴费年限（含视作缴费年限）领取基本养老金。

有关改制企业的职工劳动关系处理、离退休人员的管理和非统筹部分费用的社会化发放、失业人员续缴基本养老保险及"精、保、遗、长"四种对象的生活保障等实施办法由市劳动局、体改委、财政局负责制订，报市政府批准后实施。

三、存量资产的处置

10. 改制企业经评估后的存量净资产，扣除应支付职工终止或解除劳动关系的经济补偿金和带资安置费，移交离退休职工的费用以及精简、保养人员和遗属等的补助费用后，剩余净资产应根据"公开、公平、公正"的原则进行转让或按规定收取使用费。

11. 改制企业资产转让，凡承购者一次性付款的，应付价款必须在改制后企业取得法人资格前上缴资产所有者。凡分期付款的按协议办理。

12. 改制企业经评估后的存量净资产，经测算不足支付职工的有关安置费用的，经市政府批准，国有土地及企业租用的直管公房的出让价款，可返还用于职工安置费用。

企业住房基金结余，可用作职工安置费用。

对分期分批发放职工转换身份补偿金的企业，土管和房管部门根据企业的发放实际，办理相应的土地使用权、公房产权出让手续。

今后企业如改变用地性质，由土管部门按该地块新的用途性质重新办理出让手续。

13. 改制企业的国有土地使用权和直管公房应按规定出让或有偿使用。

有关资产转让操作办法、国有土地使用权和直管公房出让或有偿使用办法、住房基金支取办法等，分别由国资局、土管局、建设局和市住房资金管理中心负责制订，报市政府批准后实施。

四、进一步深化已改制企业的改革

14. 促进股权流动，优化股权结构。鼓励经营者持大股和增资扩股，要以转让（收购、回购等）、扩股等方式促进股权流动，逐步使股权向经营者和骨干集中，不断合理股权配置，优化股权结构，增强股权活力，增强经营者和骨干的责任心。

创造条件将股份合作制企业改组为由经营者和骨干控股，经营者持大股的有限责任公司。对一时尚未具备条件改组为有限责任公司的股份合作制企业，要通过增资扩股等多种方式，扩大经营者和骨干的持股比例，配合股权流转，创造条件改组为有限责任公司。

对股东人数较多、股权较分散的有限责任公司，通过股权转让和增资扩股等多种方式，形成经营者持大股、控股的股权设置格局。

15. 规范法律手续和股权管理。改制企业必须与资产所有者签订改制协议，并相应办妥工商登记等法律手续。要按照《公司法》对有限责任公司的规定来规范完善有限责任公司和股份合作制企业章程。

股份（合作）制企业必须编制股东名册，核发由市证券委统一监制的股权证，并向市产权事务所办理股权登记，依法确立各方投资者的法律地位。持股者可将股权委托给市产权事务所管理，防止因股权争议等引起法律纠纷，保护投资者的合法权益。

股权转让应规范有序进行，未经董事会同意，不得私自转让、收购。出让、受让股权双方必须通过市产权交易所办理过户手续，并相应办理有关变更手续。

16. 鼓励企业增加积累。企业用可供分配的利润留在企业发展生产经营，其留利部分转增实收资本所缴纳的企业所得税，3 年内（2000～2002 年）可由市财政返还 50%，支持企业发展再生产。

企业董事会按资产经营责任制给予经营者的奖励，应以股权奖励为主，现金奖励一般不超过 50%。

关于改制协议、股权管理办法和股权交易办法，分别由市国资局和市证券委办公室负责制订，报市政府批准后实施。

五、推进技术进步，增强企业竞争能力和发展后劲

17. 各级各方面都要采取积极有效的措施，支持企业技术进步和产业升级。对于有市场、有效益、符合国家产业政策的技术改造项目，经市政府批准，市财政和国有资产经营公司给予适当支持。筹备建立市高新技术风险投资基金。

关于推进技术进步和筹建高新技术风险投资基金的办法，由市计经委、科委、财政局负责制订，报市政府批准后实施。

六、改制企业转换经营机制、规范内部机构运行工作，按平政发（1998）78 号、市委办（1998）90 号文件执行。

七、进一步加强对企业改革的领导

18. 进一步推进和深化企业改革，政策性强，涉及面广。各企业主管部门是企业改革的责任主体，要成立专门工作班子，由一把手亲自负责，明确一名副职专职抓企业改制工

作。市级各综合、职能部门要服从大局，把促进企业改革作为自身的主要工作内容，切实履行对企业改制的服务、指导职能，全力支持改革。对明确规定的各类改制政策和领导小组协调决定的事项，各部门必须不折不扣地执行。

19. 推进各项配套改革。要加快推进养老保险、医疗保险、社保体制、再就业、国有和集体资产管理、产权交易管理等方面的配套改革，为企业改革创造良好的机制条件。

20. 切实加强企业党组织“四有”建设，充分发挥党组织的政治核心作用，把发挥党的政治优势同运用市场机制结合起来，增强活力，形成合力。重视和加强工会工作，建立并逐步规范以职工代表大会制度为基本形式的民主管理工作，建立和健全以签订集体合同为主要内容的工会维护机制，发挥工会组织的维护、建设、参与、教育职能。加强企业精神文明建设，开展以创建“文明班组”“文明单位”为主要内容的系列创建活动，提高职工的思想道德素质。

21. 营造良好的改革氛围。要层层发动，形成共识，提高对加快和深化企业改革必要性、重要性和紧迫性的认识，提高企业改制的自觉性。要紧紧依靠企业的党政工团组织，调动广大职工的改革积极性，使企业职工成为企业改革的积极拥护者和主动参与者。要努力形成浓厚的改革舆论氛围，宣传部门和各新闻单位要结合贯彻党的十五届四中全会精神。围绕企业改革的指导思想、总体目标、工作要求、成功典型等，集中一段时间，安排专栏、专题，加强对企业改革的宣传报道，在全社会形成一个理解、支持和主动参与改革的良好氛围。

八、企业主管部门应结合系统实际制订具体实施办法，各系统制订的具体实施办法，须经市企业产权制度改革领导小组审核批准。城镇集体企业改制参照本试行意见执行。过去有关企业改制政策与本试行意见有抵触的，以本意见为准。

九、本试行意见由市企业产权制度改革领导小组及其办公室负责解释。

中共平湖市委
平湖市人民政府
2000 年 5 月 9 日

2. 印发关于进一步加快和深化国有企业改革涉及有关问题处理办法的通知

平政发〔2000〕54 号

为进一步加快和深化国有企业产权制度改革，经市政府研究同意，现将市劳动局、体改委、财政局《关于国有企业改制中职工劳动关系和社会保障等问题的处理办法》，市国资局《关于国有企业改制中存量国有资产的处置办法》，市土管局《关于国有企业改制中国有划拨土地出让及有偿使用的办法》，市建设局《关于国有企业改制中租用直管公房的处置办法》，市住房资金管理中心《关于改制企业住房资金的支取办法》印发给你们，请认真贯彻执行。城镇集体企业改制参照上述办法执行。

平湖市人民政府
2000 年 5 月 11 日

3. 关于进一步加快和深化国有企业改革有关问题的处理意见

为进一步明确政策、落实措施，确保企业改革的顺利进行，根据市委、市政府《关于进一步加快和深化国有企业改革的试行意见》(平委〔2000〕11 号)、市政府《印发关于进一步加快和深化国有企业改革涉及有关问题处理办法的通知》(平政发〔2000〕54 号)，现就国有企业改革的有关问题提出如下处理意见：

一、关于职工劳动关系和社会保障

(一) 企业离休人员遗属的保障费用。企业离休干部遗属补助标准为：1937 年 7 月 6 日以前参加革命工作的，其供养的配偶每人每月补助 290 元；抗日战争时期参加革命工作的，其供养的配偶每人每月补助 250 元；解放战争时期参加革命工作的，其供养的父母、配偶每人每月 230 元；企业可根据上述标准计提，移交“社保中心”发放。

(二) 离休干部配偶的医疗费。红军、抗战时期参加革命工作的离休干部配偶中无固定收入者可参照企业退休职工标准报销医疗费。企业可按每人 20000 元计提，移交“社保中心”发放。

(三) 职工工伤的补助费。职工因工(公)负伤，可根据市劳动鉴定委员会的鉴定结果，按伤残等级计提和发放伤残补助费：达到 7 级的，计发 12 个月补助费；8 级的，计发 10 个月补助费；9 级的，计发 8 个月补助费；10 级的，计发 6 个月补助费。补助费标准按 600 元/月计发。职工因工(公)致伤达到 1～6 级的，可以办理提前退休手续。

(四) 未进统筹退休(病退)人员的退休金。未进统筹退休(病退)人员，除按规定计提人均 7100 元医疗费用外，还可计提到达正常退休年龄以前的退休工资。计提公式为：

退休工资总额＝[正常退休年龄(男 60、女 50 周岁)－改制时实际年龄](月)×退休工资(元/月)。

(五) 部分特殊群体的补偿金。实行劳动合同制度以后(1984 年 7 月 1 日后)参加工作的职工，补偿金的计提标准最多不超过 12 个月，其中下列人员可按固定工计提和发放补偿金：

1. 1984 年 12 月底前办理招工录用手续的土地征用工。

2. 用人单位推行全员劳动合同制度以前安置的退伍军人。

3. 1991 年 10 月 16 日(省劳动厅〔1991〕169 号《关于下达技工学校毕业生分配计划的通知》颁发)前分配到企业的技校毕业生。

4. 1998 年 12 月底前分配到企业的大中专毕业的统配生。

(六) 已离退休劳动模范的待遇。获得省(部)级以上劳模和先进生产(工作)者的离退休人员，可按市政府办公室《转发省总工会等单位关于改善和提高劳动模范待遇意见的通知》(平政办发〔1996〕164 号)规定享受有关待遇，并提取下列费用：1. 按现行标准提取荣誉津贴至 75 周岁；2. 按人均 1.5 万元提取医疗及统筹外费用(含退休人员的医疗及统筹外费用 8000 元)。

（七）原精简工商业者的生活费。原精简工商业者的生活费、补助费、丧葬费、抚恤费，由企业按30000元/人的标准计提后，移交“社保中心”发放。

（八）离岗退养职工的生活费。距法定退休年龄不足5年的职工办理企业内部离岗退养的，其生活费按下岗职工第一年生活费标准发放。

（九）土地征用工的养老保险费。土地征用工缴纳养老金不满10年部分的养老保险费，由企业按上年本市平均工资25%计提和补缴（2000年为2237元）。

二、关于企业改制基准日

（十）企业资产评估基准日统一为2000年5月31日，其资产评估基准日至企业改制批准日之间的资产变化不再调整。

（十一）改制企业处理职工劳动关系的工龄及年龄时限统一为该企业改制方案批准日。

（十二）已改制企业深化改革时处理职工劳动关系的时限统一为该企业本次深化改革方案批准日。

三、职工转换身份补偿金实行分期分批发放的，企业应在与职工重新签订劳动合同时一并签订分期付款协议。

城镇集体企业改制参照上述补充意见执行。

平湖市企业产权制度改革领导小组

2000年6月8日

4. 关于国有企业改制中职工劳动关系和社会保障等问题的处理办法

第一章　总　则

第一条　为了切实推进我市国有企业的改革，妥善处理改制企业职工身份转换过程中的劳动关系和社会保障问题，根据上级有关规定和市委、市政府《关于进一步加快和深化国有企业改革的试行意见》（平委〔2000〕11号），制定本办法。

第二章　职工分流和劳动关系调整

第二条　改制企业在改制时（已改制企业在转换职工身份时），应通过“按岗定人、双向选择、竞争上岗”的办法调整劳动岗位；对落聘的富余职工应按有关规定终止或解除劳动关系，发放经济补偿金，享受失业救济待遇。经分流的职工，通过劳动力市场机制调节实现再就业。

凡使用农村（外来）劳动力和临时工、离退休返聘人员的企业，在转换职工身份的过程中需要减员分流的，应首先裁减农村（外来）劳动力和临时工、离退休返聘人员。经裁减上述人员后仍有部分富余人员需要裁减的，允许减员分流，但当年裁减的人数应严格控制在职工总数的10%以内。

劳动合同未到期的下列职工，企业一般不得解除其劳动关系：

（一）患病或负伤，且在规定医疗期限内的；

（二）女职工在孕期、产期、哺乳期内的；

（三）地市级以上劳动模范；

（四）单亲家庭有了女监护权的一方；

（五）现役军人配偶。

第三条　已进入企业再就业服务中心（站）的下岗职工，在转换职工身份过程中，企业应为其变更《下岗职工基本生活保障和再就业协议》（以下简称协议）主体（不变更《协议》期限），待《协议》履行期满后，终止其劳动关系，发给经济补偿金，享受失业救济待遇。自本办法颁发施行后进入企业再就业服务中心（站）的下岗职工，劳动合同和《协议》被终止或解除后，按其工作年限每满一年计发相当于一个月工资（全市统一为600元/年，下同）的经济补偿金，最多不超过12个月。

第四条　因原国有企业改制导致用人单位主体和原劳动合同所依据的客观情况发生了重大变化，改制企业应当及时调整原国有企业职工的劳动关系，与继续留在改制企业工作的职工变更或重新签订劳动合同，转换其身份，重新确立劳动关系。

（一）劳动合同的变更或重签

1. 原劳动合同尚需履行的时间在一年以内，且原劳动合同内容变动不大，经双方协商一致的，应当及时变更合同主体，也可以重新签订劳动合同。

2. 原劳动合同尚需履行的时间在一年以上，且由于企业改制导致原劳动合同不能履行的，改制企业应与留用职工重新签订劳动合同。

3. 企业与职工经协商不能就变更或重新签订劳动合同达成一致意见的，企业可以按照《劳动法》第二十六条第三项的规定解除劳动关系。

（二）变更或重新签订的劳动合同期限

1. 距法定退休年龄不足5年（含5年）的职工，企业不得解除其劳动关系，变更或重新签订的劳动合同期限应为无固定期限（合同期至正常退休年龄，下同），重新确立劳动关系后可安排上岗，也可以按照市政府《印发关于妥善处理城镇企业下岗职工劳动关系若干问题暂行规定的通知》（平政发〔1999〕73号）第二条规定办理企业内部离岗退养。

企业的科技人员、生产经营骨干与企业协商一致的，也可签订无固定期限的劳动合同。

2. 男50周岁～55周岁、女40周岁～45周岁的职工变更或重新签订的劳动合同期限不得少于3年。

3. 其他职工变更或重新签订的劳动合同期限不得少于一年，对残疾人给予适当照顾。

第三章　经济补偿金的计提和发放

第五条　经济补偿金的计提

企业按下列标准计提经济补偿金：

（一）距法定退休年龄不足5年（含5年）的职工，按人计提8000元带资安置费。

（二）被终止、解除劳动关系和转换身份后留用的职工，按工作年限每满一年计提相当于一个月工资的经济补偿金，不满一年的按一年计。其中实行劳动合同制度以后（1984

年7月1日后)参加工作的职工,计提标准最多不超过12个月。

(三) 土地征用工除按上述标准计提经济补偿金外,可再提取养老金缴费不满10年部分的养老保险费。

(四) 已分流职工按实际发放标准计提。

第六条　经济补偿金的计发

(一) 经济补偿金的计发标准

1. 对实行劳动合同制度以前(1984年7月1日前)参加工作的职工,按工作年限,每满一年发给相当于一个月工资的经济补偿金,不满一年的按一年计。

2. 对实行劳动合同制度以后(1984年7月1日后)参加工作的职工,按在本企业的连续工作年限,每满一年发给相当于一个月工资的经济补偿金,最多不超过12个月。

3. 土地征用工按上述人员的标准计发经济补偿金,同时为缴纳养老保险费不满10年职工缴足10年的养老保险费。

(二) 经济补偿金的发放办法

1. 距法定退休年龄不足5年(含5年)的职工,不发经济补偿金。

2. 被企业终止或解除劳动关系离开企业的职工,企业应按规定一次性发放经济补偿金,并出具《终止或解除劳动关系证明书》,按规定享受失业救济待遇。

3. 改制企业应按规定发放经济补偿金。有条件的企业应一次性发放;暂不具备条件的企业可以分期、分批发放;国有净资产加市财政返回的土地出让金之和仍不足支付职工经济补偿金额的企业,可暂缓发放,待职工被终止或解除劳动关系离开企业时一次性发放。

第四章　离退休等人员的保障

第七条　企业离退休等人员保障费用的计提

(一) 离休人员的保障费用按市政府办公室《关于进一步健全企业离休干部生活待遇保障机制的通知》[平政办发(1998)132号]规定执行。

(二) 退休人员医疗费用和统筹外费用按8000元/人计提,其中医疗费用7100元/人,统筹外费用900元/人。

(三) 精简退职、遗属、土地保养、长临工晚年生活补助对象等人员的生活补助费按省定现行标准计提,并增提人均1000元的不可预见费。计算公式:

生活补助=[平均预期寿命(75周岁)－实际年龄]×生活费(元/年)＋不可预见费。其中遗属(子女)生活费=[18周岁－实际年龄]×生活费(元/年)＋不可预见费。

第八条　企业退休等人员保障费用的发放

(一) 退休人员小病医疗费用包干标准

退休人员小病医疗费按500元/年确定包干基数,其中企业或统筹部门负担240元/年(每人每月20元),个人负担260元/年。

(二) 退休人员医疗费报销标准

退休人员小病医疗费发生额超过包干基数500元/年后,按以下标准报销:

1. 年医疗费501元～3000元的报销30%；

2. 年医疗费3001元～大病统筹医疗保险起报点（本市定点医疗单位治疗的为5000元，外地定点医疗单位治疗的为7000元）的报销50%；

3. 到达大病统筹医疗保险起保点后，按大病统筹医疗保险报销办法报销。

（三）退休人员统筹外费用发放标准：2000年按企业实际标准（最高每人每月不超过50元）发放，2001年减半发放，2002年不再发放。

（四）精简退职、遗属补助、土地保养、长临工晚年生活补助对象等人员的生活补助费发放标准：

1. 精简退职工人员：按每人每月210元标准发放。

2. 遗属补助人员：企业职工（含离退休人员）因工死亡的，其供养的直系亲属为非农业户口的，按每人每月200元标准发放；为农业户口的，按每人每月160元标准发放。企业职工（含离退休人员）因病或非因工死亡，其供养的直系亲属为非农业户口的，按每人每月160元标准发放；为农业户口的，按每人每月130元标准发放。

3. 土地保养人员：按每人每月210元标准发放。

4. 长临工晚年生活补助对象：按每人每月160元标准发放。

第九条　企业离退休等人员的社会保障办法

企业离退休、精简退职、遗属、土地保养和长临工晚年生活补助对象等人员的社会保障关系，应移交市劳动保障部门新组建的“离退休人员社会保障服务中心”（以下简称“中心”），实行社会化保障；困难企业经改制办批准，可以暂留改制企业自行保障，并要创造条件尽早移交。

（一）保障费用的移交和管理

离退休等人员移交“中心”实行社会化保障的，所提各项保障费用移交“中心”在市财政设立的保障基金专户，实行专项管理，专款专用，接受同级财政、审计部门监督。

离退休等人员由企业自行负责保障的，所提各项保障费用暂留在企业设立的专户，实行专项管理，专款专用，接受市财政、国资部门监督。

（二）保障费用的发放办法

离退休等人员移交“中心”实行社会化保障的，由“中心”按上述发放标准，通过银行按月向发放对象发放医疗包干费、统筹外费用和生活补助费。按退休人员医疗费报销标准，及时为退休人员报销超过包干基数的医疗费（由企业帮助退休人员到“中心”结报）。当计提的退休人员医疗费不足支付时，缺口部分由市财政核拨。

离退休等人员由企业自行负责保障的，企业应按月向发放对象发放医疗包干费、统筹外费用和生活补助费，交纳大病医疗统筹费，报销超过包干基数的医疗费。企业向发放对象发放的医疗包干费、统筹外费用的现行标准和医疗费报销标准高于本办法规定标准的，应按本办法规定的标准发放和报销；超标发放和报销的，其超支部分由企业自负。当计提的退休人员医疗费不足支付时，缺口部分由企业自行解决。

（三）新老保障标准衔接

离退休等人员移交“中心”实行社会化保障的,新的基本医疗保险制度实施后,退休人员按新规定享受医疗保险待遇,“中心”不再向退休人员发放医疗包干费,不再向企业征收基本医疗保险费。如国家调整精简退职、遗属、土地保养和长临工晚年生活补助对象等人员的生活补助费标准,由“中心”按新标准发放。

离退休人员由企业自行负责保障的,新的基本医疗保险制度实施后,企业必须将离退休人员及时移交“中心”,所提医疗费用由财政局负责结算,余额上交“中心”;退休人员按新规定享受医疗保险待遇,企业不再向退休人员发放医疗包干费,也不再为退休人员缴纳基本医疗保险费。如国家调整精简退职、遗属、土地保养和长临工晚年生活补助对象等人员的生活补助费标准,由企业按新标准发放。

第五章 社会保险的衔接

第十条 企业改制后必须为本企业的全部职工,包括转换身份后的职工、农民合同制职工、临时工按时足额缴纳各项社会保险费,不得以任何理由拒绝为职工缴纳社会保险费。留在改制企业工作并已转换身份的职工和原有社会保险关系的其他职工,在办妥社会保险接续手续并按时足额缴纳社会保险费后,前后缴费年限(含视作缴费年限)可合并计算。

第十一条 被终止或解除劳动关系后的失业职工,可以“自由职工者”的身份继续参加基本养老保险和大病统筹医疗保险,前后缴费年限(含视作缴费年限)合并计算。到达法定退休年龄时办理退休手续,享受相关退休待遇。

第十二条 变更或重新签订劳动合同后,继续留在改制企业工作的职工,只是身份的转换,不属失业,不需办理失业登记。今后如被改制企业终止或解除劳动关系的,办理失业登记,按其在国有企业和改制企业工作的年限合并计算享受失业救济待遇。

第六章 附 则

第十三条 本办法自公布之日起施行。平湖市企业产权制度改革领导小组《关于进一步做好城镇破产企业职工分流安置工作的通知》(平企改〔1999〕2 号)关于“自谋职业”规定中的“进入失业登记后半年以内,与新用人单位签订 3 年以上的劳动合同,可向系统托管办领取 2000 元的一次性补助金”和“进入失业登记半年以上一年以内,与新用人单位签订 3 年以上劳动合同,可向系统托管办领取 1000 元的一次性补助金”的规定同时停止执行。

市劳动局 市体改委 市财政局

2000 年 5 月 10 日

5. 关于国有企业改制中存量国有资产的处置办法

为了进一步加快国有企业改制,根据市委、市政府《关于进一步加快和深化国有企业改革的试行意见》(平委〔2000〕11 号),特制定本办法。

第一条 国有企业改制时存量国有资产全部作价转让给企业。

第二条　存量国有资产范围

（一）提取的职工医疗养老保险金；

（二）剥离的宿舍、食堂、幼儿园、围墙、道路等非经营性资产（不含国有土地使用权）；

（三）核销的应收账款、长期投资、实物资产；

（四）改制时未纳入国有净资产的住房周转金；

（五）其他国有资产，包括无形资产。

第三条　存量国有资产作价原则

（一）提取的职工医疗养老保险金按改制时提取数扣减经市国资局批准列支数后的余额确定；

（二）剥离的职工宿舍、食堂、幼儿园等非经营性资产按改制时评估价的50%～70%确定；

（三）核销的应收账款、长期投资按核销时账面价值的5%～10%作价确定；核销的实物资产按核销时账面价值的10%～50%作价确定；

（四）改制时未纳入国有净资产的住房周转金按账面数确定；

（五）其他国有资产视企业实际另行商定。

第四条　存量国有资产作价转让程序

（一）由国有改制企业根据改制时存量国有资产实际情况，向市国资局提出要求转让的书面报告；

（二）由市国资局会同主管局按照上述作价原则逐项商定转让价格，对其中价格明显偏低又有人愿以高于企业转让价格购买的，按价格优先原则确定转让；

（三）由市国资局会同主管局下达存量国有资产转让价格书面文件。

第五条　存量国有资产转让收入用途

（一）用于国有改制企业改制时职工身份转换所需要的资金；

（二）用于国有改制企业改制时离退休人员未统筹部分所需费用；

（三）用于国有改制企业改制时精简、遗属、土保工、长临工生活补助对象等人员生活费所需费用；

（四）用于国有改制企业其他费用。

第六条　职工身份转换等所需要的资金拨付手续

（一）由企业向市主管部门办理职工身份转换等所需要的资金拨付报告（附具体明细清册及有关支付凭证）；

（二）由企业主管部门审核后，向市国资局提出拨付职工身份转换等所需要资金数额的申请报告；

（三）市国资局会同有关部门按企业支付进度下达同意分期拨付资金文件。

第七条　存量国有资产作价转让收入不足以支付上述第五条规定的用途时，由企业申请，市国资局会同有关部门审核，报市政府批准，出让划拨土地使用权及直管公房予以补足。

第八条　划拨土地使用权及直管公房经批准全部出让后，仍不足抵补第五条规定用途所需资金时，其差额部分经市国资局会同市财政局下文批准，原则上3年内由该改制企业缴纳的地方税费返还予以弥补。

第九条　存量国有资产作价转让收入用于支付第五条规定用途后多余部分由企业以现金形式上交市国资局。一次性支付的优惠15%；分期付款的最长时限为3年，但首期不得低于30%。

第十条　本文件下达后，国有企业进行改制时有关国有存量资产的提取、剥离、核销政策按下列规定执行。

（一）不再提取职工医疗养老保险金，而按规定提取职工身份转换资金、离退休职工未统筹部分费用和精简退职、遗属、土地保养、长临工晚年生活补助对象等人员生活费等；

（二）对需剥离资产、核销资产等在改制时按第三条作价原则确定转让价格，并入国有资产产权进行出让。

第十一条　暂缓发放职工身份补偿金的企业，其存量国有资产由市国资局会同企业主管部门按照第三条规定作价原则确定，由主管部门提出集中方案，实行专项管理，用于职工离开企业时在国有企业工作期间的补偿金及企业退休职工移交社会保障机构的各项费用。

第十二条　从2000年1月1日起，市政府办公室《批转市财政局国资关于国有企业转制时提取的离退休职工医疗养老保险金管理问题的若干意见的通知》[平政办发(1997)155号]文件停止执行。

市　国　资　局

2000年5月10日

6. 关于国有企业改制中国有划拨土地出让及有偿使用的办法

为进一步推进企业改革，根据市委、市政府《关于进一步加快和深化国有企业改革的试行意见》(平委〔2000〕11号)，特制定本办法。

一、企业改制时应做好土地资产的处置工作，明确土地权属，办妥土地使用权登记、发证手续，并通过土地使用权的处置，盘活土地资产，解决企业改制中职工安置问题。

二、土地资产处置分别采取以下方式：土地使用权受让、租赁，国家以土地使用权作价入股，保留划拨用地等。企业可根据不同情况，选择不同的土地资产处置方式，同一企业的不同宗地也可采取不同方式灵活处置。

（一）对于一般竞争性行业，应以受让或租赁的方式处置。

以受让方式处置的，可由改制后的企业直接受让，也可将土地资产列入原企业总资产中参与企业改制。企业受让取得的土地使用权可以转让、出租、抵押。

以租赁方式处置的，由市土管局与用地单位签订租赁合同，约定租赁期限，核定租金。租赁取得的土地使用权经土管局批准，可以转租；租赁土地上的建筑物、构筑物可以依法抵押，但必须同时办理土地使用权出让手续。

（二）采取国家作价入股方式处置的，应为自然垄断的行业、提供重要公共产品和服务的行业及高新技术等国家重点扶持的企业。土地使用权作价入股须经批准，并由市政府委托国有股权持股单位持股。作价入股的土地使用权，企业可以转让、作价出资、出租、抵押。

（三）涉及国家安全的领域和需要国家长期投资发展的具有战略意义的高新技术开发企业，可采取保留划拨用地方式处置。对特殊困难企业，经市政府批准，也可保留划拨用地，但最长不超过5年；期满或原土地用途发生改变，须按规定实行土地有偿使用。

三、改制企业土地使用权处置按以下程序办理

（一）明确土地权属。改制企业原使用的土地应有明确的界址、面积，无权属纠纷，办妥土地证书；如因特殊原因未办证的，企业应向土管局申请登记，经土管局地籍调查核准权属后，出具土地权属证明。

（二）除保留划拨用地外，企业应委托有土地评估资质的机构对土地资产进行评估，如分割处置土地的，须进行分割测量。

（三）企业提出土地使用权处置申请和方案，报市土管局审批。

（四）处置方案经批准后，依法处置土地使用权。受让土地的，用地单位与土管局签订受让合同，交纳土地出让金；租赁的，与土管局签订租赁合同，按合同约定交纳租金；国家以土地使用权作价入股的，企业与土管局签订作价出资协议；保留划拨用地的，与土管局签订划拨用地协议。

（五）进行土地使用权登记、变更登记及发放土地使用权证。

四、企业申请土地处置时，须提交以下材料

（一）企业原使用的土地证书；

（二）原企业法人及法人代表身份证明；

（三）土地使用处置申请及处置方案，方案应包括企业改制的形式和内容、现用地及拟处置土地状况、处置方式、理由等需要说明的问题；

（四）企业主管部门、财政部门和市改制办同意处置方案的书面意见；

（五）企业改制审批文件；

（六）经确认的土地评估报告，土地分割处置的须提交经测量的分割界址图；

（七）其他需提交的材料。

五、土地处置后办理土地使用权证需提交的材料

（一）土地登记、变更登记申请；

（二）改制后企业的法人、法人代表身份证明；

（三）受让的，提交受让合同及出让金交款凭证；租赁的，提交租赁合同；国家以土地使用权作价入股的，提交土地作价入股批准文件、土地资产作价入股的，提交土地作价入股批准文件、土地资产作价入股协议；保留划拨的，提交划拨用地协议；

（四）地上建筑物、附着物权属证明；

（五）其他需提交的土地处置登记材料。

六、改制企业土地处置的有关政策

（一）企业受让处置土地使用权的，市财政可将其土地出让金收益的部分或全部返还企业用于职工安置，企业可凭财政局出具的同意返还额度的文件冲抵应交的土地出让金。

（二）企业改制时，土地资产并入原企业总资产参与企业整体改制的，凭财政局文件作为土地出让金交付凭证，办理土地受让手续。

（三）改制企业受让土地出让金到位有困难的，允许企业先办理土地出让手续，发给受让土地使用权证，后用土地抵押贷款补交出让金。在办理受让手续时，须凭银行同意代缴出让金的意见书（注明由银行将土地抵押贷款直接划转土管部门交付出让金）。土地受让证书发出后，一个月内出让金必须到位，逾期注销其土地使用权证。

（四）以租赁方式处置土地使用权的，从2003年起按规定收取租金。

（五）对用土地资产安置职工且分期发放补偿金的企业，市土管局根据企业补偿金的发放情况，凭财政局文件办理相应的土地使用权出让证。

（六）破产、解体、歇业等企业原使用的土地由市政府收回后出让，出让收益优先用于安置职工。

（七）改制企业在土地使用权处置过程中，涉及土地资产评估、土地登记等收费，一律按市政府有关文件予以减免。

七、已改制企业土地尚未处置的，应按本办法补办土地使用权处置手续，办妥土地权属证书。

市　土　管　局

2000年5月10日

7. 关于国有企业改制中租用直管公房的处置办法

为推动我市企业改制工作的顺利进行，根据市委、市政府《关于进一步加快和深化国有企业改革的试行意见》（平委〔2000〕11号）特制定本办法。

一、转让对象及范围

（一）改制企业在存量资产转让及土地使用权出让后，其收入仍不足支付本企业职工的安置费用的，可提出申请，将现租用的国有直管公房经拍卖、转让后一次性买断产权。

（二）改制企业承租的国有直管公房，涉及旧城改造、私房政策落实、产权有争议的不予转让。

二、转让形式

（一）对改制企业承租的产权可分割的直管公房，由企业腾空，市房管处收回后按评估基价向社会公开拍卖。多余的直管公房由原承租直管公房企业腾空后退还房管处，由房管处重新处置。

（二）对改制企业承租的产权不可分割的直管公房，由市房管处按评估基价转让。

三、操作程序

（一）改制企业填写《国有改制企业直管公房转让审批表》，提交合法有效的直管公房租赁协议复印件、规划部门规划许可证明。

（二）改制企业将《国有改制企业直管公房转让审批表》报主管部门签署意见后，报市企业产权制度改革领导小组办公室、市房管处审核，市国资局批准。

（三）市房管处委托市房地产评估事务所评估，出具评估报告书，由市国资局、房管处确认后，以评估确认价为基价进行拍卖或转让。

（四）受让单位（个人）向市房管处办理拍卖、转让手续，签订公房转让协议并一次性付清房款，同时结清直管公房租金。

（五）企业改制结束后，直管公房受让单位（个人）凭公房转让审批文件等，并纳税后到房地产交易所办理产权过户变更登记手续，领取《房屋所有权证》。

四、直管公房转让拍卖收入返还程序

原承租直管公房的改制企业在处置存量资产及土地使用权出让后安置职工资金仍不足的，可向市国资局、房管处申请，填写《国有企业改制直管公房价款返还审批表》，经房管处、国资局核准，报市政府批准，可将现租用的直管公房转让、拍卖收入返还给企业。直管公房转让拍卖款余额部分由市房管处专项用于危旧房改造及房屋维修养护。

市　建　设　局

2000年5月10日

8. 关于改制企业住房资金的支取办法

为加快企业产权制度改革，根据市委、市政府《关于进一步加快和深化国有企业改革的试行意见》（平委〔2000〕11号），现就改制企业住房资金的支取提出如下意见。

一、企业不管采用何种形式（包括破产、兼并）实施产权制度改革，其留存在市住房资金管理中心的住房资金可用作职工安置费用。

二、企业可支取住房资金的数额为在扣除维修资金及欠缴的职工公积金部分后的剩余部分。

三、企业提取住房资金，需向市住房资金管理中心提出申请，并领取《改制企业住房资金支取审批表》，经主管部门审核，市改制办、市财政局批准后提取。

四、企业支取住房资金实行轮候制，由市住房资金管理中心根据住房资金使用情况审批发放。

市住房资金管理中心

2000年5月10日

第八编

丛录

平湖糟蛋创于清代中叶，传于民国，盛于当今。历经三个世纪的风雨苍桑历程，见证了数代人的艰辛与成果，积淀下厚重的传统民俗文化，其人文、坊间传闻、民间轶事、朝野逸闻等自晚清起有名家、志、史、社会贤达、隐逸、闺秀等为之笔墨，本编仅择其要，选诗词9首，曲艺2篇，赋、记、序、议文等8篇。

第二十一章　诗文选录

第一节　赋 记 序 议

一、赋

糟蛋赋(赋依“中华新韵”)

（作者:邓　骁）

天存风韵,地结食缘。横收九龙之气,纵承一脉之元。遂衍斯物之风味,而生兹民之垂涎。在三宫而何降,居十亩而何偏。风行千闾之户,香凝数里之园。既传佳话已百载,将散醇芳于万年。树业内之丰碑,已成壮举;称天下之上品,又谋宏篇。历春秋而依旧,经风雨而弥坚。尔来美食,何应浸于甘露;此时佳味,岂止丰于人寰。

余尝细品糟蛋,剪烛西窗。忆糯米飘馨于上世,鸡黄嬗变于酒坊。缘起于徐氏之巧,愈盛于乾隆之彰。当时是也,筛米以精质,择蛋以优良。蒸而粒涨,酵则糟香。封坛以存,藏以浓郁无量;待时而启,博得溢赞满堂。观其颜同金乌,味融青阳。鲜醇而爽口,晶莹而泛光。初食则滋舌爽意,再品则开胃化肠。更兼佐以秬鬯,一尽杯觞。不绝丝丝惬意,未断屡屡馨芳。遂起声威于阡陌,正味道于天芗。结良缘于官仕,荐美名于君王。皇恩蔚显其优渥,金牌尽显其锋芒。文豪赋律以溢美,循吏击节而铿锵。上达于珠履之宴,下遍至布衣之房。糟蛋因兹传世,天下自此名扬。遂有过往车马,来去客商。竞逐于行市,欣赠于同乡。誓固根基于宇内,定散花枝于外洋。近达沪山苏水,远涉异国番邦。倚列雕屏,抛俗念于一味;凭临玉几,臻善境于八方。

若乃蛋扬威而夺冠,民倒屣以相迎。难穷飞誉之词,常萦喜叹之声。得同行之企羡,膺桑梓之雅评。非唯九州翘楚,亦是奇勋难穷。况物因稀为贵,质凭美称雄。宏图已开气象,善策犹壮心胸。酬壮志于八表,绘蓝图于长空。推营弄潮,一逞奋进之态;申遗造势,再宣文教之功。信哉!蛋因人而广,地因蛋而名。同昭淳隽,并养从容。是以芳流万年,看骏业之鹏举;瑞呈千载,享盛世之馨风。

二、记

1.【平湖糟蛋】

平湖糟蛋,又名软壳糟蛋。相传已有二百余年历史,是我县著名特产。

远在清代雍正年间(约公元1730年),有海盐县丰山徐姓迁平,于西门外开设徐源源糟坊(制酒小工场),兼营门市业务,后试制成功“软壳糟蛋”。其特色是:蛋壳脱落,蛋膜不破,蛋色晶莹,蛋似榄球,蛋白呈乳白色软胶状,蛋黄呈橘红或黄色的半凝固体。含有醇厚的酒香,品尝鲜美,余味无穷,营养亦很丰富。

清乾隆年间,我省地方官吏曾以此作为进贡皇室的贡品,获“乾隆京牌”。嗣后,又先后在“南洋劝业会”“英国伦敦博览会”“南京品物会”上展出,受到中外人士的好评,曾获巴拿马万国博览会奖牌。随着平湖糟蛋声誉远播,销路扩大,制作商由徐源源扩大到东源源、徐鼎丰、泰兴源、顾伯观等八家,但由于经营分散,互相竞争,技术保密,设备资金不足,生产规模极小(大部分为沪商加工),一般年产量仅五万只左右。

解放后,党和政府为了保存和发展这一特产,满足人民日益增长的消费需要,从1956年公私合营后,统一由县食品公司生产经营,注册为“龙”牌商标。二十多年来,组织了原有的技工力量,重视制作经验的整理和挖掘工作,在生产实践中,不断改进加工操作技术,使产品质量逐步提高,产量成倍增长,产品畅销京、沪、津、杭、宁、苏等地,并远销港澳和东南亚各国,深受国内外市场的欢迎。在1957年举行的全国再制蛋技术交流会上,与同类产品相比名列前茅,1981年又被商业部评为优质产品。1983年生产糟蛋21.7万只,质量超过历史最好水平,正品率84%以上,其中特级品达50%。

(见1984年印本《平湖县地名志》)

2. 父亲做糟蛋记

(作者:过其荣)

“平湖糟蛋”是平湖著名的土特产。历史久远,早在清朝雍正年间产生于平湖西门外一个不起眼的名叫“徐源源”小作坊内。后成了清朝贡品,曾获得乾隆皇帝金匾一块,挂在店堂内。

我父亲小名叫“八观”,后来人们叫他“八叔”。八叔于三十年代初,二十几岁就在“徐源源”小作坊学做糟蛋,对制作工艺、生产流程、技术要领、掌握精通、操作熟练。于抗战前就独立门户,从事此行生计。在抗战前父亲办起的糟蛋作坊已经初具规模,但抗战爆发,父亲的小作坊随平湖城沦陷而毁于一旦。

从此一家人由西门外搬迁到东门外,东门外四周房屋破旧,街市冷清,父亲做一点小买卖养活全家。父亲那时常说,能活下来也是不幸中的大幸了。

随后许多食品店老板,主动找上门来请父亲做糟蛋,因此父亲又重操旧业。一年比一年兴旺,名声一年比一年响,父亲做的糟蛋不仅继承了“徐源源”的传统特色,而且又有新的特点。人们赞誉八叔做的糟蛋质量好,名副其实的“平湖软壳糟蛋”。形,滚圆;色,橙黄;口味醇香,口感柔滑,回味无穷,人人可以享用,病人吃了开胃,产妇吃了可以催乳。可谓“舌头上的美食”。在市面上十分好销,大量远销外地作礼品送往各地亲朋好友。

父亲告诉我们:名气是做出来的,做一样要像一样,干一行要爱一行,学本领要学到家,为啥老板愿意投资,因为能放心赚钱。

做糟蛋的最佳时间在每年农历二月初到三月中旬,约一个半月内完成。

父亲掌握做糟蛋的要领：一是糟、二是蛋。糟，即酒糟，却区别于一般的酒酿糟。关键在“酒药”。“酒药”要到苏北去采购。能采购到合适的酒药，才能酿造出上等的酒糟。对酒糟的识别，父亲有独到方法。全凭自己的嗅觉、视觉、味觉一一辨别。这是几十年的经验积累，独守秘密，不能外传。

为了采购合适酒药，父亲有一次险些丢掉性命。正月底父亲外出采购酒药，一般三四天就能回来，这次却五六天还未返回，家里十分焦急，直到第七天傍晚父亲迈着无力的脚步回到平湖家中，满头乱发，浓黑的胡须，衣上沾满泥巴，一脸倦意。等吃饱饭，洗好澡，换上干净衣服，才对我们慢慢道来：去苏北买酒药倒也顺利，订好货，付好款，回平后“货”就能寄到家。父亲在回平途中遭受土匪袭击，乘客四处逃命，土匪登船后抢劫财物，谁要阻拦就开枪杀人，十分可怕，父亲一看苗头不对，只有冒死一搏夺路逃跑，乘其不备，跳入河边芦苇丛中，等土匪离去，才从芦苇烂泥滩中爬向河岸。向四周一望离平湖城不远，然后回到平湖家中，吃了一场惊吓。庆幸的是没伤身，也未失财，不久货到开工。酒糟在制作过程中从发酵到出酒会发出阵阵酒香，父亲从中辨别有无异常，看酒糟的成色是否正常，多次品赏酒味，判别酒糟的优劣，觉得“满意”了，才把酒缸盖拿掉，卸去酒缸四周边的稻草，晾上一天，把多余的酒酿原液倒入甏中封存，酒糟不厚不薄，颜色清白，很香，然后备用。

二是蛋。说到蛋，必须是优质鸭蛋。

鸭蛋要从江苏高邮去采购，而且“蛋”要高邮的早春蛋，它大小匀称，蛋白稠，蛋黄红，蛋壳硬而薄，在“蛋”的处理中，有一招技术活，父亲必须亲自操作，此活名为“击蛋”。先把鸭蛋洗净晾干，然后手拿一块毛竹板，把每个蛋“击一下”。此“击”大有讲究，不轻不重，使蛋壳破裂，蛋壳内膜不伤，这才算过关，否则报废。

当然做糟蛋还有许多诀窍，比方，每甏酒放 100 个鸭蛋，要放多少糟，还要加盐，加多少盐，甏在没放鸭蛋前如何消毒，放好糟放下蛋如何封口，如何安放，仓库如何掌握温度变化，特别经历夏季时如何掌握气温，高温要开窗通气，还要注意湿度等等，都要十分注意。

父亲“做糟蛋”有三十多年经历，这是一生中积累的精神财富。他还在 50 年代初与嘉兴食品公司签订制作 10 万枚糟蛋的糟蛋合同，正品率为 95%，实际达到了 98%，深受嘉兴同行的赞扬。

后来父亲年老多病，60 年代国家处在困难时期，粮食统购统销，糯米无处购到，因此就歇业了。最感遗憾的是我们子女没有继承父业，这份遗产被遗漏在历史长河中。今记下此文，一为《平湖糟蛋杯》征文献上一份资料，二也是对父亲的一份追思和悼念。

3. 平湖糟蛋史实、趣闻记

（作者：蒋苍苍）

平湖糟蛋是平湖的著名传统特产，也是我十分喜爱的食品。我在多年的平湖地方史志工作中，积累了一些关于平湖糟蛋的史料；在杂七杂八的阅读中，还读到了一些关于平湖糟蛋的趣闻。下面一一道来。

史 实

糟制食品由来已久。《晋书·孔愉传》中有"公不见肉糟淹更堪久邪"句，可见在晋代已有糟肉，而且他们已认识到糟腌的食品能保存得更长久些。糟制食品作为贡品，最早见于唐代的贡品名录中，如糟白鱼、糟瓜、糟笋等。

最早记载糟蛋的嘉兴地方志，是清嘉庆六年(1801)的《嘉兴县志》，但只记载糟鹅蛋一种。我又查阅了《古禾杂识》。这是一本专门记载嘉兴地区风俗、物产、轶闻掌故的书，先后由3位嘉兴文人相继完成。第一位作者是项映薇(1730—1789)，在乾隆中期写成此书稿本，但未付印。第二位作者是王寿，他在道光十九年(1839)科举落第后，将项映薇稿本增补内容后付梓印行。第三位是吴受福，光绪五年(1879)举人，他在前两位的基础上又作增补后于1913年再次付印。这本书的第三卷第9页有以下记载：项映薇先记下本土物产之一有醉蛤蜊；王寿补充记载了醉鹅蛋，说"醉鹅蛋出之酝酿，席间未下著，无不垂涎。近以鸡鸭蛋如法制之亦佳"；吴受福又注释说："糟蛋有两种，以酒酿糟者为贵，其壳特软然味太甜，不及硬壳者香而且鲜"。综上所述可知：包括平湖在内的整个嘉兴府，至迟在乾隆中期已有糟制食品，至迟在道光年间已有糟鹅蛋，而以鸭蛋为原料的糟蛋是从糟鹅蛋发展而来的。

最早记载糟蛋的平湖地方志，是1926年成稿的《平湖县续志》，书中"物产"章中记载："糟蛋、糟鱼、糟蟹、糟笋，各种糟品以徐源源制者最佳，其糟蛋驰名尤远，宣统元年在南洋劝业会奖给金牌"。平湖举人何之鼎(1840～1909)的《清琅轩馆诗钞》中，有一首"买糟蛋"的诗，曰："买醉城西结伴行，源源佳酿远驰名。剖来糟蛋好颜色，携到京华美味评。"这是最早见于文字的对平湖糟蛋的赞誉，从中也可知道那时平湖糟蛋在北京也有美誉。

这里的"徐源源"，创办者很可能是当湖茂修园徐氏家族的人。这一支徐氏是在清顺治年间从海盐迁居平湖的。民国时期，平湖有一位徐善潮，字景澄，书画俱佳，自号'放鸭亭长'，父辈开糟蛋作坊。他曾寓上海，与江万里、俞元龙、吴一峰、胡倬云、佘诗樵、许白凤等同乡都是好友。徐应照是他的先祖，而徐应照正是茂修园徐氏家族的人。徐应照在道光三年(1823)中进士，曾任广东南海、番禺知县，年老后回平湖，热心公益。创办"徐源源"的很可能就是他的儿子或孙子。

晚清时期，平湖有好几家作坊生产糟蛋出售，大多无品牌，注册商标的只有徐源源和老徐鼎丰酱园。徐源源店号的产品标志图画是一个手持龙头拐杖的老寿星。老徐鼎丰的产品标志图是一个红色的"福"字，圆形的标识上方注英文"TRADE、MARK"(交易标识)，也就是现在的注册商标。在宣统元年(1909)，嘉兴府各县曾有一次物产调查。据这次调查的数据，规模化生产糟腌食品的只有平湖。这次调查的统计表反映：平湖生产的软壳糟蛋，每年产量4万个至5万个，销售地为"各省、埠"；而平湖生产的糟鱼、糟蟹、糟笋，则只在本地销售。笔者曾尽量查找当时江浙一带生产糟蛋的地方，结果发现只有平湖才规模化生产商品糟蛋，所以可以认为，当时包括上海在内的江浙一带市场上的糟蛋都是平湖生产的。当时，平湖糟蛋国内的销售市场主要在上海、杭州、北京等地，国外则销往东南亚。国内经销商中有著名的老字号商店，如杭州的采芝斋、上海的邵万生、北京的稻香村，等等，这些商店经销平湖糟蛋的历史均长达数十年之久。

抗日战争爆发前十年间，是平湖糟蛋的鼎盛时期，每年产量高达30万只至35万只。当时生产经营糟蛋的除了徐源源、东源源、泰兴源等糟坊和店号外，在当湖镇还有东绿糖果店、义昌润饭店及老鼎丰酱园等。1935年仅徐源源一户就加工糟蛋约15万只。抗日战争爆发后，平湖糟蛋跌入低谷，产量锐减。解放初期，糟蛋经营商有徐源源、泰兴源、刘德茂腌腊店及兴万祥、同兴、三兴义、成新源等店号，但数量微小，经营困难。1956年公私合营后，平湖糟蛋由县食品公司一家经营，并统一注册“龙”牌商标。

平湖糟蛋是否曾作为贡品送入宫廷呢？这是我一直比较留意的一个问题。由于在清代和民国的平湖地方志中没有这方面的任何记载，所以本人曾持否定观点，但最近读了《清宫述闻》，才知平湖糟蛋确实曾是清廷御膳房的食品。因此需要修正自己过去的观点，这也是撰写此文的主要原因。《清宫述闻》是一部反映清代帝后起居、典章制度、清宫机构和宫殿园囿的书。作者章乃炜，字唐容，浙江吴兴人，为书香世家。上世纪30年代初供职故宫古物馆，不久转入文献馆潜心研究明清档案。他以宫中所藏第一手档案原件为依据，又以故宫秘籍为之佐证，写成《清宫述闻》书稿后，曾于1941年5月由故宫博物院印行300部。1988年7月，北京古籍出版社重印了此书。书中“膳房库”一节中有“各处岁例进贡膳用品清单”。这份清单较长，我只列出浙江的，是“杭州小菜、糟小菜、豆豉、糟鹅蛋、糟鸭蛋、笋尖、冬笋”。此外，清皇室成员的后裔爱新觉罗·恒兰写的“清宫御寿两膳房遗闻”一文也可佐证，他说当时的御膳房中有“杭州的小菜、糟小菜、豆豉、糟蛋、笋尖”。我上文已说到，当时江浙一带生产糟蛋的只有平湖，所以可以断定平湖糟蛋确曾作为贡品进入御膳房。

平湖糟蛋作为贡品送到京城并不是由平湖直接送的，而是由平湖送嘉兴府，嘉兴府送省府，省府送朝廷。这在“清宫御寿两膳房遗闻”一文中写得明白：“以上各地名产，内廷不花分文，每年按季节由各省的将军、督抚等官吏和五台山的喇嘛、蒙古的王公们进贡到内务府。”内务府再送到御膳房仓库。可能正是由于平湖糟蛋既不是由平湖直接送京的，也不是以平湖县贡品的名义送的，所以平湖地方志不记载。

趣　闻

因为平湖糟蛋是以嘉兴府的名义送省府的，所以当时省府的人称平湖糟蛋为嘉兴糟蛋。这在一则趣闻中得到印证。此事记在于定一（1875—1932）写的《知非集》中。此书有“饮食笑柄”一节，其中说道：“杨昌浚任浙巡抚时，食嘉兴糟蛋，甫至口，大嚼，蛋黄淋漓，沾唇而下，自须髯间，污及补服。举坐解颐，杨亦不禁大笑。”这个浙江巡抚杨昌浚（1826—1897），是湖南省湘乡县人，湘军将领，曾率军攻破据守杭州的太平军。在轰动朝野的“杨乃武与小白菜”案中，杨昌浚轻信下级，无视舆论，一意袒护州县官员，极力维持原判；结果案情真相大白后，浙江官场发生大地震，包括杨昌浚在内的二十多名官员被革职，因军功而任职浙江的湘系官吏从此衰落。在那次宴席上，杨昌浚应该是第一次吃平湖软壳糟蛋，所以一口咬下，蛋黄一路流下来，玷污了有补子的官服。一桌人开颜而笑，杨也大笑。

庞薰琹(1906～1985),是我国知名画家,被称为"中国现代工艺美术的奠基人",他也十分喜爱平湖糟蛋。他的母亲金芝年,是平湖县城人。金芝年的长兄就是金问淇的父亲。金问淇(1899—1968),是我国著名的妇科专家,与林巧稚齐名,学界有"南金北林"之称。金芝年嫁江苏常熟翁、庞、杨、计四大望族之一的庞家。1995 年 6 月,北京工艺美术出版社出版了《庞薰琹传》,书中第 20 页写道:"薰琹幼时,很得外祖母金家欢欣,常随母亲去平湖探望外祖母及诸位表兄。小船往来常熟、平湖之间,沿途风光非常好看,增加他运笔习画之情趣。而他母子从平湖归来时,总是满载而归,有鱼有虾,有鲜有腊。老年,他总爱谈论那小船上载回平湖糟蛋,佐粥食之,乡土味无穷!这种江浙民间的饮食文化,经画家描述,更觉其美味无穷。"

王光英先生也是十分喜欢平湖糟蛋的。1994 年 10 月,平湖市在北京举行经济发展恳谈会,全国人大常委会副委员长王光英莅临讲话。他的开场白就说"我认识平湖是从糟蛋开始的"。原来,早年他在香港时经常吃平湖糟蛋。

下面还有三则趣闻,我在《民国名人与平湖糟蛋》中曾说过,本文再简述一下。

一是苏曼殊做梦也想吃糟蛋。现在的人对苏曼殊大多不了解,但在百年前,他也是一个大名人。在杭州西湖孤山,现有苏曼殊墓遗址。石碑上的文字介绍说:"苏曼殊(1884～1918 年),广东中山人,原名玄瑛,12 岁出家,法名曼殊。为我国近代著名文学家、诗僧、南社主要诗人之一。"苏曼殊多才多艺,精通梵文和日、英、法等多国文字。他还是一个爱国的革命僧人,在日本东京加入了兴中会、光复会等革命组织。与孙中山、陈独秀、鲁迅、李叔同、柳亚子等都是朋友。苏曼殊虽是和尚,却不戒酒肉,还留下了许多贪吃的逸闻。1911 年 12 月,远在印度尼西亚爪哇岛任教的苏曼殊获知武昌起义成功和上海光复的消息,无比振奋,致信柳亚子、马君武:"迩者振大汉之天声,想两公都在剑影光中,抵掌而谈;不慧远适异国,惟有神驰左右耳。"数日后又致信柳亚子,说:"昨夕梦君,见媵上蒋虹字腿、嘉兴大头菜、枣泥月饼、黄垆糟蛋各事,喜不自胜!"这里的媵,是送的意思。上蒋虹字腿,是浙江东阳县蒋村(该村又分为上蒋、下蒋两个区域)所腌制的一种上品火腿。黄垆糟蛋是指用黄色酒坛子包装的糟蛋。

笔者向原徐鼎丰酱园老职工胡大椿先生请教。据他讲述,当时嘉兴有名的大头菜就是海盐大头菜;而枣泥月饼他也吃过,馅是枣子去核后捣成泥做的,很好吃;当时商店卖的平湖糟蛋是用涂黄釉的陶罐装的。笔者在翻阅市图书馆收藏的民国时期的平湖地方报纸时发现,当时平湖经营腌制糟醃食品的商店,广告上都既有"蒋腿"又有糟蛋,如民国三十四年(1945)的《新光日报》几乎每期都有这样一个广告:平湖新东门内(学前街口),老万源腌鲞号,蒋腿鱼鲞、糟蛋鲤版,货品最好,价格最巧。创始于清咸丰二年(1852)的上海"邵万生南货店",是著名的经营"糟醉名品"的商店。当年该店经营的名特产品既有上蒋火腿,又有平湖糟蛋。可见,当时上蒋火腿与平湖糟蛋都是驰名沪浙的名特产品,在同一家商店出售是一个较为普遍的现象。所以可以确定苏曼殊梦见的黄垆糟蛋就是平湖糟蛋。

二是黄源平湖买糟蛋欲送鲁迅。黄源(1905～2003),浙江海盐人。曾任浙江省委宣传部副部长、省文化局局长、省文联主席。他在获1984年浙江省社会科学优秀成果一等奖的作品《忆念鲁迅先生》中说："当时由于茅盾先生的推荐，我帮着由鲁迅先生主办，茅盾先生等竭力支持的《译文》办一点事，因此有机会直接和鲁迅先生接近起来。那时我还只是一个三十岁左右的青年……记不清是哪一年，我得到父亲在家乡病危的信，要离沪回乡一次，我到鲁迅先生处告诉他这些情况，当时我有些激动，先生对坐着，默默地寄予同情。回乡后，住了几天，父亲的病有了转机，我比较轻快地回上海，路过平湖，在那里买了两罐糟蛋，存心一罐送鲁迅先生，一罐自己吃。但是结果没有敢送去，勉强地都自己吃了。鲁迅先生对人的关系，亲切而又严谨：我竟连拿一罐土产糟蛋登门的勇气也没有。"黄源在平湖买的糟蛋虽然最终没有送给鲁迅，但鲁迅是喜欢吃糟蛋的，他在日记中多次写到朋友赠送他糟蛋的事。

三是黄伯惠做客大吃糟蛋。黄伯惠(1894—?)，上海市嘉定人，多财善贾，是民国时期的上海报业名人，新编的《上海市志》有他的小传。1982年12月，郑逸梅的《艺林散叶》由中华书局出版，写的都是一些文人的逸闻趣事，其中第3795条说：有一天，黄伯惠到松江高君藩家做客，住宿在主人的自怡园中。早餐吃粥，有糟蛋，"伯惠引为美味，一碟尽，再进之，又尽，共尽七碟之多"。查松江特产，并无糟蛋，所以黄伯惠吃的糟蛋应该就是平湖糟蛋，那时平湖糟蛋在上海及其周边县市已经十分有名。

上述这些，都是解放前的事。解放后，尤其是改革开放后，平湖糟蛋生产不断改善工艺，提高产品质量，声誉日隆，佳话不断。如全国政协常委(原商业部部长)胡平在平湖考察时，品尝平湖糟蛋后，赞美之余欣然提笔写下了"天下第一蛋"五个大字；我国著名营养学家于若木对平湖糟蛋也有一段科学的赞语；日本前首相田中角荣也喜欢平湖糟蛋。等等美谈，本文就不细说了。

4. 平湖特产软壳糟蛋

(作者：周维初)

软壳糟蛋是平湖传统食品中的珍品，已有200余年历史。它色、香、味俱佳，蛋壳脱落而蛋膜不破，蛋白晶莹似玉，蛋黄橘红如火，醇香浓郁，咸甜适中，其味鲜美，回味无穷，而且营养丰富，老少皆宜。据近时化验，每100克可食部分，含蛋白质15.8克、脂肪13.1克、碳水化合物11.7克、钙248毫克、磷111毫克、铁3.1毫克、维生素A234国际单位。还有多种氨基酸，具有开胃、助消化和促进血液循环的功能，不但常人可食，而且适合作为病人和年老体弱者佐餐佳品。

平湖软壳糟蛋为清代徐源源糟坊首创。据城北粮管所退休干部徐之棂介绍，他小时候听长辈讲，祖上开设"徐源源"，传到他已十一代，历200多年。他祖先原是海盐县丰山人，大约在清雍正年间(1722—1735)迁至平湖，在西门外独资开设徐源源糟坊，作场设于西廊下(现平湖水泥厂址)，店面设于西门外大街，即在西城门和城河之间，坐北朝南。徐氏见当地居民喜食糟鲤板、糟蟹等糟制食品，这类食品味道鲜美又较耐保藏，于是试用酒糟腌制鸭蛋，几经试验，终于成功。所制糟蛋，香浓味美，别有风味，深受顾客欢迎。

在实践中,徐源源精心改进操作技术,提高质量:选用著名的江苏高邮鸭蛋做原料,蛋的大小用一只特制的铁丝圈来测量,如蛋从圈里漏出,就弃去不用,不漏出,方为合格;糟用上等糯米发酵制成;摸索一套制作工艺,有"浸米、蒸饭、配药、酿酒、消毒、洗蛋、击蛋、落甏"等工序,从清明前后开始,将蛋浸没于糟中,蛋和蛋之间保持距离,互不接触,经过黄梅和三伏,到中秋节上市。在长达五个多月的糟渍过程中,醇类、糖类、有机酸等物质渗入蛋内,使蛋黄、蛋白逐渐呈凝固状和胶冻状,同时产生具有芳香气味的脂类物质,并使蛋黄脱水、起沙、出油。有机酸还和蛋壳作用生成醋酸钙而使蛋壳脱落或基本脱落,而蛋膜不破,蛋形完整。食时,用筷或小刀挑破蛋膜,即可品尝美味,不必烧煮,十分方便。

徐源源糟蛋风味独特,声名鹊起。地方官员将糟蛋作为贡品献给朝廷,受到皇帝赏识,赐给"乾隆京牌"一块以资褒奖,并赐丝织横额,悬于店面上方。宣统二年(1910)八月,在南京举行的南洋劝业会上,平湖糟蛋获金牌奖,声誉大振。有人赋诗云:"买醉城西结伴行,源源佳酿远驰名,剖来糟蛋好颜色,携到京华美味评。"限于当时的生产和运输条件,年产仅 2～3 万只。民国三年(1914),参加巴拿马万国博览会,获得奖牌。四年,又获"农商部国货展览会一等奖章"一枚和奖状一张,奖章现由徐之棖保存,黄铜制成,长 7.5 厘米,宽 4.8 厘米,厚 0.3 厘米,上镌上述字样和骏马图案。民国十八年,参加在杭州举行的西湖博览会,也获得广泛好评。在这十几年间,由于平湖至上海轮船畅通,上海销路打开,部分糟蛋还出口到香港、新加坡等地,年产量增加到 8—9 万只,前景十分乐观。

糟蛋的名声和畅销引起了其他商号的羡慕和仿效。泰兴源、东源源、义昌润等企业也都制作和经营糟蛋,统称"平湖糟蛋"。抗战前的 10 年间(1927—1936)是糟蛋的昌盛时期,年产量达 30 万—35 万只。民国二十四年(1935),仅徐源源一家就产 15 万只。平湖沦陷后,徐源源店屋被日军焚毁,业主西迁至徐婆桥堍营业。几年后,店屋在一次游击队和日军交火中又被毁。沦陷期间,糟蛋产量大减。抗战胜利后。稍有起色。徐源源也在西城门外旧址重建店屋。至解放前夕,尚有徐源源、泰兴源、刘隆茂、兴万祥、同兴、刘永兴、三兴新、成兴源等 8 家经营糟蛋业务。由于他们的技术水平不同,糟蛋质量也有高低,其中,仍以徐源源牌子老、技术高、质量好最负盛名。"徐源源糟蛋"成为平湖特产。

解放以后,大部分商号停止生产或经营糟蛋业务。由于城河需要拓宽浚深和西孟家桥需要改建,徐源源店屋被拆除,业务受到影响,加之资金困难,难以维持,于 1952 年停业。至此,仅剩东门白地上泰兴源腌腊店继续经营糟蛋,不久,也停止生产。这种情况引起商业部门领导的重视,于是由平湖土特产运销公司投资,请来以前制蛋的老师傅恢复生产,使糟蛋重新上市。1956 年以后,糟蛋业务归县食品公司经营,由平湖副食品厂按传统工艺生产糟蛋,注册商标为龙牌,产量一般为年产 15 万只左右,1960 年增产至 42 万只。产品畅销京、津、沪、宁、杭等地,并远销中国香港、澳门以及东南亚各国,颇受国内外市场欢迎。

按传统工艺,糟蛋于中秋节前后上市,供应时间每年仅三个月左右。如销往京津以北地区,时令将入冬季,作为冷食的糟蛋,销售比较困难。为了扩大销路,争取市场,有关方面提出改革传统工艺,要求一年内能多次加工糟蛋,保持市场不脱销。为此,县食品公司从1982年开始进行冬季加工糟蛋试验。在初步取得成功的基础上，于1984年以《平湖糟蛋常年生产工艺研究》课题报浙江省商业厅，列入省级科研计划。经过1984、1985年的试验，质量达到传统生产的水平，保持了平湖糟蛋的特色和风味。1986年9月27日，省商业厅受省科委的委托，主持召开这一科研项目的技术鉴定会，邀请上海市禽蛋科研所、上海市畜牧兽医学院、浙江省微生物研究所、杭州商学院食品系、省农大食品科技系及省食品公司等20多个单位的专家、领导参加鉴定。鉴定意见认为，平湖糟蛋的常年生产工艺的质量指标、卫生指标、营养成分均符合标准，达到了传统糟蛋的要求，同意通过课题的技术鉴定，并建议将本课题作为科技成果上报。这一由畜牧兽医师吴广和以及县副食品厂厂长谢力耕负责的科技研究成果迅速转化为生产力。使糟蛋实现了常年生产，产量大幅度增长。1987年，生产和销售糟蛋56万只。1988年，生产糟蛋65万只，出口4万只。1991年，产量达71万只，出口5万只。

近年来，平湖糟蛋获得了新的荣誉。1981年和1984年，获商业部优质产品称号；1984年还被广大消费者评为浙江省最佳日用消费品。1985年，获浙江省优质产品称号。1986年，获浙江省新优名特产品金鹰奖。1987年，《平湖糟蛋常年生产工艺研究》科研项目获浙江省科技进步三等奖。1988年12月，平湖龙牌糟蛋在首届中国食品博览会上获金牌奖。

5.【平湖糟蛋】

为著名传统特产，据传是徐源源糟坊创制，至今已有250多年历史。清乾隆年间被列为贡品，获"乾隆京牌"一道。清宣统元年(1909)，在南洋劝业会上获金牌一枚。此后，又在英国伦敦博览会、南京品物会、巴拿马万国博览会上展出，获巴拿马万国博览会奖牌。时有诗云："买醉城西结伴行，源源佳酿远驰名。剖来糟蛋好颜色，携到京华美味评。"解放后，人民政府重视糟蛋生产。1957年9月在全国再制蛋交流会上展出，以色、香、味俱全获胜。1981—1989年，先后6次被评为商业部、省优质产品，1984年被广大消费者评为省最佳食品，1986年获省优名特产品金鹰奖，1988年荣获首届中国食品博览会金奖。

平湖糟蛋制作周期长，工艺要求高，其特色：蛋壳柔软，蛋膜不破，俗称软壳糟蛋。蛋白呈乳白色胶体，清澈透明，蛋黄为橘红色半凝固体，醇香可口，回味悠长。由于再制过程中，氨基酸与可溶性糖增多，蛋白与蛋黄中的蛋白质逐渐变性、凝固，产生芳香气味的脂类物质，含有18种氨基酸。每100克可食部分含蛋白质15.8克、钙24.8克、磷11.1克、铁0.31克、维生素A234个国际单位。糟蛋不再烹饪，可直接食用，男女老少皆宜，孕妇食用最佳；经常食用可开胃、助血液循环。促进人体发育生长。

民国时期，糟蛋年产量万只上下，出口0.6万只左右。1921年，年产4万只，外销3万只。解放后，1956年起由县食品公司副食品厂直接经营，1956—1985年年均生产10万只，年均出口1万只。1986年糟蛋常年生产获得成功，改一年一次为一年多次，是年产量猛增到34.7万只，出口1.9万只。1988年出口增加到4万只。1989年，年产量达100万只。

1993年印本《平湖县志》

三、序

《平湖非遗书系》总序

（作者：郑忠勤）

平湖，江南水乡的一颗明珠，前人曾以诗句“春风得意湖山美，花团锦簇尽黄金”咏之，可见其美丽与富庶。

早在六七千年前的新石器时代，平湖境内就出现了生息劳作的先民。位于林埭镇群丰村的庄桥坟遗址，是迄今发现的最大良渚文化遗址，被列为全国重点文物保护单位，有力地见证了平湖璀璨的史前文化。斗转星移，在数千年的悠悠岁月里，平湖先民在这一方水土辛勤耕耘，创造出了深远绵厚独树一帜的历史文化，给我们留下了丰富宝贵的文化遗产。其中，既有众多以文物古迹为代表的物质文化遗产，又有项目丰富的非物质文化遗产。

平湖境内的非物质文化遗产，反映了地域文化的禀赋与特色。这些无法替代的遗传密码，涌动着平湖人的精神血脉。因此，保护与传承“非遗”，就是保护平湖的文化基因，保护我们的精神家园，保护平湖文化在新时代延续发展的根基。

按照党中央、国务院和省、市关于加强非物质文化遗产保护的一系列决策部署，近年来，平湖市在“非遗”的挖掘、保护和传承方面脚踏实地，做了大量工作，取得了一定的成果。2004 年起，我市先后组织了两次大规模的“非遗”普查，共获线索 7136 条，完成立项 465 个。目前，我市有国家级非物质文化遗产名录 2 项（平湖派琵琶、平湖钹子书），省级 5 项（平湖九彩龙、平湖西瓜灯、平湖杜经布编织技艺、平湖糟蛋制作工艺、做社）、嘉兴市级 18 项、平湖市级 171 项。2008 年 6 月，平湖市非物质文化遗产保护管理中心成立。几年来，中心以“1 个展示中心、1 个研究中心、1 个传承工作室、15 个传习基地”为抓手，开展了形式多样的“非遗”传教、宣传、展示活动，使我市“非遗”的保护与传承进入了一个良性的发展环境。

“平湖非遗书系”的编纂出版，是我市“非遗”工作的又一个有力举措，旨在全面反映我市“非遗”现貌以及挖掘、整理和研究的成果。这套文本的问世，必将成为了解平湖文化的敞亮窗口，成为文化软实力发展的有力推手，也必将成为平湖文化大发展大繁荣的光辉见证。

美丽平湖，美在“非遗”。

四、议

《关于保护与发展中华老字号平湖糟蛋的建议》节录

（政协平湖市委员会办公室）

为了更好地向市委、市政府提出意见建议，根据《中国人民政治协商会议章程》，经市十二届政协第四十八次主席会议研究决定，市政协对我市经济社会发展中的重要问题、人民群众关注的热点问题、政协组织和政协委员反映的突出问题及共性问题，经政协集体调研或协商后形成《政协建议》，报送党委政府决策参考。

近日，市政协就中华老字号——平湖糟蛋（龙牌糟蛋）运营情况开展主席调研日活动。调研组一行实地视察了平湖市龙牌糟蛋食品有限公司，详细听取了企业关于中华老字号——平湖糟蛋（龙牌糟蛋）运营情况的汇报，进行了协商讨论，提出了若干建议。现综合报告如下。

一、企业概况

（一）企业沿革

建国初期，以徐源源为代表的十多家私营糟蛋小作坊"公私合营"为食品公司副食品加工厂，地址在原大南门外食品公司仓库内。1957 年搬迁至宝塔桥西堍（现南村书堆），占地 7.78 亩，建筑面积 4600 m²。1997 年副食品加工厂被批准为直属单位，并更名为平湖市副食品厂。2000 年底随着大东湖开发，根据政府安排，搬迁至六店工业园区（原南国企业），占地 2.89 亩，建筑面积 2500 m²。2002 年 5 月，企业改制，由企业内部 6 位自然人共同成立平湖市龙牌糟蛋食品有限公司。

（二）知识产权

《平湖市人民政府关于平湖市副食品厂改制方案的批复》（平政发〔200〕56 号）第三条明确指出：企业"龙牌"商标及其无形资产（含产品配方及其他技术产权）归政府所有。

（三）产品特色

平湖市软壳糟蛋始于清雍正年间，距今约有 280 多年历史，有"中国饮食文化一绝"之美称，被誉为"天下第一蛋"，为清朝贡品。历史上先后在南洋劝业会、英国伦敦博览会和巴拿马万国博览会获得奖牌。1988 年荣获全国首届食品博览会金奖，1999 年被授予"中华老字号"。同时，由于其无法复制的独特传统工艺、流传的众多民间故事，使其具有了丰富的文化底蕴，被列为浙江省非物质文化遗产。

（四）企业目前经营状况

企业改制后生产糟蛋 50—60 万枚，利税 50 万元（其中税费 30 万元），其产品主要销往北京、上海、苏州、杭州等地，具有一定的知名度，如北京"稻香村"、杭州"采芝斋"、上海南京路上的食品一店，苏州观前街的土特产商场等"中华老字号"企业均是其长期稳定客户。

二、当前企业发展存在的困难和问题

（一）龙牌糟蛋食品有限公司属国有企业转制企业，由于品牌商标及其无形资产仍归政府所有，企业一直心存顾虑，发展欲望和积极性不高。

（二）虽然平湖糟蛋历史上拥有很多特色优势、辉煌荣誉，但相比五芳斋、胡庆余堂、张小泉等老字号企业，近年来宣传力度明显不够，目前连产品文化展示场所都没有。

（三）龙牌糟蛋食品有限公司生产场所紧靠六店大桥，桥下灰尘大，厂房陈旧，按照新形势下的食品安全生产要求，不适宜作为加工和制作食品的场所。且厂房占地面积不足三亩（原拆迁地 7.78 亩），与声名在外的"中华老字号"称号企业不相匹配，导致全国独一无二的平湖糟蛋陷入“见面不如闻名”的窘境，生存和发展情况堪忧。为此，企业不得不多次回绝了国内外部分媒体（包括中央电视台及韩国国家电视台）实地拍摄及原商业部领导前来调研、旅行社参观等要求。

三、意见建议

平湖糟蛋是平湖劳动人民智慧的结晶，是平湖传统饮食文化和商业文化的积淀，也是先辈传承下来的宝贵财富。某种意义上说，它已不仅仅是归属一个企业，而是一个城市的财富。为加强对平湖糟蛋（龙牌糟蛋）的保护与发展，防止这一中华老字号在我们这代人手中消失，故提出以下建议。

（一）提高重视程度，加强组织领导。由市政府分管领导挂帅，明确一个具体的责任部门牵头，协调宣传部、经信部、商务部、文广新局、旅游局、城投集团等相关单位，共同做好平湖糟蛋（龙牌糟蛋）的保护与发展工作。

（二）加强品牌推广，实施开发性保护。加大平湖糟蛋非物质文化遗产等无形资产的开发、保护和推广力度，在待开发的南河头历史文化保护街区内，设立“中国·平湖糟蛋文化展示馆”，在企业根据需求提供设计方案的基础上，由政府统一规划和建设，日常运营由企业负责。同时，通过旅游产品、新闻媒体、广告书籍等途径，加大宣传力度。

（三）解决企业生产经营场所问题。龙牌糟蛋食品有限公司现厂址已规划在城建拆迁范围内，要结合城西区域的城市开发改造，对企业目前生产经营场所进行货币置换，并在新厂址选择上给予适当的政策扶持，安排足量的土地，保证企业正常生产经营需要，建立“前店后厂”的生产经营基地。

（四）理顺企业知识产权体制。探索研究平湖糟蛋“龙”牌商标及其无形资产（含产品配方及其他技术产权）与企业经营权之间的合理关系，构建科学的企业经营体制，既要实现对中华老字号、非物质文化遗产的保护，又要充分激发企业的生产经营积极性。

（五）加大对企业发展的指导扶持力度。引导企业明确未来发展规划，转变现有生产经营方式，在产品研发、营销模式等方面不断开拓创新，加大平湖糟蛋系列化、关联性商品开发及商业模式的创新，不断提高市场竞争力。

录自政协建议[2014]第1期(总　第1期)

第二节　词诗曲艺

五、词

减兰·咏平湖糟蛋

（作者：许白凤）

糟浆无价，妙手神奇穷造化。混沌初开，一股醇香扑鼻来。浅斟低酌，白玉羊脂含琥珀。老我馋涎，下箸时还到酒边。

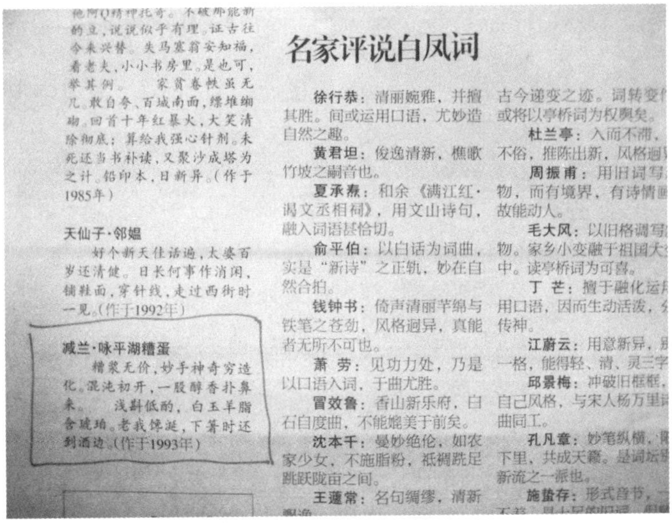

…阿Q精神托寄。不破那能新的立，说说似乎有理。证古往今来兴替。失马塞翁安知福，看老夫，小小书房里。是也可，举其例。　家贫春帙虽无几。敢自夸、百城南面，缥堆缃砌。回首十年红暴火，大笑清除彻底；算给我强心针剂。未死还当书朴读，又聚沙成塔为之计。铅印本，日新异。（作于1985年）

天仙子·邻媪

好个新天佳话遍，太婆百岁还清健。日长何事作消闲，铺鞋面，穿针线，走过西街时一见。（作于1992年）

减兰·咏平湖糟蛋

糟浆无价，妙手神奇穷造化。混沌初开，一股醇香扑鼻来。　浅斟低酌，白玉羊脂含琥珀。老我馋涎，下箸时还到酒边。（作于1993年）

名家评说白凤词

徐行恭：清丽婉雅，并擅其胜。间或运用口语，尤妙造自然之趣。

黄君坦：俊逸清新，樵歌竹坡之嗣音也。

夏承焘：和余《满江红·谒文丞相祠》，用文山诗句，融入词语甚恰切。

俞平伯：以白话为词曲，实是"新诗"之正轨，妙在自然合拍。

钱钟书：倚声清丽芊绵与铁笔之苍劲，风格迥异，真能者无所不可也。

萧　劳：见功力处，乃是以口语入词，于曲尤胜。

冒效鲁：香山新乐府，白石自度曲，不能媲美于前矣。

沈本千：曼妙绝伦，如农家少女，不施脂粉，祇裯跣足跳跃陇亩之间。

王蘧常：名句缤缪，清新飘逸……

古今递变之迹。词转变……或将以亭桥词为权舆矣。

杜兰亭：入而不滞，……不俗，推陈出新，风格迥……

周振甫：用旧词写……物，而有境界，有诗情画……故能动人。

毛大风：以旧格调写……物。家乡小变融于祖国大……中。读亭桥词为可喜。

丁　芒：擅于融化运用口语，因而生动活泼，……传神。

江蔚云：用意新异，……一格，能得轻、清、灵三字……

邱景梅：冲破旧框框，……自己风格，与宋人杨万里……曲同工。

孔凡章：妙笔纵横，……下里，共成天籁。是词坛……新流之一派也。

施蛰存：形式音节，……

2006年6月10日《嘉兴日报平湖版》

六、诗

1. 咏平湖糟蛋

（作者：清何之鼎）

买醉城西结伴行，源源佳酿远驰名。
剖来糟蛋好颜色，携到京华美味评。

录自《清琅轩馆诗钞》

2. 平湖糟蛋

（作者：吴祖刚）

异物出平湖，芳香散九衢。
腴同西子酪，洁比杜娘肤。
索酒尝鲜后，加餐醒醉余。
珍馐聊屈指，栏入郇公厨。

余弱冠在故都，侍先君饮膳。有平湖糟蛋一盆，惊为异味，至今七十余年，又得重尝，恍惚如在梦中。

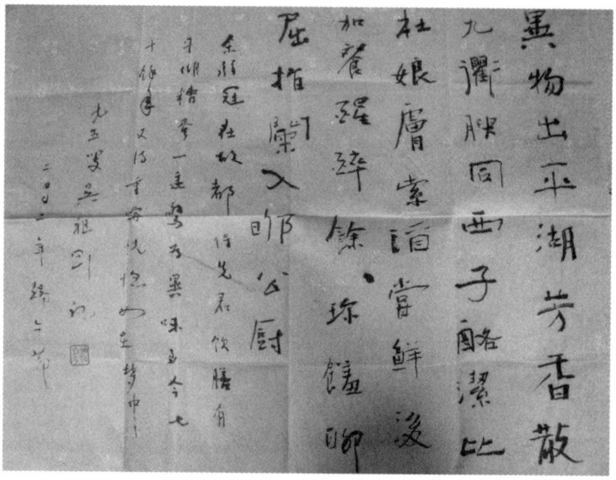

2002年端午节上海九五叟吴祖刚诗并书

3. 美食平湖竹枝词·平湖糟蛋

（作者：陆永祥）

槽坊史久说源源，一道京牌远外蕃。
此物原应天上有，琼浆玉液品几番。

平湖糟蛋为著名传统特产，据传是徐源源槽坊创制，已有二百多年历史。清乾隆年间列为贡品，获“乾隆京牌”一道。清宣统元年(1909)，在南洋劝业会上获金牌一枚。解放后，多次获金奖。

4. 咏平湖糟蛋(三绝)

（作者：陆道生）

一

三泖清川东向流，平湖糟蛋誉全球。
色香味美诚难得，不愧连魁省部优。

二

延年益寿可强身，专贡宫廷品类珍。
小孩老人多喜食，男男女女尽回春。

三

品诗品酒品佳肴，筵宴风骚馥郁浓。
韵味醇甜留齿颊，逸情雅趣笑谈中。

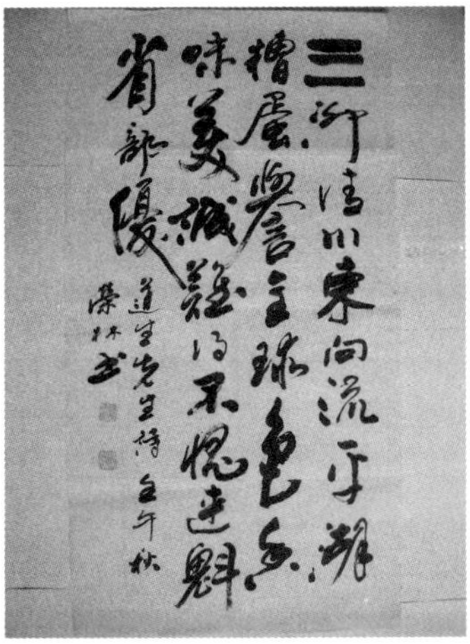
陆道生诗　曹荣林书

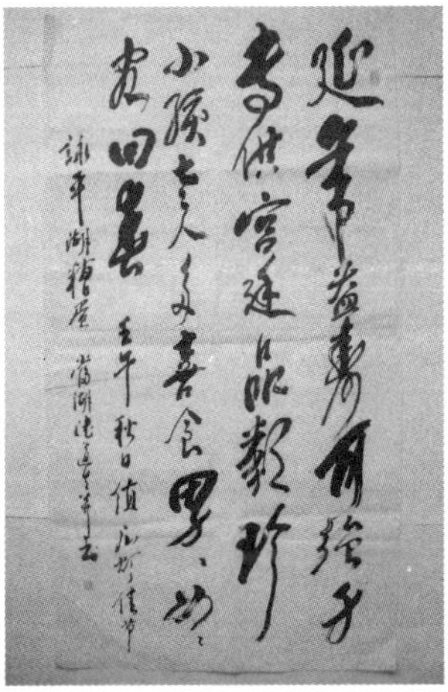
陆道生诗并书

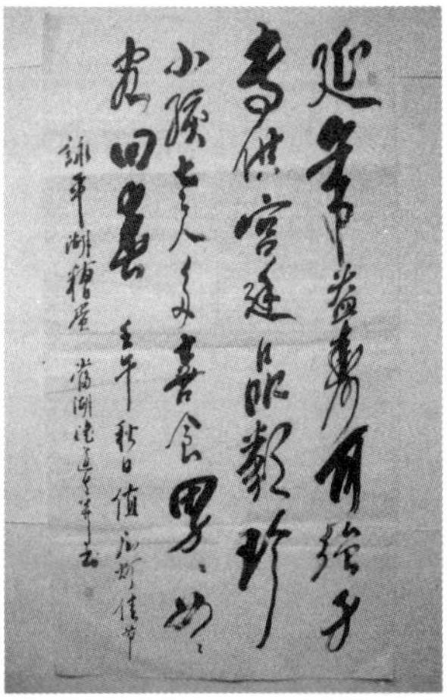
陆道生诗并书

5. 鹧鸪天·咏平湖糟蛋

（作者：潘植卿）

清沏嫩香体透明，乾隆当日曾垂青，
列为贡品重天下，奇酿流传直到今。
香甜美，齿津生，驰声国际有佳评。
西瓜糟蛋皆精品，金色平湖添盛名。

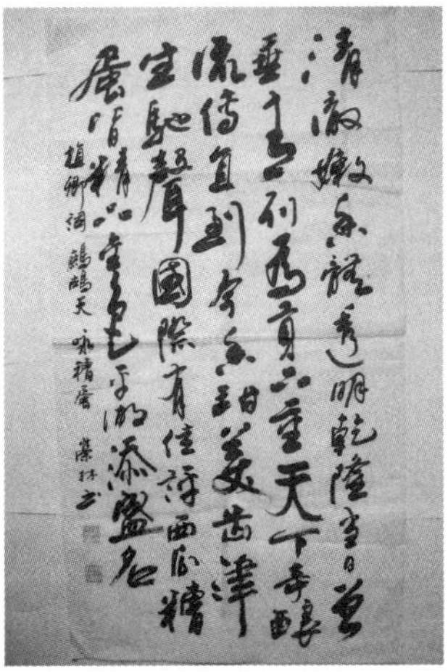
潘植卿诗　曹荣林书

6. 西瓜灯节咏糟蛋

（作者：时壬林）

壳软膜存蛋脂凝，乾嘉传艺至今兴。
天工人夺无寒暑，四季飘香产销增。

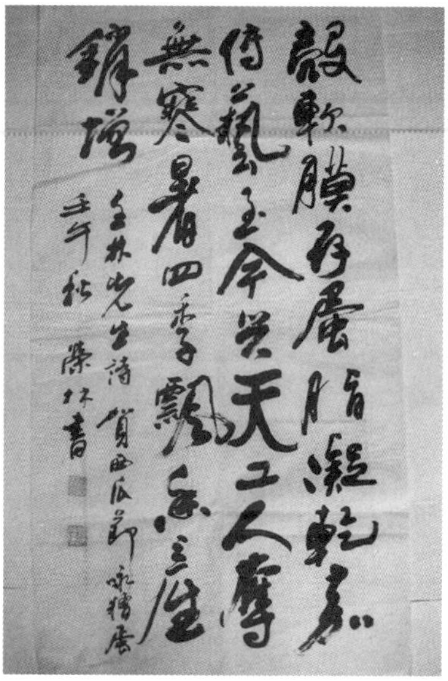

时壬林诗　曹荣林书

7. 平湖糟蛋

（作者：冯金斌）

日圆般的晶莹和溅香，我垂涎欲滴，
惊世的风味，迷醉我耕读一样的生活，
牵扯柔软的爱意，独白一样饱满。
诗在美食，而我在美食里品砸平湖的糟蛋。
丰盛的润泽，弥漫一些传颂，这美食，
这菜肴，直逼舌尖。那种味道芬芳了辗转，
醉了所有的馨香，是生命浓稠的光色。
我忍不住在一首诗中渗透，牵动中华大国，
推向盛宴，就像我美美地咀嚼一盘匝月。
所有的食欲，就在几分绵延下发芽了，
那种滋味醉悠悠，纠结我的舌尖以及平湖。
一次次品尝，就吆喝着那独特的味蕾。
味觉深陷几分，我内心的审美就呢喃几分，

掩映我缓慢的生活与生命还在延展。
是文化的温存与惊异，如同世界给予赞誉。

七、曲艺

1. 糟蛋传奇(平湖钹子书开篇)

一

平湖人的心功真是巧，
酒酿糟蛋滋味呱呱叫。
皇帝伯伯吃得连声赞，
吃了半天生的熟的还不知晓。

二

金平湖的糟蛋真是美，
晶莹剔透像宝贝，像宝贝，
山珍海味也不可比，
你尝一尝滋味 定赞佩 定赞佩。

2. 乾隆吃糟蛋(钹子书说唱)

唱：古话有说乾隆帝，
来到浙江海宁地，
文武官员接驾忙，
忧格忧来喜格喜。

表：今朝我要讲格一段故事发生在清朝乾隆年间。大家全晓得，乾隆皇帝七下江南，伊来到浙江海宁陈阁老家中。皇帝伯伯一到，啥个野味山珍、鱼翅海参应有尽有，哎，叫啥皇帝偏偏传下话来，要尝尝伢浙江地方特产。皇帝金口一开，喔唷，格班地方官员大起忙头，全要想让自家格地方特产能够吸引皇帝眼球，能够吊起皇帝胃口。顶顶忙要数一个人，啥人？乾隆皇帝贴身小太监叫四喜，皇帝关照伊要全权负责。

说到伢浙江地方特产，上八府、下三府，多少县多少镇，每个地方如果大家送来，包侬看也来勿及看。哪哈办，一定要精里求精，好里挑好，还要划分地区，分期分批。喏，今朝轮着送特产格班地方官员已经早早排队等候。四喜公一本正经来到外头—

白：“我说，今天轮到的地方官——送上来吧。”

唱：地方官员起得早，
各式特产端正好，
已经等得蛮心焦，
就等四喜一声叫。
看他们—
恭恭敬敬来捧牢，

排好队伍朝里跑，
整整齐齐摆上桌，
退过一旁脸堆笑，
脸上堆满笑。

表:喏，现在第一批十八样土特产端进去。喜公公一一验收。今朝大家推板勿起，等一息喜公公介绍得好，皇帝吃得自然开心，喜公公嘴巴一歪，弄得勿好要摘去顶戴，那么格班地方官员大家满脸堆笑，喜公公长、喜公公短，喜公公头上套只碗，马屁拍足，银票塞足。喜公公心领神会，挥挥手、叫大家退到外面，等候消息。格班地方官员人到外头，一颗颗心全勒别别跳，紧张呀。只听见四喜公公一声喊："有请皇上—"皇帝伯伯兴致蛮浓，来到桌旁，格样看看，各样望望，有几样见都勿曾见过，蛮新奇。

白:"四喜，来，介绍介绍。"

白:"皇上您看—"

唱:这一道是湖州送来千张包，
配方特别口味好；
那一道嘉兴粽子呱呱叫，
有火腿莲子拌八宝；
南湖菱儿嫩又甜；
海宁榨菜胃口吊；
麦芽团子八珍糕，
是加善县令来送到。

表:格辰光皇帝看见顶顶旁边有一只盆子当中有三只物事似蛋非蛋，蛮好白厢。

白:"咦，四喜，这是什么?"

白:"唔，这个—"

表:因为刚刚格班地方官只有平湖县令方正银票勿塞、红包勿拨，所以喜公公心里活塞，有意勿介绍。现在皇帝问着，呒没办法，只好回答。

白:"皇上，这叫做平湖糟蛋。"

表:皇帝端起盆子，看一看像白玉晶莹剔透，闻一闻似佳酿香气阵阵，用筷子碰一碰，软笃笃，呒没蛋壳，只有蛋衣，想想味道一定勿错、来，格么吃吃看，伊用筷子夹起一只糟蛋，"啊呜"一大口、半只呀，那么拆烂污。吃过糟蛋格朋友全晓得格呀，吃糟蛋要先用两根牙签轻挑破蛋衣、那么像吃糟乳腐一样用筷子挑一点。依现在"啊呜"一大口么赛过两三块糟乳腐一道吃呀，嘴巴里哪哈吃得消，外加糟蛋里厢格汁水"批——"飙出来，溅皇帝一面孔呀。

白:"喔唷，"什么味道，这么难吃。

表:皇帝眉头一皱连忙吐出，刚刚兴致蛮浓，现在一肚皮气。四喜要紧拿餐巾帮皇帝擦干净。

白:"四喜，这是哪里送来的?"

白:“回皇上,这是平湖县令方正送来的叫做平湖糟蛋。”

白:“哼,这么难吃的东西也叫地方特产,还敢送来让朕品尝。”

白:“皇上,这糟蛋糟蛋,一听名字就不是好蛋。”

表:喜公公要紧关子火上浇油呀。皇帝一听勿错,啥个糟蛋、混蛋、滚蛋、完蛋都不是好蛋,台子一拍:

白:“平湖县令方正留下,等候处置。”

表:其实方县令刚刚交待过吃法,喜公公有意勿讲清爽,惹得皇帝龙颜大怒么要算方正触霉头,现在,喜公公来到外头—

白:“皇上有旨,众位听着,平湖县令方正留下等候处置,其他人等回吧。”

表:方正一轧苗头勿对,只看见喜公公面孔铁板,“等候处置”四个字讲得咬牙切齿,晓得今朝凶多吉少,摘去顶戴还算小事体,弄得勿好枯浪头也要搬家。吓得浑身发抖,蛮稀奇,人一抖松,会得像落雪天着条短裤,局局局局——浑身勿做主,一直抖下去。

我回过头再讲皇帝伯伯,伊突然之间觉着嘴巴里有一股酒香味道,外加勿是一般格酒香,香中带甜,甜中有香,香而不俗,甜而不腻。奇怪,啥个味道有介好?喔!伊想着刚刚咬过一口平湖糟蛋格呀,哪哈回味有介好呢?伊身不由己回到桌旁,对牢台子上一盆糟蛋,重新打量一番,拿起筷子……

白:“让我再来尝尝”。

表:格趟皇帝拿咬开格半只糟蛋,用筷子挑一点,放到嘴里,呀!顿时一股香气直钻胃底,喏,格趟吃法正确。

白:“好哇—”

唱:再尝糟蛋味香浓,
蛋白晶莹似胶冻,
橘色蛋黄红似火,
清冽畅爽味适中,
山珍海味不能及,
独具江南水乡风,
眉头舒展乾隆帝,
手捧糟蛋弄勿懂,弄勿懂。

表:乾隆皇帝第一趟吃着介好吃格蛋,不觉赞叹:“好蛋,好蛋!”顿时转怒为喜,伊现在捧起糟蛋横看竖看,随便哪哈弄勿懂,糟蛋外面只有薄薄一层蛋衣,既没硬壳,硬壳剥脱,蛋衣勿破,格只蛋到底哪哈剥法格?勿要讲皇帝弄勿懂,外国人更加弄勿懂。上趟有一个外国人叫罗伯斯,到平湖来、第一趟吃平湖糟蛋,只觉着好吃,鲜!不过伊弄勿懂,自家吃过鸡蛋、鸭蛋、鹅蛋、鸽子蛋,连鸵鸟蛋也吃过,既没介鲜,奇怪!问边上人:

白:“糟蛋是什么动物生出来的?这么好味道。”

表:旁边人对伊笑笑,后来搬上来一盆糟鸭,伊总算明白了……

白:“原来糟蛋是糟鸭生出来的。”

表:乾隆皇帝肯定比伊聪明,不过也想勿出蛋壳哪哈剥法?人蛮稀奇,侬越是想勿出,越想晓得结果,那么想着,对!叫平湖县令方正进来问一问。

白:"请平湖县令方正进见。"

表:喜公公一轧苗头,皇帝转怒为喜,请平湖县令方正,加一个"请"字,自家快点转弯。小太监见风使舵能本事一流,要紧笑眯眯到外面。

白:"皇上有旨,请平湖县令方正进见。"

表:虽然天气勿热,方县令额角头浪汗汤汤滴,跟牢喜公公来到里厢,"卜落笃"。

白:"下官平湖县令方正叩见皇上,吾皇万岁万岁万万岁。"

白:"方爱卿平身,刚刚尝了你送来的平湖糟蛋,味道不错,可我想不明白,这蛋壳剥去,蛋衣不破,是如何做到的。"

表:现在格方县令看到皇帝笑咪咪,一声方爱卿,刚刚拎到喉咙口一颗心总算回到老位子,看得出皇帝糟蛋吃得蛮满意,现在问到我,格么我也要吊吊侬胃口。

白:"启禀皇上,这软壳糟蛋是平湖西门徐源源糟坊独创特产,说到这蛋壳去掉,蛋衣不破,其中还有一段神秘来历,真是奇事。"

白:"喔,方县令,快快说来听听。"

白:"启禀皇上—"

唱:徐家世代开糟场,
软壳糟蛋独家创,
糟蛋来历真稀奇,
容下官细细说端详。

白:"好,说下去,说下去—

唱:那一日雷声隆隆闪电光,
犹如金龙在苍穹上,
照得天地锃锃亮,
倾盆大雨从天降。
雨水漫进这仓房内,
上好的糯米要泡汤,
徐老板急得团团转,
急中生智他办法想。

白:唔,想到什么好办法了?"

表:连天大雨漫进仓房,徐老板眼看介好糯米浸到水里要浪费,十分心痛,关照马上蒸饭,全部做成酒酿,那么糟场里,包括屋里厢能够寻出来大大小小家什全部装满、连到房间里有一只坛,里厢放了十几只鸭蛋,无意中也装满了酒酿。过了二个月开坛才发现鸭蛋,一闻喷香,一尝极鲜,请乡邻大家品尝全讲好,既然大家喜欢吃,从此就做起这糟蛋来了。不过顶顶稀奇要讲一件事体——

白:"噢,是何等稀奇事啊?"

白:“鸭蛋经过酒糟后硬壳会自家脱落,蛋衣亦变得更加坚韧了。”

白:“喔,经过酒糟后,蛋壳会自己落下来,真是奇了,如此说来这糟蛋分明就是天赐的美食。”

表:皇帝号称天子,伊相信糟蛋就是上天之作,格趟下江南真是不虚此行,寻着介好东西,一定要带回去孝敬太后,乾隆皇帝顿时龙颜大喜。

白:“天降一颗种子,培育才能兴旺,这是先天之功,更是后天之力。来人,传朕旨意,平湖糟蛋列为贡品,赐金牌一块。平湖县令方正另有重用。”

表:一场虚惊,转危为安,现在方县令接过金牌,只看见上面有“乾隆金牌”四个字金光闪闪,从此平湖糟蛋年年上贡,美名远扬,这正是—

唱:江南好,江南美,
多少故事令人醉,
乾隆皇帝吃糟蛋,
佳话一段留下来,留下来。

作者徐鲍培

1999年浙江省曲艺征文一等奖

徐鲍培老师在钹子书说唱表演

第二十二章　蛋品术语

第一节　鲜　蛋

散黄蛋：即蛋黄膜破裂，蛋黄与蛋白相混合的蛋。一种是由于贮藏时间长，蛋白内水分向蛋黄内渗透，使蛋黄体积膨大，蛋黄膜胀裂所致。这种蛋可食用。另一种是由于蛋内细菌分泌的酶而引起蛋黄膜破裂，这样的散黄蛋不但有异味，还有大量细菌，故不能食用。区别方法：以存放时间、有否异味等。

流清蛋：运输或贮存中的碰撞等原因，致蛋壳破裂，蛋清外流。

凹头蛋：受轻微损伤，蛋壳某部位内陷，蛋膜不破。

虫　蛋：虫蛋是寄生虫引起的，蛋白内有小虫体。

裂纹蛋：蛋壳轻微破损，表面难以区别，但两蛋轻击时声音嘶哑，故又称哑子蛋。

气泡蛋：蛋体受剧烈振动，蛋内大头端气室蛋膜破裂，空气进入后产生许多像水花一样的小气泡。

偏黄蛋：贮藏时间长，蛋白变稀而引起蛋黄靠边，手摇动有轻微蛋黄晃动感。又称陈蛋。

搭壳蛋：是贮藏时间长，由偏黄蛋继续发展的结果，蛋黄已紧搭蛋壳。

出汗蛋：蛋壳呈现水球，是温差和气候变故引起。

黑斑蛋：温差和气候变故出现的出汗蛋，引起外界霉菌进入蛋内形成大小不等的黑斑。早期黑斑蛋霉菌仅寄生蛋壳表面，可食用。

泻黄蛋：蛋黄，蛋白互混，浑浊，手摇感觉水在晃动，打开有强烈酸味，故又称“酸蛋”。

黑腐蛋：蛋整体变黑，名副其实“坏蛋”。

敲　蛋：松花蛋制作需浸泡在由纯碱、食盐、生石灰、草木灰、茶叶等配比而成的液体中，不能混入碎蛋、裂缝蛋。剔除方法是双手中的两只鸭蛋相互轻敲，声音清脆为合格。

第二节　糟　蛋

盘　蛋：鲜蛋存放一周后需重新全部盘一遍，防止静止存放的蛋产生偏黄蛋和搭壳蛋。

理　蛋：将收购的鲜蛋进行挑选，整理，剔除次品蛋，按蛋体大小进行分等级。

照　蛋：容器内置入灯泡并开小孔，鲜蛋紧贴小孔能清楚看到整个蛋内物呈微红色，鉴定鲜蛋质量。

击　蛋：用竹片在蛋的两面腹部进行击打，使之产生裂纹而蛋膜不破。

水晶蛋：酒糟前期发酵过头，落蛋后无法完成糟蛋成熟所需的醇、糖、酸等含量，糟制一段时间，蛋体水亮晶晶，而且始终不能成熟。

气泡蛋：蛋受高温发酵或存放容器内的糟蛋经过剧烈晃动，产生强烈发酵，使蛋体急剧膨胀，蛋内物质偏于一偶，因此又称“空头蛋”。

矾　蛋：症状为酒糟结块，酒糟与蛋严重相沾而难以分离，酸度较高。糟制过程中，酒糟中的醇类、糖类、有机酸产生一系列的化学反应，由于前期受糯米品质、酒药配比、生产用水的PH值、酒糟的养护等因素制约，使之醇和有机酸长期作用而变性，产生凝固。

硬壳蛋：糟蛋糟制过程中，部分乙醇氧化成乙酸，使蛋壳中的碳酸钙在乙酸作用下溶解。由于酒药配比，酒糟发酵时温度等原因，使酒糟中的乙醇含量不足导致鸭蛋大部分不能脱壳。

第二十三章　冷闻　传说

第一节　冷　闻

新糟蛋为何有油　经过分装后的新货糟蛋，打开包装后酒糟中的米粒可辨，颜色白净，糟蛋饱满白嫩。在有些包装内的酒糟中还有油球漂浮在上面。原来，鸭蛋中有大约16%左右的脂肪，其中99%以上集中在蛋黄中，蛋白质是一个良好的乳化剂，它将脂肪分散成均匀而稳定的乳浊液，肉眼难以看出。但当浸于酒糟中的鸭蛋在盐分渗透到蛋黄内，乳浊液受到改变，油脂与蛋白质分离，原来分散的油聚集起来，变成大油珠，有些油珠穿透破损的蛋膜漂浮到糟面上。此时的糟蛋黄略微显硬，约再过三～四周，油珠就会被蛋黄自我吸收而变得柔软、糯、香。

第二节　传　说

糟蛋由来　清雍正年间，县城西门外孟家桥堍，有一家酿造白干、土黄酒的小作坊，名"徐源源"。据传，有一年黄梅季节遇上潮汛，一批制酒用的糯米，全被浸泡在水里，因接触酒渣而发酵。大水过后，老板打算把这批米淘净蒸酒，发现内有10多个鸭蛋(发水时，家养鸭子在这里生下)，敲开后，见蛋白和蛋黄已凝在一起，又软又嫩，酒香扑鼻，味道可口。徐老板心计一动，就试用酿酒原糟制作糟蛋，不断改善配方，徐源源糟蛋越做越精，成了平湖名特产。

1993年印本《平湖县志》

参 考 文 献

一、志书

1.《浙江通志》(二)商务印书馆 1934 年版

2.《浙江土特产简志》1982 年版

3.《浙江肉禽蛋商业志》1989 年版

4.《嘉兴县志》[清]司能任编撰

5.《嘉兴市志》1996 年版

6.《平湖县志》[清]彭润章修、叶廉锷纂

7.《民国平湖县续志》柯培鼎、季新益编纂

8.《民国平湖续志》金兆蕃总纂

9.《平湖县志》1993 年版、2012 年版

10.《平湖县地名志》1985 年版，平湖县地名委员会编

11.《城关镇志》1997 年版

12.《乍浦镇志》2011 年版

13.《平湖县商业志》1990 年版、2013 年版

14.《平湖市外经贸志》2011 年版

15.《平湖市工业志》2013 年版

二、专著

1.《古禾杂识》[清](1769)嘉兴项映薇编著

2.《平湖通览》钱公治著，民国 21 年(1932)出版

3.《嘉区汇览及嘉区一瞥》1935 年嘉兴钱公治编辑

4.《清宫述闻》1937 年章乃炜著

5.《中国名特产风味大全》张榜成主编，1999 年版

6.《浙江特产风味指南》浙江人民出版社编著，1983 年版

7.《中国食材辞典》李朝霞主编，2012 年版

8.《中国食经》任百尊主编，1999 年版

9.《中国烹饪百科全书》中国烹饪百科全书，中国大百科全书出版社编辑部编，1992 年版

10.《中国饮食大辞典》林正秋主编，1991 年版

11.《浙江特产风味指南》浙江人民出版社编著，1983 年版

12.《农史研究集刊》1965 年创刊号，浙江农业大学熊同和、高锡永撰写《平湖糟蛋加工技术史》

13.《中国名优特产品图集》国家测绘科技发展中心专题地图研究所编，1997 版

14.《平湖糟蛋》熊同龢、黄鼎、胡熊飞编纂，1958 年 7 月出版

15.《中华老字号》浙江省老字号协会、石家庄报业集团(全国老字号行业内部刊物)

三、报刊

1.《新光日报》民国三十四年(1935)11 月 20 日

2.《浙江日报》1989 年 1 月 13 日，1994 年 5 月 4 日，11 月 30 日

3.《中国食品报》1993 年 11 月 26 日

4.《上海文汇报》1989 年 1 月 13 日

5.《上海新闻报》1989 年 1 月 13 日

6.《浙江经济报》1995 年 4 月 6 日、11 月 3 日

7.《浙江市场导报》1995 年 9 月 13 日

8.《浙江商报》1995 年 7 月 12 日，1996 年 11 月 20 日，1997 年 4 月 11 日、12 月 26 日

9.《中国学生营养小报》1995 年 12 月 20 日

10.《嘉兴日报》1996 年 1 月 26 日

11.《嘉兴经济信息报》1997 年 3 月 13 日

12.《嘉兴日报平湖版》2000 年 1 月 11 日、2004 年 12 月 24 日、2005 年 2 月 28 日

13.《平湖报》1997 年 1 月 24 日、1998 年 1 月 1 日

14.《平湖经济报》1995 年 3 月 22 日、9 月 1 日

四、口述史料(记录)

1. 吴广和，平湖市第六届政协副主席，高级畜牧兽医师，1992 年地方标准(糟蛋)起草人之一

2. 王庭荣，平湖商业局业务科长，企业第六任负责人(1972.9—1978.1)

3. 谢力耕，企业第八任负责人(1986.6—1994.4)，1992 年地方标准(糟蛋)起草人之一

4. 周济，生于民国 13 年(1924)，企业会计至退休

5. 曹根荣，1963 年企业在册职工

6. 王景英(女)，1965 年企业在册职工

7. 赵铭熙，1970 年企业在册职工

五、其他

1. 中国出版集团《三联生活周刊》2013 年第五、六期合刊“光阴的故事”(宜宾糟蛋)

2. 周维初,《平湖文史资料》1992 年第四辑(工业经济)
3. 汪建国、尤明泰,《中国酿造》2010 年第九期“我国糟蛋的加工技艺和特征”
4. 蒋苍苍,《民国名人与平湖糟蛋》嘉兴日报平湖版,2012 年 7 月 31 日
5. 过其荣,《遗弃的往事》“我父亲曾在徐源源作坊学做糟蛋”
6.《平湖档案馆》清·民老徐鼎丰酱园账册资料

编 后 记

根据公司2013年度工作计划，用五年时间编纂《糟蛋志》，编志工作正式启动于2014年仲春。

整个编纂工作分三个阶段

第一阶段：搜集资料。糟蛋历史悠久，时间跨度长，资料散布广。先后查阅浙江省图书馆、嘉兴市图书馆、平湖市图书馆、档案馆等资料；史料方面主要查阅了省志、市志、县志、民国县志、城关镇志、商业志、外经贸志、科技志，文化志等，以及大量的旧志、图书、旧报，内部查阅了从1963年起数千册的财务原始凭证。2014年上半年召开了几个座谈会，参加对象为在企业工作过或曾担任过领导的老前辈们，年纪最大为90岁，最小72岁，平均78岁，为抢救糟蛋史实资料赢得宝贵时间。

第二阶段：初稿编纂。以搜集的资料为依据，糟蛋传奇而丰富的历史为基础，按不同的发展阶段形成的不同文化特色为框架，分七个篇章，一个丛录，全面阐述平湖糟蛋从起源至今的全部历史过程。

第三阶段：小心求证。本志择录的内容，凡涉及历史上记载，都要找到出处。例晚清诗人何之鼎的咏糟蛋诗，我们不但找到了他的诗(《青琅玕馆诗钞》)，还找到了他的人(《平湖县续志》)。例糟蛋史上商标广告的依据，仅嘉兴图书馆幸存的《嘉区汇览—嘉区一瞥》中才搜集到。还有平湖糟蛋曾在民国四年获“农商部国货展览一等奖章”，是通过编纂志书在《城关镇志》中获悉。

本志在编纂过程中，承蒙省食品工业协会、省老字号协会、嘉兴市食品工业协会、平湖市非遗中心、档案局、图书馆等有关部门的鼎力相助，许多关心热爱文史工作者积极提供资料，在此衷心感谢！

以企业绵薄之力编商品志，又无同类志书可参考，实属不易，竭尽全力仍难免疏漏与不当，请读者指正。

2018年12月28日